気象大図鑑

著者
ストーム・ダンロップ

監修
山岸 米二郎

訳
乙須 敏紀

本書について

気象は海洋、雪氷、地質、生物活動と相互に影響し合い密接且つ精妙に連携する環境―気候系―を構成する。二酸化炭素増加と地球温暖化問題に見られるように、最近は人間活動がとみに重要性を増している。

地球規模の雄大な気象やミクロな雪結晶の世界、光冠や虹の美しい色彩の世界、台風、ブリザードの凶暴な嵐の世界、海底のメタンハイドレート、深深度の南極氷床や高々度のオーロラの世界など、気象を軸に様々な観点から配置されたこの画像集は、簡潔で達意な解説と相まって気候系の成り立ちと微妙な相互依存性、温暖化で変化しつつある自然の姿を生き生きと伝えてくれる。

監修者　山岸 米二郎

STORM DUNLOP

目次

序文 06

1 雲起青天 08

2 驟雨の合間の陽光 48

3 視界をさえぎるものたち 70

4 氷の世界 88

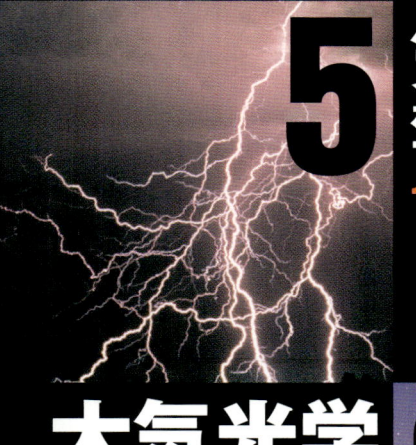

5 気象警報
112

6 大気光学現象
146

7 全球観測
186

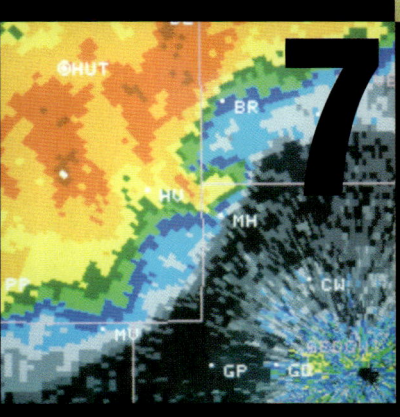

8 世界の気候
220

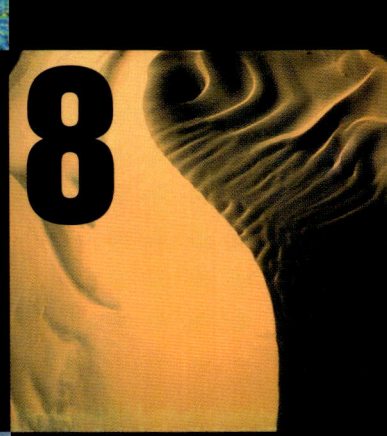

9 気候変動
248

用語解説/
282

地球の気候は、人類の物語の鍵を握る共演者である。種としてのわれわれの存在は、凍結と解氷のサイクルと、われわれの祖先の気温と地形に対する適応能力のたまものである。海洋と陸地の温暖化と寒冷化は、生命を存続させるこの惑星の能力において決定的役割を果たす。人類と動物は大陸から大陸へと移動し、気候の恩寵のもと、食物と棲み家を探しながら、地球のさまざまな地域に生息してきた。本書が示すように、生命と気候は手をたずさえて歩んできた。そして登山家としてのわたしの挑戦の1つは、気象の変化を正しく予測することであり、生命と気候の提携関係のぎりぎりの限界を体験することである。凄まじいあらしを目前にして、すばやく前進か後退かを選択することは、生死を分かつ決断となる。天候はただ強風や暴風雨をもたらすだけではない。それは山肌を覆う雪の被覆に影響を与え、なだれや落石の危険をもたらす。

地球の気候変動——それは氷期と乾期を何度も繰り返してきた——は、物理的に風景を形づくるのはもちろん、それが養うことができる生命の形も変えてきた。本書の多くの画像はその歴史の証言である。アジアの砂漠地帯にある風蝕嶺とよばれる風に浸蝕された岩々から、亜北極地帯タイガの広大な森林まで、本書は世界のあらゆる地域の、風、雨、雲のやむことなき循環が創造したもの、そして大気光学現象をあますところなく紹介する。凍結された過去の遺産であり、不安に満ちた未来への冷厳とした警鐘でもある巨大氷河から、宇宙から見ると荒涼とした風景の中をしたたり落ちる細流のようにみえるアラビア砂漠のワジ（涸れ谷）まで、地球の気候の多様性は驚異的であり感動的である。もちろん、暴風雨や洪水、台風などの劇的な一時的現象も、その航跡に混沌と荒廃をもたらし、大地と歴史に痕跡を残す。

一方、オーロラや虹などの神秘的で時に深く心を打つ現象は、めったに紙面を飾ることはないが、詩人達に霊感を与える。古代、万能の神からのサインと受けとめられていたオーロラは、現在では太陽から発せられた荷電粒子が大気上層部に侵入することによってもたらされる現象であることがわかっている。同様に、ストーム・ダンロップが簡潔かつ明快に解説しているように、ハロー現象は光の屈折と反射の複合的な相互作用による現象だということは明らかであるが、それでも人は自然の偉大さとそのような美しさの背後にある明晰な知性に驚愕せざるを得ない。

われわれは地球上の元素に依存しているため、そしてあまりにも多く依存しているため、いま地球の気候は人間活動によって大きく変化させられている。事実、われわれがその気候を称賛し、それゆえ多くの人々が生活するようになった地域のなかには、産業、燃料依存、全般的な過剰消費による気象への破滅的な影響をあまりにも顕著に経験しつつある所がある。メキシコ湾とその周辺に発生するハリケーンの数が近年増加しつつあることが最近の調査で明らかにされたが、その原因は化石燃料の燃焼がもたらした地球温暖化が海水温度を上昇させたことによる。また南半球の一部の地域では、大気上層のオゾン層の破壊の影響が顕著にあらわれている。地球上のすべての地域において、世界の気候の精密な調和がますます危機的状態に陥りつつある。

われわれはいま非常に多くのことを予測することができるようになり、本書の多くの画像——気象衛星による極めて高度な画像も含まれている——が気象予測に関するここ数年の長足の進歩を如実に示している。地球の気候が大きく変動しつつあることを否応なく認識させられる現在、本書の迫力ある画像は、気象に関するわれわれの理解がいまどこまで進んでいるか、そしてどこまで進まなければならないかを明らかにする。

SIR CHRIS BONINGTON（クリス・ボニントン）
2006年1月

一見したところ雲の色や形は無限にあり、それを分類するのは不可能に思えるかもしれない。しかし実際にはわりと少ない数—10—の基本形（generaジェネラ類という）に分類することができ、見分けるのも案外簡単である。雲の仕組み、性質については何世紀も前から知られていたが、植物や動物と同様の分類法が導入されたのは、ようやく1802年、イギリスの化学技術者ハワード・ルークによって最初の分類法が発表されたときであった。その後その分類法は大幅に改良されたが、ハワードによってつくられた雲の名前のいくつかは、いまでも生きつづけている。

　現在の気象学では、雲はまず積雲と層雲の2つに大別される。積雲系の雲が出るとき、天気はおおむね不安定性（用語解説参照）である。熱せられた地表の上のサーマル（用語解説参照）などの空気塊が大気中を上昇し、周囲の空気よりも高い温度を維持したままさらに上昇を続けている状態である。反対に、層雲系の雲が出るとき、概して天気は安定性（用語解説参照）である。ある層の空気塊が移動させられるとき——山を乗り越える風によって強制的に上昇させられている場合など——、その空気塊が障害物を乗り越えた後、元の高度に戻ろうとするとき、状態は安定性であるという。

　初心者にとり紛らわしいことに、雲のなかには積雲と層雲の両方の特徴をそなえたものがある。例えば層積雲と高積雲は、わずかな上昇気流によってもばらばらの雲片に分裂され、雲の層として現れることがよくある。積雲と層雲以外に、時々もう1つ別のグループについて言及される場合がある。それは巻雲状の雲といい、氷晶からなる上層の雲で、一般に繊維状の様相を示す。

　雲はまた、雲が発生する高度によっても分類される。通常発生する高さの範囲（étagesエタージュという）にもとづい

て、下層、中層、上層に分ける。下層雲には、積雲、層雲、層積雲があり、中層雲には、高積雲、高層雲、乱層雲がある。(乱層雲は地面近くまで下降してくることもある。)そして上層雲には、巻雲、巻層雲、巻積雲がある。積乱雲は時に下層から上層まで3つの層にわたって発達することがある。雲の現れる高さは、緯度によってかなり異なっている。北極と南極の近くでは、概してどの雲も現れる高度は他の緯度の場合より低い。

　ここで知っておいてほしいことは、気象学においては、他の尺度はメートル法にもとづいているにもかかわらず、雲の高さについては依然としてフィートも用いられているということである。理由は、航空業界ではいまなお世界的に、高度を表す単位としてフィートが用いられているからである。

　熱帯に発生する巨大積乱雲は6万フィート(約18km)以上の高度に達することがあるが、北極、南極の近くでは高度2万6,000フィート(約8km)まで達することはめったになく、大部分がもっと低い高度にある。反対に下層雲の雲底の高さは、約6,500フィート(2km)でほぼ一定しており、時に地表まで降下してくる場合もある。

　雲はさらに細かく分類される。「雲の種」は雲の種類を構造あるいは形によって分類したものであり、「雲の変種」は雲の種類を雲の透明性と配列状態によって分類したものである。本書ではこれらすべてを詳しく紹介することはできないが、特筆すべき性質を有する雲については補足的な説明を加えている。雲のなかには、大気中はるか上層に発生する特異な雲もある。真珠(母)雲はめったに見られないが、息をのむほど美しく、その出現は全国ニュースになるほどである。また夜光雲はすべての雲のなかで最も高高度に現れ、真夜中の空に妖しい光を放つ。

1 | 雲起青天

真珠雲または真珠母雲

普通の雲が発生することがめったにない高度15〜30kmの成層圏下部に発生する極成層圏雲。生成の仕組みは複雑で、まず気温が−78℃以下になると、硫酸粒子の凝結核に硝酸ハイドレートが付着する。その粒子（直径約1μm）は極小のため捕捉することは困難であるが、それが——おそらくはるか低い位置にある山脈によって生じる空気の波動によってであろう——さらに気温の低い場所に入り込み、温度が−83℃以下まで急速に下がると、まわりを氷の層によって覆われる。直径はまだ2μmほどであるが、太陽の光がその氷で覆われた粒子によって回折されると、純粋なスペクトルの色が現れる。冬の訪れとともに気温がゆっくり低下するとき、粒子の数は少なくなるが1個1個が大きくなり（約10μm）、白い雲となる。

気象大図鑑

前ページ／レンズ雲

レンズ雲（ALTOCUMULUS LENTICULARIS）、カリフォルニア州アラバマヒルズ、日没時サンドストーン・ブリッジ越しに魚眼レンズで撮影。レンズ雲（波状雲としても知られている）は山岳や山脈を越える風の運動によって生じ、風の強さ、風向きが一定のとき長時間静止して空にとどまっていることがある。サンドストーン・ブリッジは風蝕がつくりだした自然のアーチ。

真珠雲

日の出直前か日の入り直後に見られるこの美しい雲には、実は環境汚染が隠されている。この雲を構成する微小な粒子は、成層圏オゾンを破壊しオゾンホールを出現させる重要な因子である。大気中のクロロフルオロカーボン（CFCs）から放出される塩素は、この雲の表面で活性化し、オゾンを破壊する。さらにこの雲は、本来ならば塩素と結合して不活性塩化窒素となるはずの窒素を空気中から除去する。真珠雲は近年頻繁に出現するが、その原因はいまのところ不明である。

前ページ／夜光雲

この銀灰色あるいはかすかに黄色を帯びた雲は、大気中で最も高高度にあり、高度80〜85kmの中間圏に発生する。夏至の前後約2ヵ月の高緯度（南緯・北緯とも45度以上）地帯の深夜、雲は太陽に照らされているが、観察者は暗闇にいるという状態のときに観察される。流星塵、あるいは宇宙線によって生じたイオン塊などの凍結核のまわりに形成された氷の粒子からなる。薄い層状で、上層に流れる風が波のような起伏を生じさせる。雲は風によって西の方向に運ばれるが、波は反対方向に伝播する。夜光雲も近年頻繁に観察されるようになったが、その理由はまだはっきりとはわかっていない。

積雲

下層雲の1つで、雲底の高度は6,500フィート（2km）以下。画像は西オーストラリアで撮影されたものだが、1つ1つの積雲がほぼ雲1個分くらいの距離を置いて存在しているのがよくわかる。状況次第では、個々の雲が成長したり分散したりしながら、このような配列が1日中続くことがある。また薄く広がってパンケーキのようになり、それぞれの間が狭くなって、層積雲の層になることもある。日射の加熱がさらに強くなると、かわりに大きな積乱雲が発生するようになる。

日没時の積雲

「晴天積雲」が爽やかな一日の終わりを告げている。一般に積雲の雲頂は丸く盛り上がり、雲底は平らである。多くが、地表面が熱せられ、その上の空気が暖められたときに生じる局地的な対流セル（サーマル、「熱気泡」）によって発生する。サーマルは上昇し、凝結高度に到達して雲となるが、その凝結高度の線は雲底の平らな線で示される。日射が特に強いときは、雲はかなり厚みを増し、塔状積雲、さらには積乱雲へと発達する。画像に見られるような小さな積雲は、日没にともない日射加熱がなくなると、形が崩れ、消えていく。

中型の積雲

中型の積雲は輪郭のはっきりした丸く厚ぼったい雲頂を示すことが多く、内部の対流セルがいまなお垂直に発達しつつあることを示す。セルがかすかに右側に傾いていることから、風が右方向に向かって流れていることがわかる。(通常風速は高度とともに増大するため、搭状積雲はこのように傾いていることが多い。)

重量級の積雲

このどっしりとした存在感のある雲は、最大級の積雲(雄大積雲)である。主要な対流セルは依然として丸く盛り上がった鋭い輪郭を保ち、最頂部でもまだ凍結が始まっていないことを示す。凍結(気象学用語では「氷晶化」という)が始まると、雲頂の輪郭は目立たなくなり、「ソフト」になる。その段階で、その雲は積乱雲に分類される。雲底が非常に暗い色をしているのは、降雨が始まる前兆である。雄大積雲による雨は熱帯では日常茶飯事であり、温帯でも夏に見られる。

前ページ／上から見た層状の雲
ハワイ島マウナケア山頂から撮影。画像には2種類の層状の雲が写っている。前景と後景に見えるのが厚い乱層雲の稜線で、その間に見える目立たない霞のような層が高層雲である。地上から見ると乱層雲は重く暗い感じで、降水量はかなり多く、雲底は地表近くまで降りてくる。高層雲の雲底はそれよりも高い位置にあり、厚さ次第であるが、すりガラスのように太陽の形が透けて見えることがある。マウナケア山は世界屈指の天体観測地点であるが、それは山頂が雲よりもかなり高い位置にあり、澄明で安定した観測条件が得られるからである。

砂丘の上の巻雲
アメリカ、カンザス州上空にかかる巻雲。本ページ右上の画像にくらべ、あきらかに渦の形が不規則で、あまり組織化されていない。しかし地平線の近くを見ると、厚さが増し、空の大きな部分を覆っている。その方向から低気圧が近づいていると考えられる。

低気圧の前駆け／巻雲（上）

巻雲（上）は、大気中に通常見られる雲のなかで最も高高度にある雲で、雲底の高度は2万フィート（約6km）である。もっとも、高緯度では高度はその半分ほどになる。氷の粒子でできており、画像に見られるような馬の尾雲（かぎ状巻雲「メアーズテイル」）をたなびかせているのは、高い位置にウインドシア（用語解説参照）があることを示唆している。巻雲が1方向からどんどん発達してきているときは、おおむね低気圧が接近しているときである。

房状巻雲（下）

この巻雲の房はほぼ天頂に見られる。引っ張られて筋状に長く延びる気配もなく、1個1個が房のようになって現れる（気象学用語では房状巻雲という）。この雲の存在は、天気が良く、好天がしばらく続くことを教えているが、雲の茂みが無数にあることから、上空にいくぶん不安定性があることを示している。その不安定性が徐々に顕著になっていき、積乱雲がその高さまで成長してくると、これらの雲はその発達に力を貸すことになる。

巻層雲と飛行機雲（航跡雲）

巻層雲のベールに覆われた空。低気圧の接近にともない温暖前線の前方の雲の厚みが増している。この状態になる前、巻層雲が薄いときは、ハロー現象（p.146参照）がほぼ確実に見られる。4本の航跡雲が残存していることから、上空の湿度が高いことがわかる。一般に、上空が乾燥していると、航跡雲はすぐに消えていく。反対に、低気圧の前方にできた航跡雲は長時間存続し、時には空を完全に覆うまでに広がることもある。

巻積雲の波雲

巻積雲の小雲塊が列を作って空を覆っている。この模様は一般に「サバ雲」といわれているが、この名称は高積雲が同様の模様をつくる場合にもよく使われる。他の巻雲状の雲同様に、巻積雲もおもに氷の粒子からできている。高高度にある巻積雲の薄い雲片には陰影はなく、やや低空にある陰影の目立つ厚い高積雲とこの点で区別できる。このような波雲ができるのは、高高度にウインドシアがあることを示しており、ここでは風と直交するように波雲が生じている。巻積雲の小さな雲塊があるだけでは、たいした意味はないが、このように空全体が覆われているときは、全般に低気圧が接近していることを意味している。

雲起晴天

層雲／エクアドル

エクアドル、アンデス山脈の上を多層となって覆うあまり特徴のない層雲。多層の雲が異なった高度に発生している様子がよくわかる。地表から見ると、上層の層雲はたいてい最下層の層雲に隠されて見えない。層雲は雲底の高さ約6,500フィート（約2km）の下層雲で、切れ間もほとんどなく、しばしば山岳の頂きを覆う。その場合は霧とよばれる。

活火山の稜線を覆う層雲

画像中央に見えるのは、ジャワ島中央部にあるインドネシア有数の活火山、メラピ火山（2,911m）。現在は水蒸気のプリュームを出しているだけである。稜線は層雲の覆いに隠され、山頂だけが顔をのぞかせている。偏西風に運ばれて来た層雲はジャワ島の脊柱ともいうべき火山連峰（左上にメルバブ山3,148mが見える）に阻まれ、山稜東側はちぎれ雲がいくつか流れるだけの澄みきった空が広がっている。

太平洋上にかかる層積雲

雲の配列に、580km離れたカリフォルニア沖海岸に発生した暖気団の境界（左上）が示されている。通常この雲は海岸線のすぐ沖に形成されるが、この時は、大陸内部から吹く暖かい風、サンタアナ風が、雲ができる前に暖気団をはるか太平洋沖に吹き流してしまっていた。少し昔、気象衛星からの画像が初めて届きだした頃、層積雲が大洋上の広い地域に現れる最もありふれた雲であることがわかり、気象学者は大いに驚いたものだった。

ラパルマ島付近の層積雲

大西洋に浮かぶカナリア諸島、その西側最大の島、ラパルマ島のすぐ東に、大きな雲の「パンケーキ」、層積雲の群れが、狭くくっきりした雲間をあけながら広がっている。左上が北。噴火カルデラがはっきりと見えるが、カルデラという名前はこの島を調査研究したときにはじめて与えられたものであった（それはスペイン語で「鍋」を意味する）。以前からこの島の西側半分は不安定な状態にあり、海中へと崩落する危険性があるといわれている。もしそうなった場合は巨大津波がカリブ海諸島を襲い、さらにはアメリカ東海岸の内陸部20kmまでをも壊滅させるであろうと予測されている。

雲起晴天

前ページ／エレブス山上空の高積雲
高積雲は通常雲底の高度6,500〜2万フィート(2〜6km)の中層雲であるが、高緯度では
だいたい1万2,000フィート(約4km)より下にある。高層の巻積雲と違い、はっきりとした
陰影を見せ、この画像下の方に見られる層雲のように、しばしば下層雲をともなっている。
南極ロス島のエレブス山は、世界最南端の活火山。

仰ぎ見る高積雲

「パンケーキ」のような形、間隔の狭いくっきりとした雲間など、高積雲は下層雲の層積雲と非常によく似ているが、違いはその大きさである。高積雲の1個1個の雲塊は、つねにその幅が視角5度以下であるが、層積雲はそれよりも大きい。通常高積雲は水滴、または水滴と氷晶の混合からなり、気温が下がると雪を降らせることがあるが、たいていその雪の粒は地表につく前に融け、細かな雨となる。

高積雲の波雲

このような形の波雲は、上方に速い動きの空気の層がある、あるいは下の層と風向きが少し異なっている、といったウインドシアがあるときにしばしば現れる。他の雲も含めて俗に「サバ雲」と呼ばれているが、高積雲は個々の雲塊の幅が視角5度以下(層積雲はこれよりも大きい)、1度以上(これよりも小さいものは巻積雲に分類される)のものと定義されている。画像では、地平線の方向に向かって雲は結合し、高層雲に変わりつつある。

成熟期のかなとこ状積乱雲(左)

積乱雲はしばしば対流圏界面の逆転層(高さとともに気温が上昇する層)にまで達することがある。それによって大気の最下層である対流圏の境界線が示される。雲の上方への成長は抑止され、横に広がり始めて鉄床(アンビル)に似た形になり、かなとこ雲とよばれるようになる。雲底は最も低い位置にあり、反対に雲頂は熱帯では6万フィート(約18km)もの高さになることもある。画像は、2つの独立したセルが氷晶化を始め、かなとこ状になりつつあるところ。積乱雲に特有の激しい降雨も見られる。

頭巾雲をともなう積乱雲

雄大積雲が急激に発達して最頂部に氷晶を形成し始め、積乱雲となりつつあるところ。2つの活発な搭状雲が、湿度の高い空気の層を凝結・凍結高度まで持ち上げ、それ自身を覆う雲のベールをつくりだしている。頭巾雲として知られるこの形は、一時的なものである。というのは、上昇しつつある搭状雲がすぐに頭巾の層に侵入し、頭巾の層はその周囲にある循環によってアクティブ(活性)セルに組み込まれるからである。

日没時の積乱雲（上）

海の上空に1団の積乱雲セルが出ているが、積乱雲の発達段階が顕著に示されている。3つの対流セル（サーマル）が逆転層に到達し、横に広がってかなとこ雲を形成している。最も遠くにあるのが、最も古いもので、これらのかなとこ雲の手前にあるのが、フランキングラインを構成する新しい成長しつつあるセルである。それらのセルは主たるストームの本体に近づくにつれて雲頂が高くなる。海水温がその上の空気の温度よりも高い場合、太陽が沈み日射が止んだ後もセルは成長を続ける。

接近するかなとこ雲（下）

積乱雲はかなとこ雲の有無にかかわらず、豪雨、ひょうをもたらし、時に雷雨となる。天気予報では、しばしば「驟雨」と呼ばれ、英語のシャワーがこれにあたる。アクティブ（活性）セルが最大級に発達するとマルチセル（多重セル）ストームや、さらには壊滅的な破壊力を持つトルネードなどの激甚災害をもたらすスーパーセルストームになる場合もある。

宇宙から見る積乱雲

低高度軌道衛星からの画像。成長段階の異なる積乱雲が見られる。そのうちの2つは、かなとこ雲にまで発達している。この位置から見ると、「オーバーシューティング・トップ」、すなわち強い上昇流が雲頂を成層圏にまで貫入させている様子がはっきりと観察できる。画像背景に霞がかかっているように見えるのは、地上、ザイールでの焼き畑農業のためである。

気象大図鑑

積乱雲とかなとこ雲

ほぼ正確にトラッピング（捕捉）逆転層の上を飛ぶ航空機から撮影した単体のかなとこ雲。さらに高い位置に巻雲が数片見られる。かなとこ雲の左手に逆転層に向かって伸びているもう1つのアクティブ（活性）セルが見える。この雲がこの画像のなかでは最も高高度にある雲であるが、別のいくつかの搭状雲がすぐに伸びてくるきざしがある。

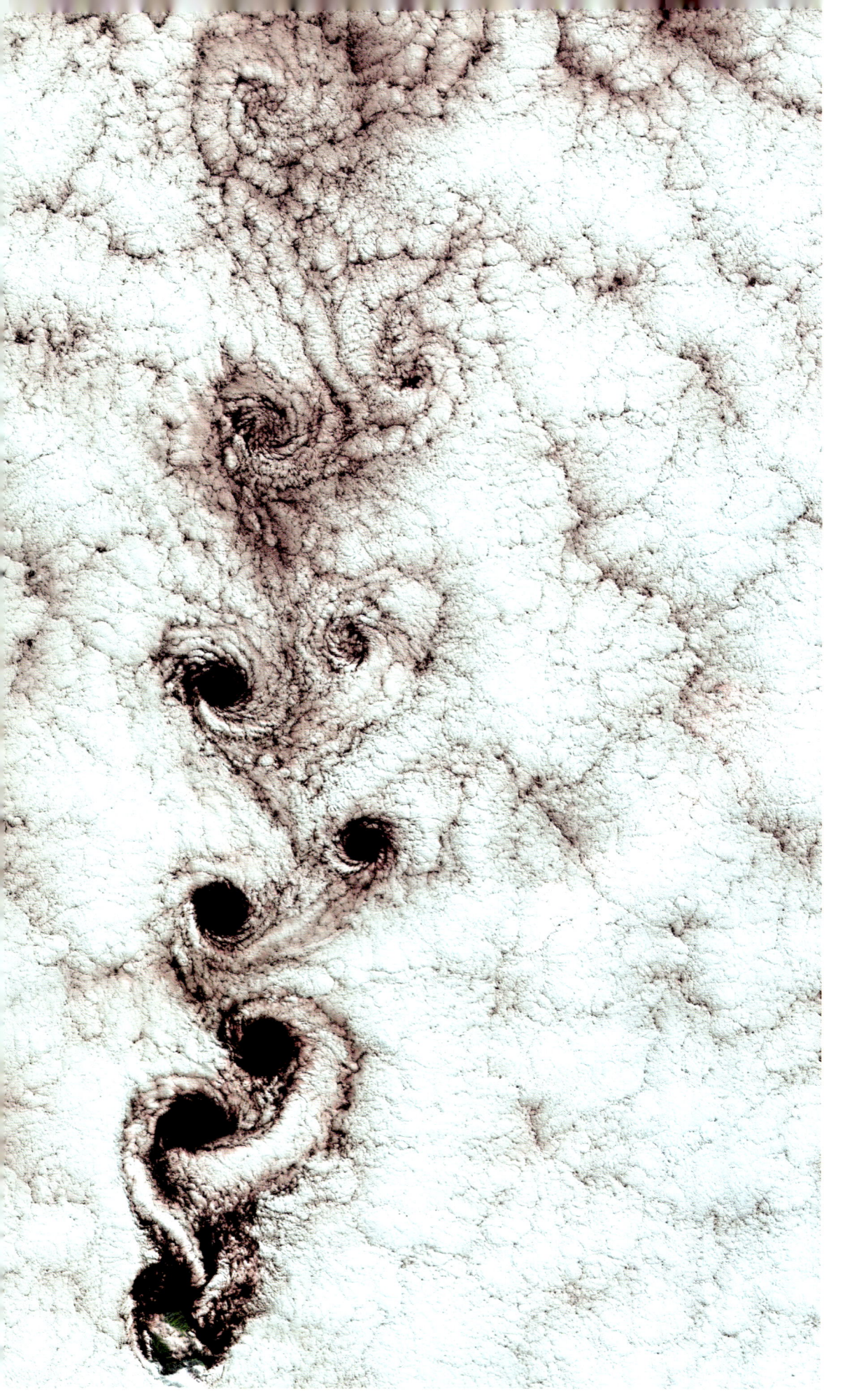

地形性雲／グリーンランド（右）

風が湿潤空気を強制的に山岳の上へと押し上げることによってできる雲。湿潤空気は凝結高度に達して雲の層を形成するが、その雲は空気が下降する山岳の風下側で消散するため、山頂に笠のようにかかる形となる。画像の雲は大部分が層状雲であるが、丸く盛り上がっている雲頂に不安定性のきざしが見られる。ここグリーンランド北部、クレイバリング島の乾燥した極地荒原では、このような雲からもたらされる降雨は非常に価値のあるもので、山岳斜面での豊かな植生を支えている。

地形性積雲（下）

イタリア、リグリアン・アルペン、ピッコロアルターレ山の南側斜面上に昼過ぎにできた地形性雲。山岳によって生じる空気の持ち上げは、しばしば不安定性の原因となり、大きな積乱雲と、それにともなう豪雨をもたらすことがある。地形性持ち上げは極端な場合、山頂に静止し続け、破壊的な射流洪水をもたらす激しい雷雨を生じさせることがある。

層積雲中にできたカルマン渦列

層積雲の薄い層のなかにできた雲の渦は、アレキサンダー・セルカーク島（1,600m）山頂からの吹き降ろしの風が、安定に成層した流体を乱すことによって生じたものである。カルマン渦列として知られるこのような現象は、高度を問わず起こり、北極スバルバード諸島、北大西洋カナリア諸島、チリ沖南太平洋ファンフェルナンデス諸島のアレキサンダー・セルカーク島、ロビンソンクルーソー島など、孤立峰を持つ島の周辺でしばしば見られる。

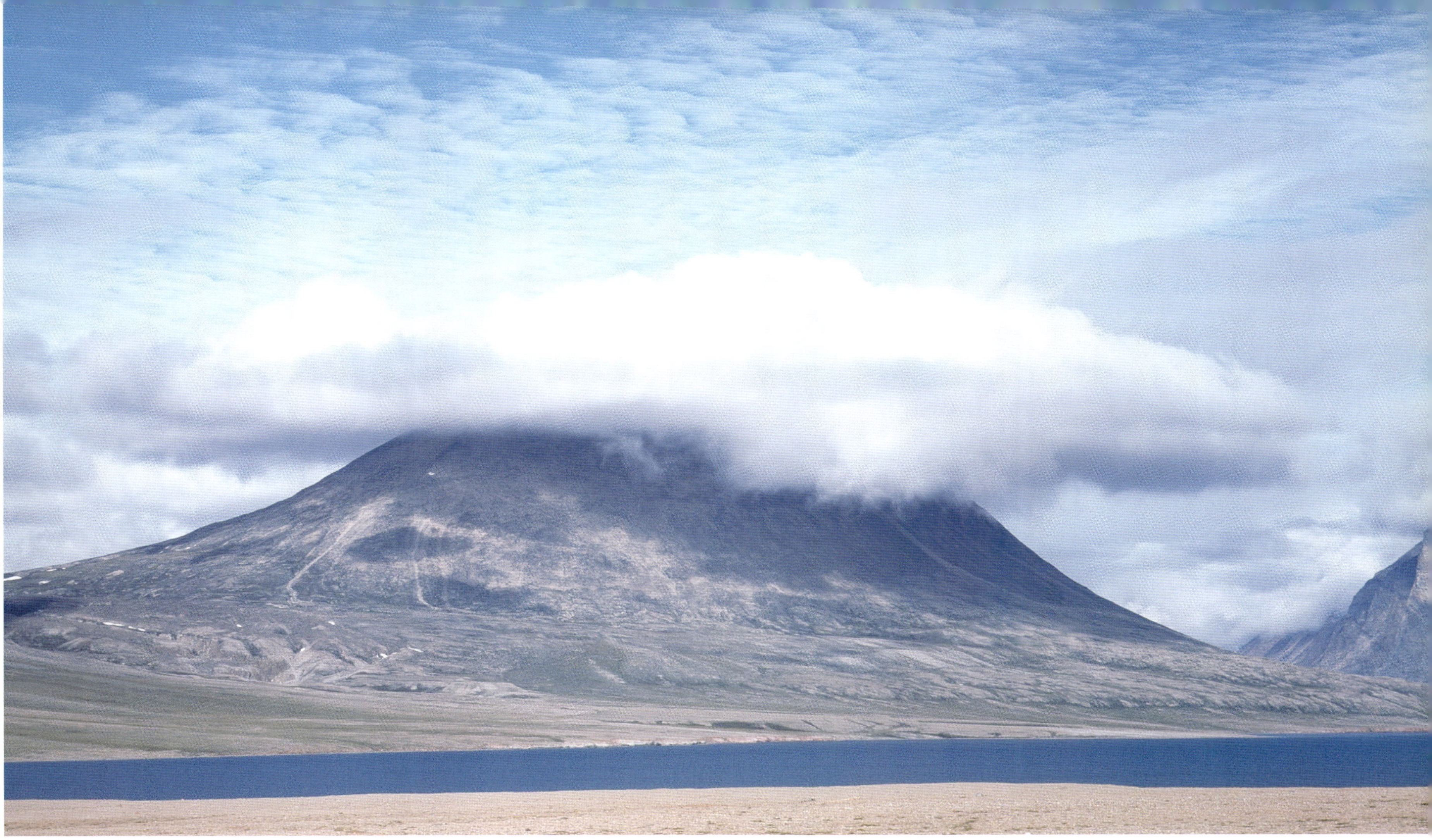

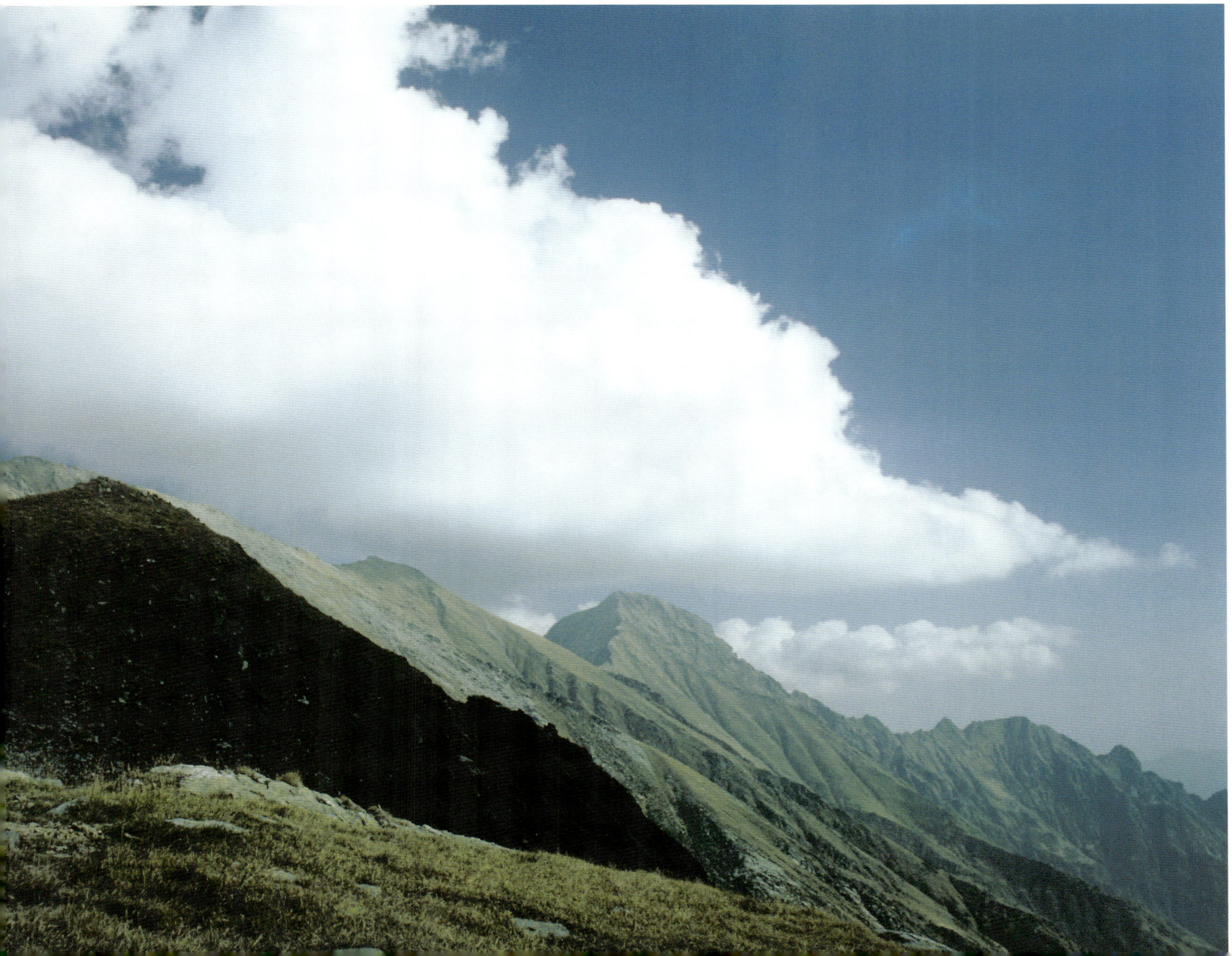

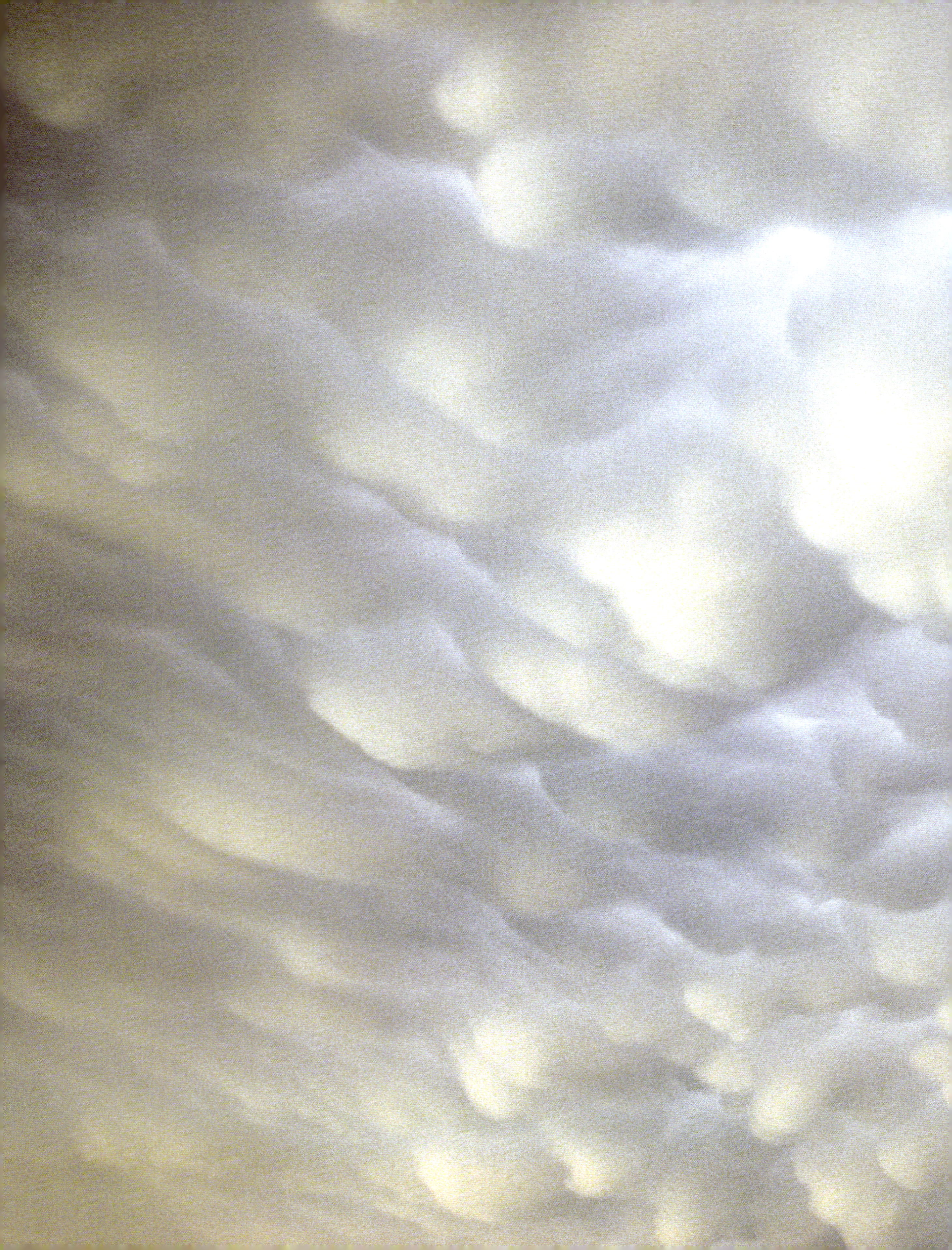

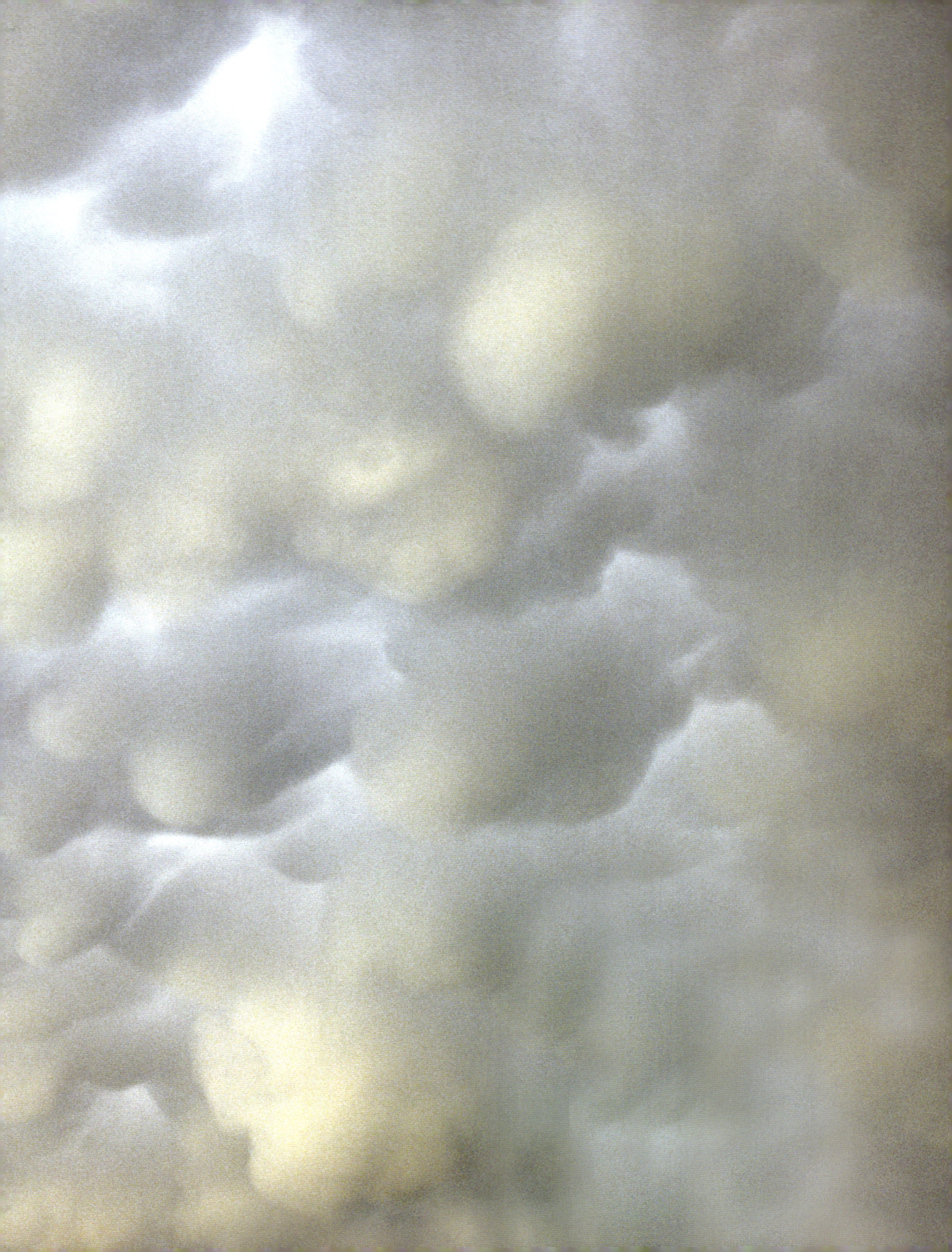

前ページ／かなとこ状積乱雲の下の乳房雲

巨大積乱雲から張り出したかなとこ雲の下部にしばしば出現する独特のふくらみ。かなとこ雲の雲頂で熱が上方に放射され雲を冷却すると、冷たい空気が「逆さまの対流」の形で雲の下に沈みこみ、このような雲形をつくりだす。画像のような普通の垂れ下がったふくらみの形ではなく、長い不規則な形のチューブ状になることもある。同様の特徴的な形は、巻雲、巻積雲、高積雲、層積雲にも現れることがある。

乳房雲と薄明光線（表御光）

雲の層の下にできた、比較的珍しい乳房雲。乳房雲が形成されている部分の雲は、層積雲のように見えるが、それ以外の部分はあまり特徴のない層雲である。薄い雲の層の端で濾過された低い角度からの太陽光に照らされ、乳房雲が雲の下部に独特の光と影（薄明光線）を投げかけている。

乳房雲

積乱雲の下部に現れる乳房雲の典型的な形。ドラマチックな効果を演出する低い位置からの太陽光がないため、この乳房雲は灰色の陰影を見せているだけである。時に暴風雨を起こし脅威になることもあるが、この雲ができたからといって必ずしも荒々しい気象が起こるとは限らない。乳房雲はサンダーストームセルの後部にできることが多く、時にトルネードの発生をともなうこともあるが、この雲の出現をつねにトルネードの発生が差し迫っていることと結びつけて考えることはできない。

雲起晴天

レンズ状雲

磨かれたレンズのような形状からレンズ状雲と名づけられているが、波状雲としても知られている。この独特の形の雲は高積雲レンズ雲とよばれ、同様の形は層積雲、巻積雲にも見られる。積雲という名前から対流と不安定性を思い浮かべるかもしれないが、実際はレンズ状雲は安定性のしるしである (p.8参照)。湿潤な空気の層が強制的に山岳の上 (ここではハワイのマウナケア山) に持ち上げられ、凝結 (または凍結) 高度に達し雲になるが、大気は安定しているので、その空気の層は山頂を越えた後、元の高度に下がり、雲は消散する。このようなレンズ状雲ではなく、山などの障害物の風下側に波状の空気の動きが形成され、稜線におおむね平行の一様な波状雲の列がつくりだされることもある。

気象大図鑑

多重レンズ雲（Une pile d'assiettes'）

1つの雲の上にもう1つの雲というように、レンズ状雲はよく積み重ねられた形で現れる。フランス語で皿の積み重ねを意味する"Une pile d'assiettes'"として知られている。湿潤な空気の層が、間に乾燥した空気層をはさみながら多層に重なり、それらがすべて波動の状態で強制的に持ち上げられ、その後降下するときにできる。風の強さ、風向き、障害物の地形によっては、2枚以上の積み重ねが山岳の風下側に向かって波の列のように現れることもある。この雲は南大西洋サウスジョージア島の上に現れたもの。

ジェット気流雲／リビア

ジェット気流は、大気中に極端な水平方向の気温差がある所で発生する高高度、高速の空気の帯である。典型的なものは長さ数1,000km、幅数100km、厚さ数kmに達する。しばしばそのなかに巻雲が発生し、ジェット気流の存在を目に見える形で教えることがあるが、目に見えないときもある。雲は気流に直交する波雲の形で現れたり、流れにそって長い筋のように現れたりする。

ジェット気流雲／カナダ東部

ある流れがジェット気流とよばれるためには、風速が時速90〜100kmを越えていなければならない。これまでに記録された最大風速は、1967年12月、スコットランドのヘブリディーズ諸島の外側、サウスウイスト上空で観測された時速656km。画像は、カナダ大西洋沿岸越しに北東を見たものだが、中央下、雲下にノバスコシア州ケープブレトン島が見える。

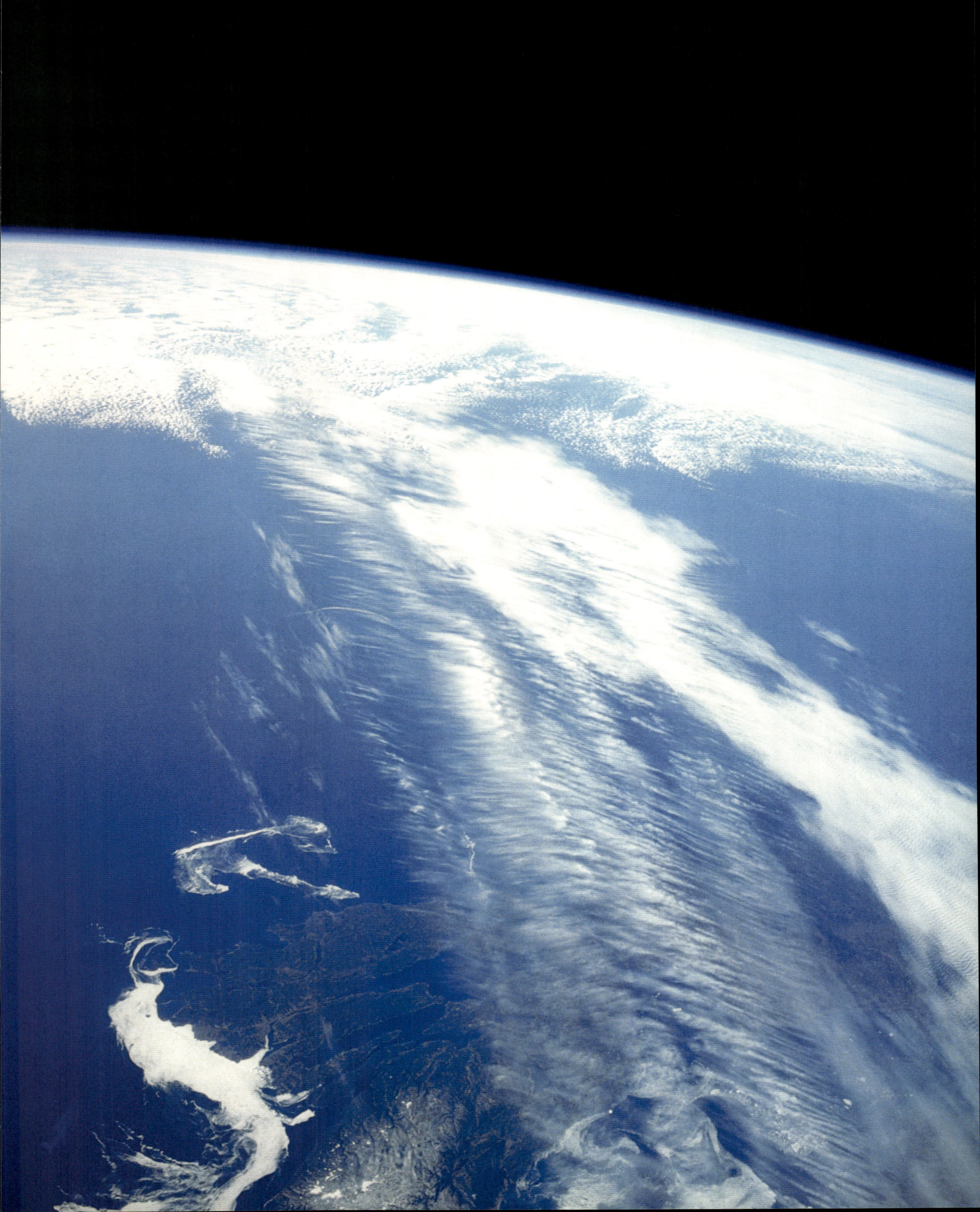

水循環の基本的な考え方は、かなり昔、BC.6世紀にはすでに形づくられていた。湖や海から蒸発した水蒸気が雲になり、それが雨となってふたたび川、湖、海を満たすということを最初に概念的に捉えたのは、ミレトスのターレス（有名な天文学者で、気象も研究していた）であった。それからまもなくBC.5世紀、もう1人の天文学者アナクサゴラスは、はじめて大気中の対流を検証し、さらに、気温は高度とともに下がること、そしてある種の雲の頂きは氷の粒でできていることを書物に著した。

　2人の考えは大筋で正しいものであったが、数100年もの間、一般の人々に受け入れられることはなかった。現在では、雨の形成過程には2通りあることがよく知られている。雲粒は非常に微細（直径0.001〜0.05㎜）なため、空中に容易に滞留しつづけることができ、粒子どうしの衝突による肥大化は非常に緩慢である。しかし厚い雲の内部で激しい対流が起こると、衝突を繰り返しながら直径約0.5〜2.5㎜に肥大し、雨滴となる。熱帯ではこのような形で発生する雨が一般的であり、温帯でも夏に積雲が空高く伸びるときによく見られる。

　もう1つの雨の形成過程は緯度に関係なく起こり、雲が高く成長して温度が0℃以下になることによってできる雨である。水滴は、「氷晶化」といわれる過程のなかで凍結し氷晶になる。観察者からは、この過程は雲頂が繊維状になる

2 驟雨の合間の陽光

という変化で知ることができる。氷晶は重力によってすぐに降下しはじめ、他の氷晶や凍っていない水滴との衝突によって急速に大きく成長する。多くの場合こうしてできた氷晶は下層に下がるにつれて融け、大きな雨滴となる。地表の温度が低いと、氷晶のまま、あるいは雪となって地面に落下する。

　乱層雲は別にして、大部分の層状雲は普通あまり激しい雨を降らせず、霧雨となることが多い。しかし気温が低いときは、高層から氷晶を落下させ、それが下層の雲の層に雨の「種まき」をすることになり、予想外の大きな雨滴をもたらすこともある。

　凝結も凍結も、どちらもそれが起こるためには、特別な核、すなわちその過程を促進する微細な固体粒子が必要である。凝結核はどこにでも存在しているが、凍結核は適当なものが存在しないことの方が多い。その場合雲粒は、気温が凍結温度以下、−40℃に下がったときでも、液状の水の状態で存在しつづける。そのような水滴は多くの雲、特に高高度の雲に見られ、またある種の霧のなかにも存在している。この状態を過冷却というが、過冷却水は適当な凍結核、あるいは他の物体（航空機など）と接触するとすぐさま凍結する。

前ページ／激しい驟雨

積乱雲からの激しい驟雨。一般に驟雨（シャワー）というと、短時間で上がる優しい雨のことをさすと思われているが、気象学では驟雨は、積乱雲と関連する雨、雪、ひょうなどの激しい降水を意味する。画像は降水部分の色が灰色であることから、降水はひょうや雪ではなく、激しい雨であることがわかる。

ネバダ州ブラックロック砂漠に降るひょうと雨

ひょうができるためには、積乱雲内部に強い上昇流があることが不可欠である。雲頂で形成された氷晶が上昇流のなかに落ち込み、再度雲の高い層に戻される、という過程が数回繰り返される。その時氷晶は、過冷却状態（普通の凍結温度以下の状態）にある水滴の場を通り抜けるたびに、接触する過冷却水を凍結させ、肥大化していく。こうして直径の大きなひょうができあがり、ついに重くなりすぎて落下する。

スコットランドに降る激しい雨（右）

気象学的には驟雨は、単体の積乱雲、または雲のクラスターからの降水を意味し、前線雲からの多少とも持続的な降水とは区別される。全般に驟雨の降水範囲は狭いが（多くの場合幅5km以内）、マルチセルストームやスーパーセルストームの場合はそれよりもかなり広くなる。雨やひょうは時に非常に激しく、特に（ムル入り江に降っているこの雨のように）雲が風によってゆっくりと流されているときはなおさらである。（長くまっすぐ下りた尾流雲に注目。尾流雲は地面近くになり、摩擦によって風速が減殺されるところで曲がり始める）。

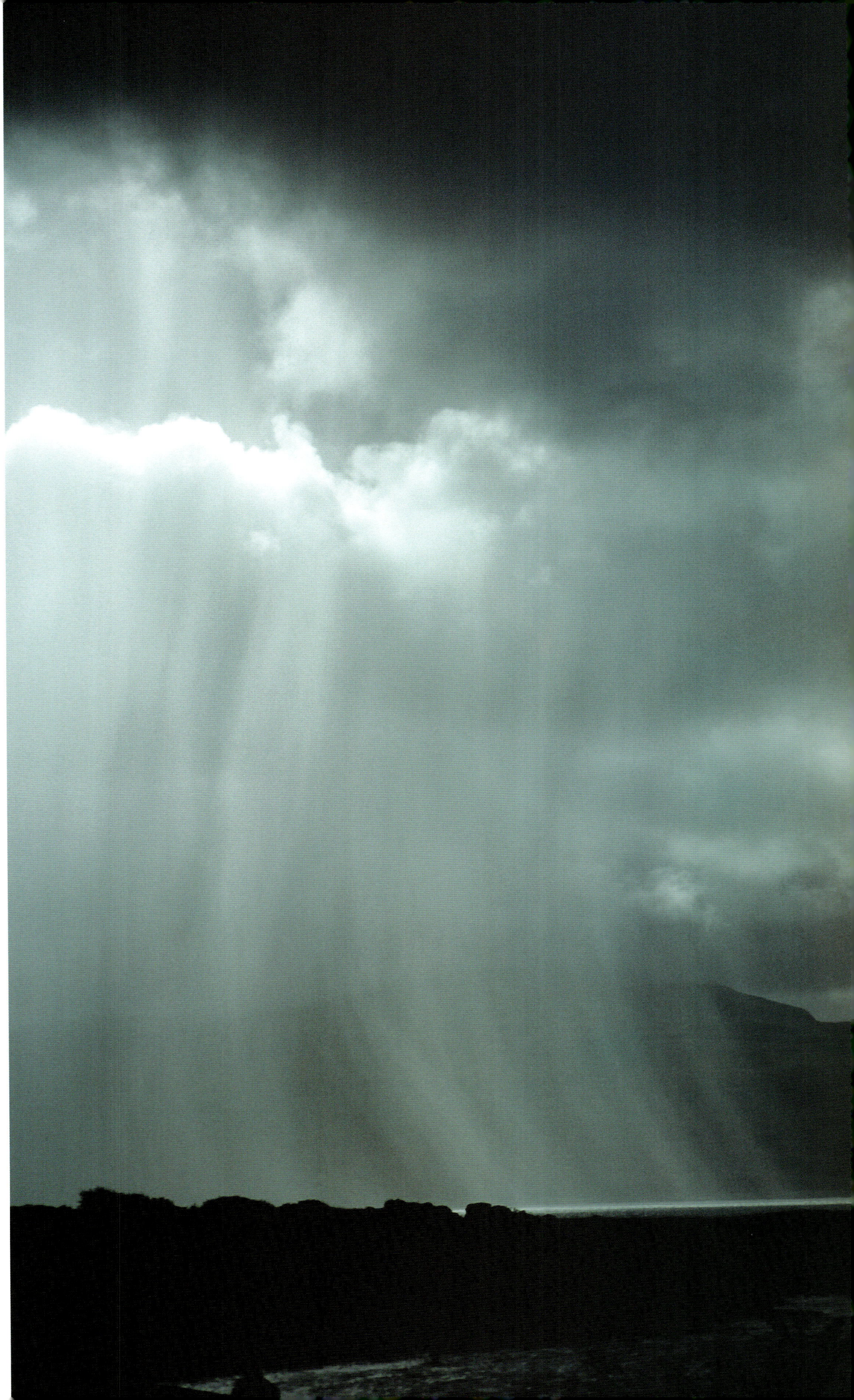

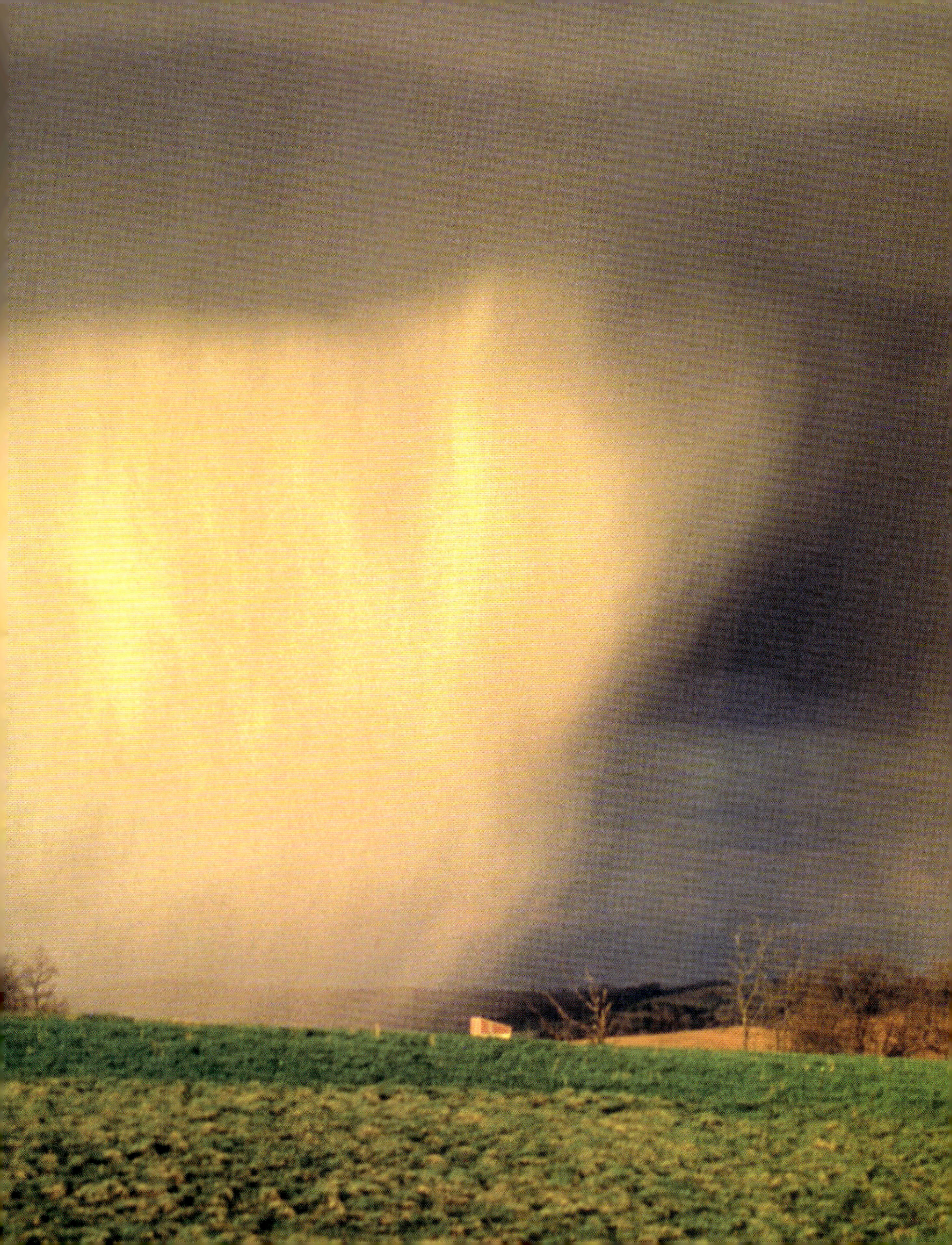

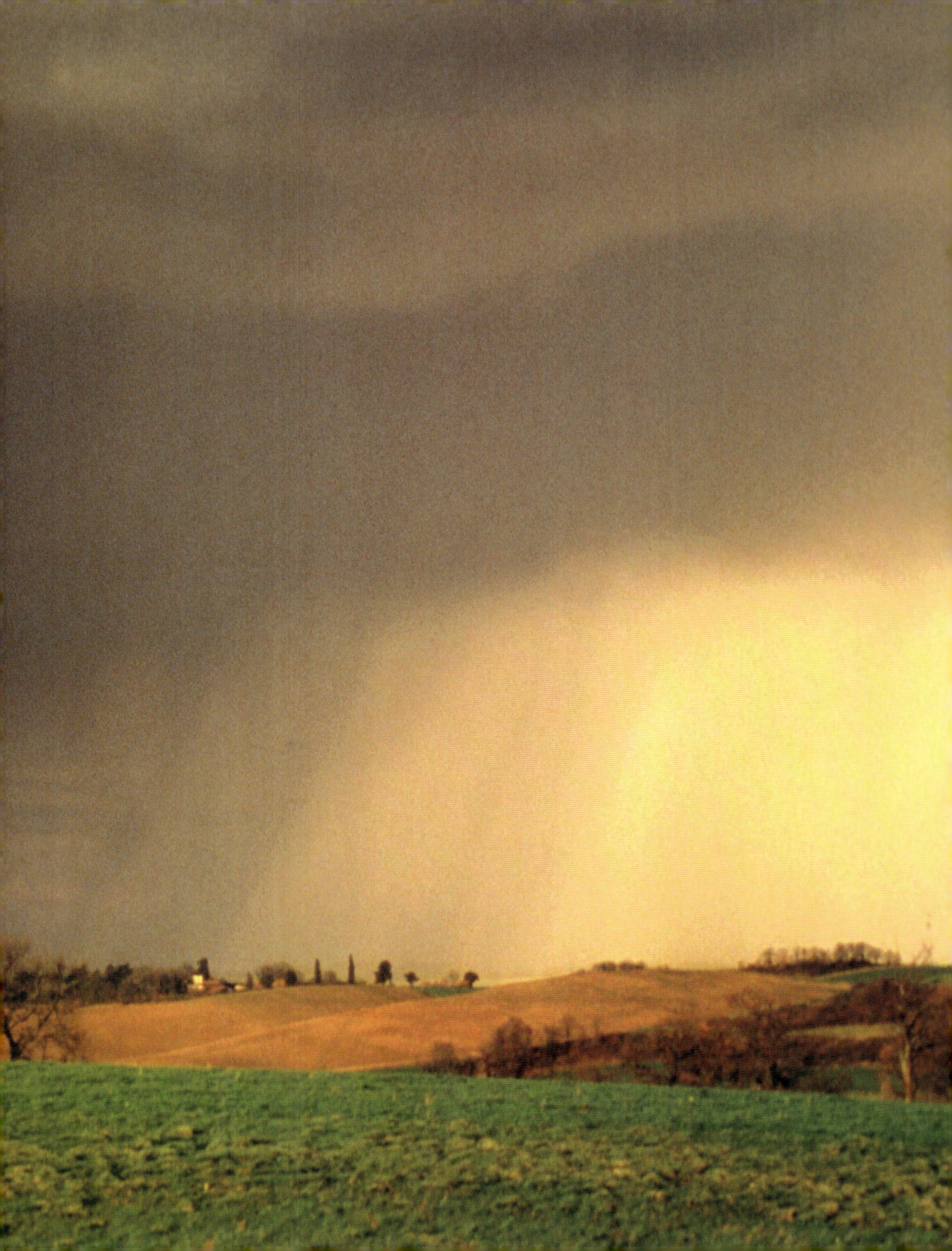

前ページ／**南フランスに降る激しい驟雨**

単体の積乱雲からの驟雨は、全般に時間的に区切ると降水範囲は狭いが、降水量はかなり大きな変動を示す。強い上昇流を持つ成熟期積乱雲の内部では、雨滴は強い上昇流に支えられて滞留し、地上に落ちてくる量は比較的少量である。しかしさらに成熟していくと、ついには対流は止み、上昇流も衰え、雨滴が一挙に落下する。それに伴ってしばしば強い下降流が生じ、その結果、雲前方に広がる激しい突風（ガスト）を伴って断続的に激しい雨が降ることがある。

露の形成過程

日没後、快晴でほとんど風がないとき、地面は熱を急速に大気中に放射し始める。放射冷却によって地表面近くの気温が凝結点に達すると、水滴が葉身などの対象物の表面に凝結し露となる。気温がさらに下がり、氷点下まで下がると、空気中の水蒸気は氷晶として昇華凝結し、地面は白霜に覆われることになる。

露虹

露はよくクモの巣の上に凝結するが、それが雨滴と同じくらいの大きさになると、雨後の虹と同じように太陽光を分光しスペクトルを現す。画像のクモの巣は地面に垂直に張られているが、大きな露虹は、複数のクモの巣が水平に広い草原を覆うように張られているときによく観察される。同様の色の虹は、池や水溜りの表面被膜の上にのっている小さな水滴にも見られることがある。

葉身の上の排水滴（グッテイション）

植物のなかで水は根から葉へと運ばれる。夜になり気温が下がる一方で、地面の温度が高いままのとき、過剰な水分は葉の先端に運ばれるが空気中に蒸散することができず、大きな排水滴をつくる。画像のように葉身の上にできたものは、露と見分けるのが難しい。

驟雨の合間の陽光

霧氷の「羽根」

スイスアルプス、サンティス気象台の霧氷。過冷却水滴──通常の凍結温度以下で液体の状態で存在する水滴──は頻繁に大気中に生成し、特に氷晶をつくるための適当な凍結核のないところで生じる。過冷却水滴は、他の物質の冷たい表面と接触するとすぐに凍結し、霧氷となる。霧氷は風上側にできるので、羽根の向きは風の吹いてくる方向をさし示している。標高の高い場所では、風にさらされた側の表面に数mにわたって非常に大きな着氷が生じることがある。

霧氷の「針」

鉄条網に付着した針型の氷の結晶。過冷却水滴からできる霧氷の特徴が顕著に示されている。画像に見られるように、針先がすべて同じ方向を向いている。これに対し、気温が0℃以下に下がった時にできる白霜は、対象物の全側面に付着している。

樹氷

過冷却水滴は大気中どの高度にも存在することができ、地表面近くでは、しばしば過冷却霧（チリ）となっていて樹木や潅木などの対象物質の表面に接触するとすぐに凍結する。アイダホ州テトンバレーで撮影されたこのコットンウッドの木の表面温度は－24℃であった。

驟雨の合間の陽光

窓ガラスに付着した霜の結晶（右）

あらかじめ撒き散らしておいた凍結核から急速に成長した美しい氷晶模様。ガラスに接している薄い空気層中の水蒸気が過冷却状態になり、それが既存の氷の結晶と接触するとすぐに凍結し、このような連続模様ができあがる。

白霜（ホアフロスト）

白霜の形成過程は露と同じである。風のほとんどない夜間に気温が下がり続けると、水蒸気は凝結せず、地物に付着して結晶状に凍結する。ざらざらした表面が特徴。空気の動きがほとんどないため、白霜は霧氷のように「羽根」や「針」の形になることはなく、また、ガラス面に見られるような透明な氷の層になることもない。通常霜と呼ばれる。

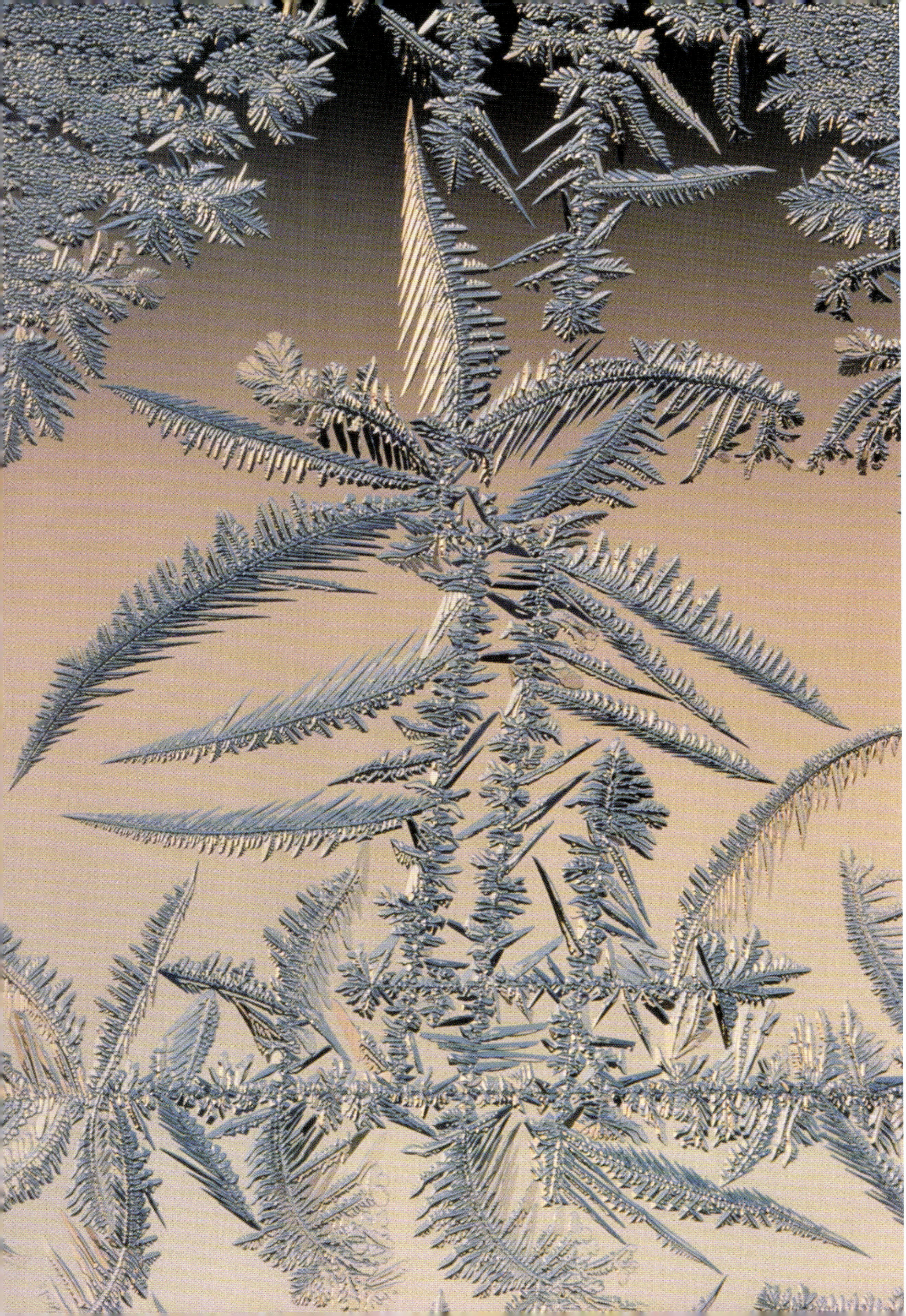

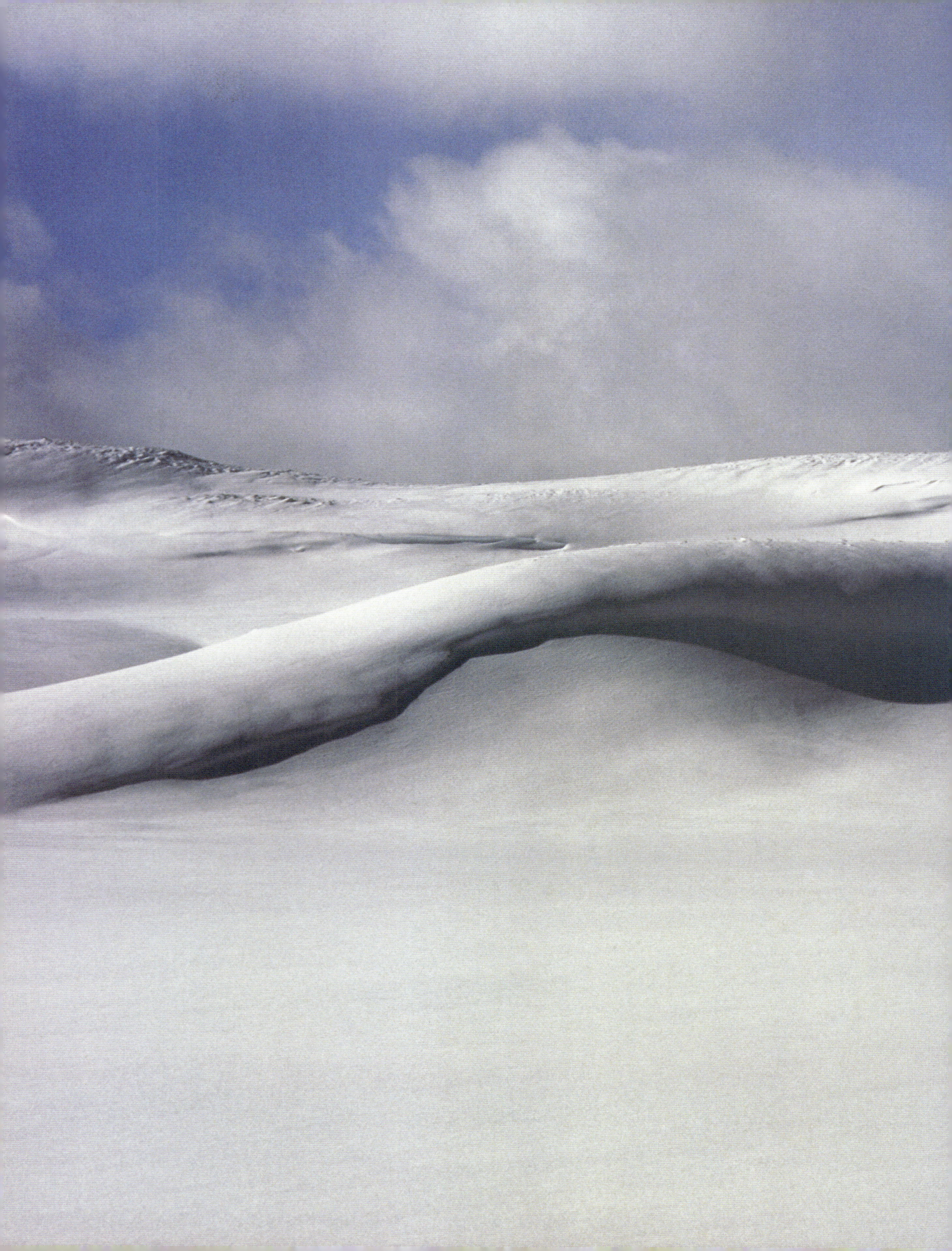

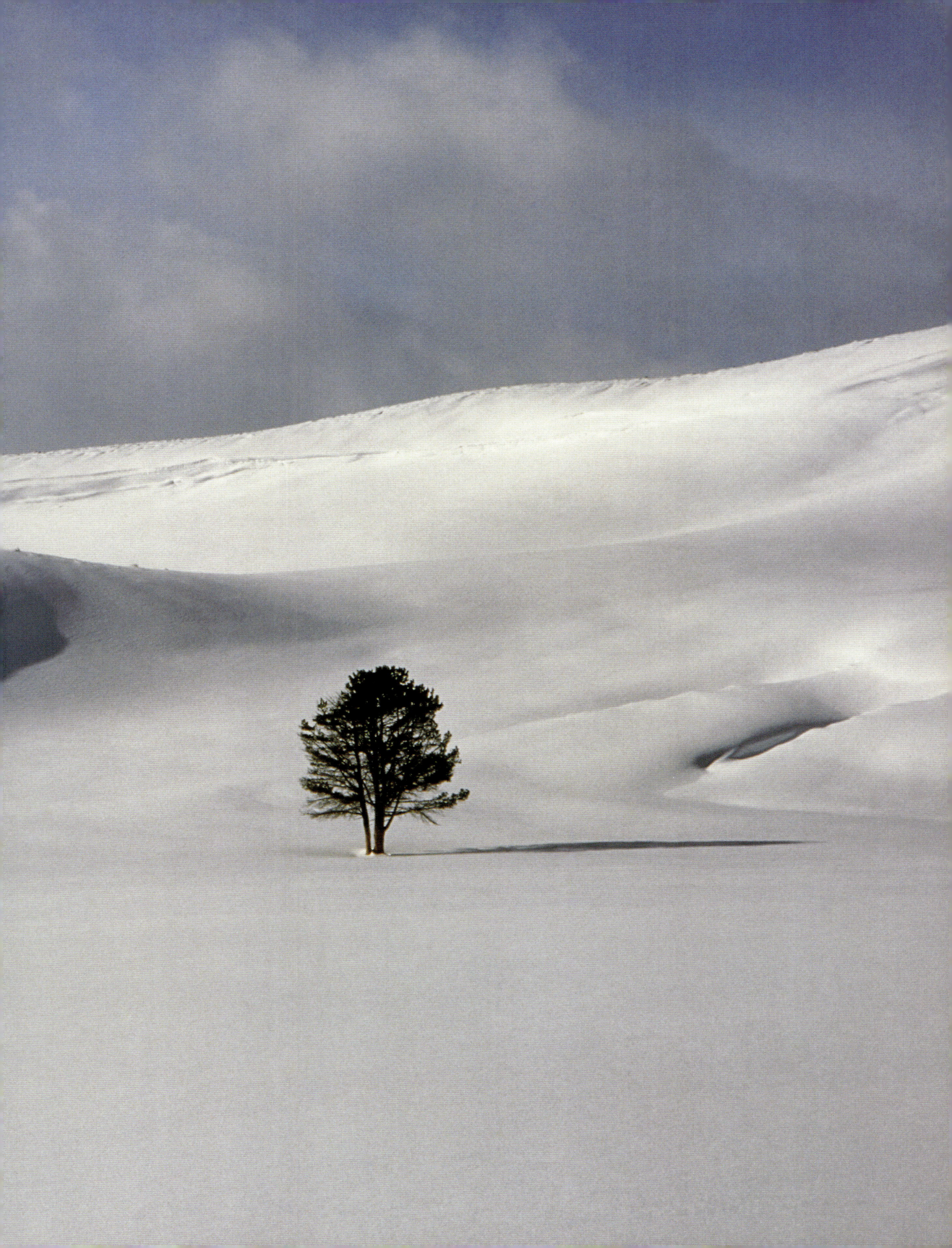

前ページ／ワイオミングの雪景色
高地や山脈の冬の降雪は、世界の多くの水系の主要な源である。そのなかには、アメリカのミズリー―ミシシッピー水系や、アジアのガンジス―ブラマプトラ水系などの大河川も含まれる。

大量降雨／インド洋
コンピュータ処理画像（CGI）によるリユニオン島の全体像。この大洋に浮かぶ孤島は、1952年3月16日、シラオスで1日に1,870mmの降水を記録し、現在まで日降水量の世界最高記録を保持している。このような山岳島――活火山ピトン・ドゥ・ラ・フルネーズの山頂が一番奥に見える――では大量の降雨が頻繁にあり、それが濃密な植生をもたらしている（画像赤色で示されている）。

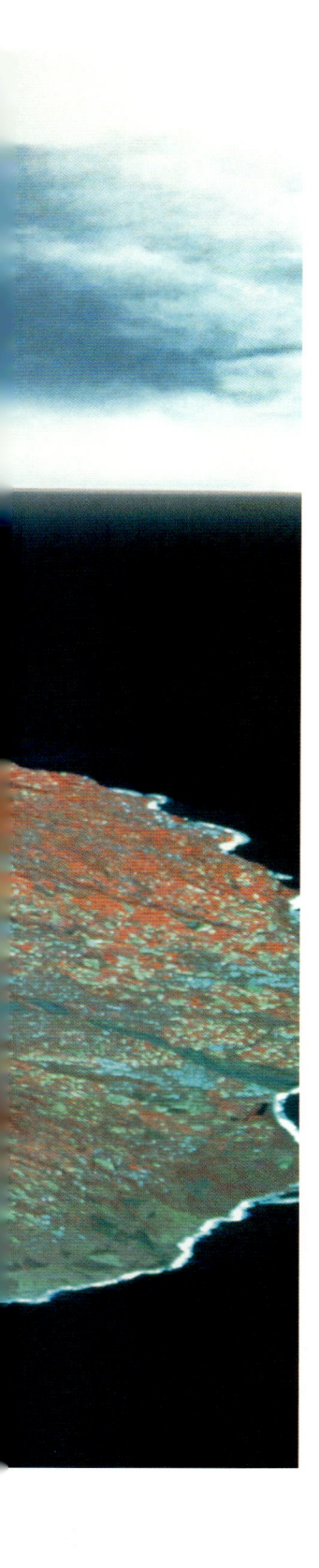

ハリケーン・アレン

ハリケーン・アレンのコンピュータ処理画像。ハリケーンは世界の多くの地域にとって重要な降水源である。それがもたらす被害にもかかわらず、ハリケーンが発生しなくなれば、農業は悲惨な状態に陥り、多くの熱帯、亜熱帯諸国が深刻な水不足に陥る。上は2基の気象衛星からのデータを画像処理したハリケーンの3次元モデルである。このモデルを使うと視点を自由に定め、どの角度、どの高度からでもハリケーンを眺めることができる。ここでは雲の高さを強調するような視点が選ばれている。

驟雨の合間の陽光

浸蝕されたワジ（涸れ谷）／サウジアラビア

アラビア砂漠、ラヤラ・オアシス近くの浸蝕されたワジ。サウジアラビアのこの辺りでは、年間降水量はわずか100mmほどであるが、いったん雨が降ると、その水は土壌に吸い込まれず、一気に射流洪水（鉄砲水）となって砂漠に深い溝を刻み込む。これらのワジは何ヵ月、何年間も枯れたままかもしれない。しかし次の射流洪水が起こると、再び底まですっかり浚渫されてしまう。

縮小するアラル海

ウズベキスタン（左下）とカザフスタン（右上）の不毛の地に横たわるこの塩水湖は、かつては世界で4番目に大きな湖であった。灌漑目的でシルダリヤ川（右上）とアムダリヤ川（右下）の流れが変えられた結果、湖（緑色）の面積は半分以下に縮小してしまった。湖での漁業は壊滅的な打撃を受け、猛烈な風に巻き上げられた塩の粒子は周辺の住民に深刻な健康被害を及ぼしている。

気象大図鑑

チャド湖／アフリカで4番目に大きな湖

この湖は、北のサハラ砂漠と南のサバナの境界領域にあたるサヘルに横たわっている。ここ35年間で、湖の面積は元の面積の20分の1にまで縮小した。灌漑のための取水も原因の1つであるが、この地域をたびたび襲う干ばつも原因である。それは気候変化の長いサイクルの一部のように思われる。

驟雨の合間の陽光

究極の砂漠／アテカマ砂漠

アテカマ砂漠は、低地や沿岸地帯だけでなく、アンデス高地さえもごく微量の降水しかない究極の砂漠である。2つの火山の山頂が雪に覆われているのが見えるが、上部右側の白い部分は雪ではないので注意。それはわずかな雨が火山性の土壌に浸透して地下の鉱物に到達し、それが再度高地の乾燥した空気のなかへ蒸発することによってできた天然の塩田である。ここはまったくといってよいほどの不毛の地であるが、いく筋かの細流にそってかすかな植生の跡が見られる（衛星からの赤外画像を用いているため、うっすらと赤みがかって見える）。

気象大図鑑

北アメリカの森林火災

比較的湿潤な気候のカリフォルニア州やオレゴン州（上）でも、時に厳しい干ばつに襲われることがあり、非常に破壊的な森林火災のお膳立てをすることがある。2002年7月29日、大陸内部からの風は植物をいつでも燃え上がらせるほどにからからに乾燥させていた。煙のプリューム（黄褐色）が太平洋へと吹き流されている。煙のプリュームの上の白い線は、航跡である。船舶からの排気ガスが凝結核となって厚い雲の線を形成している。南では雲の渦巻模様が、トロピカルストーム・エリダの位置を印している。

驟雨の合間の陽光

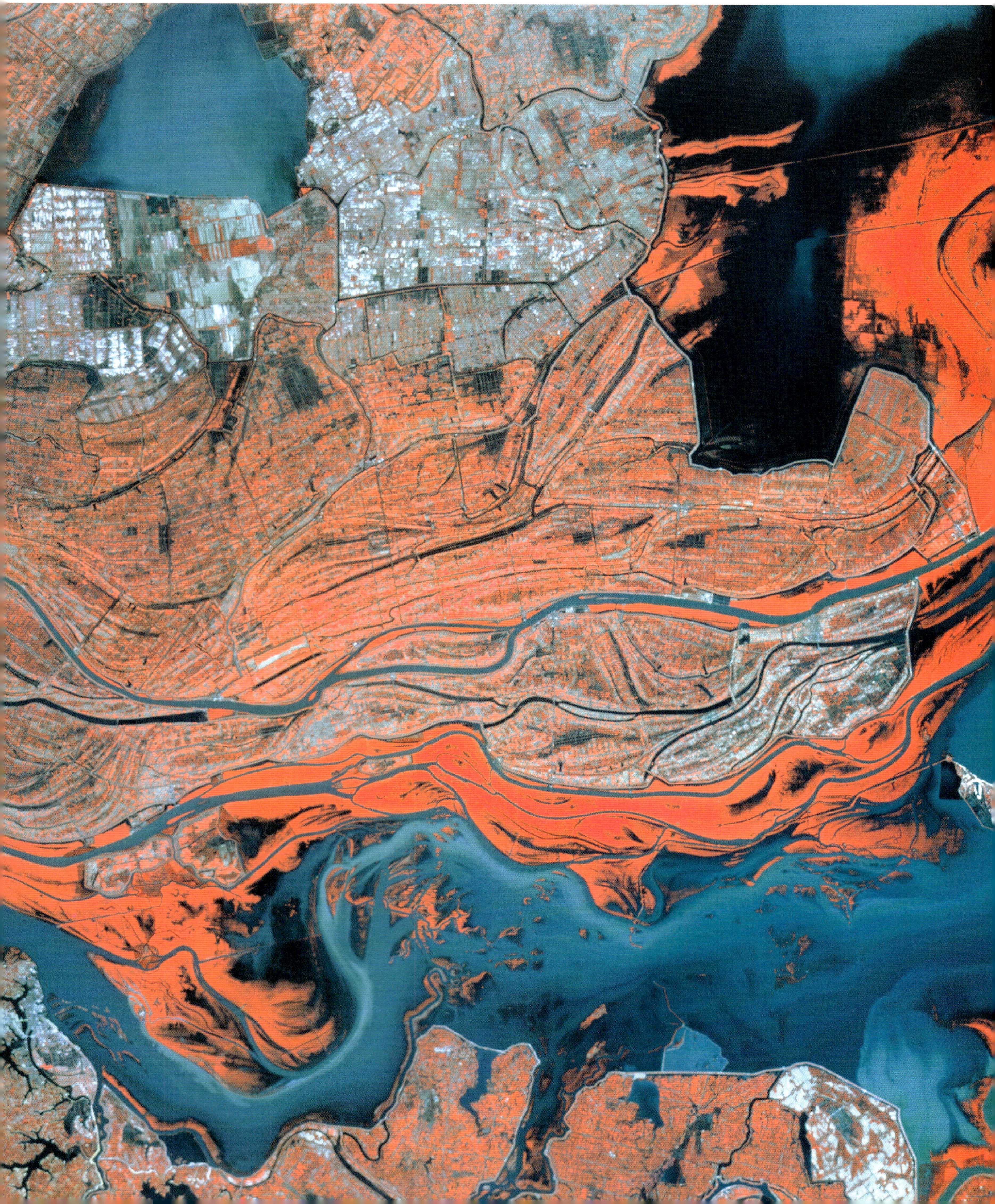

大規模洪水の衛星画像／中国

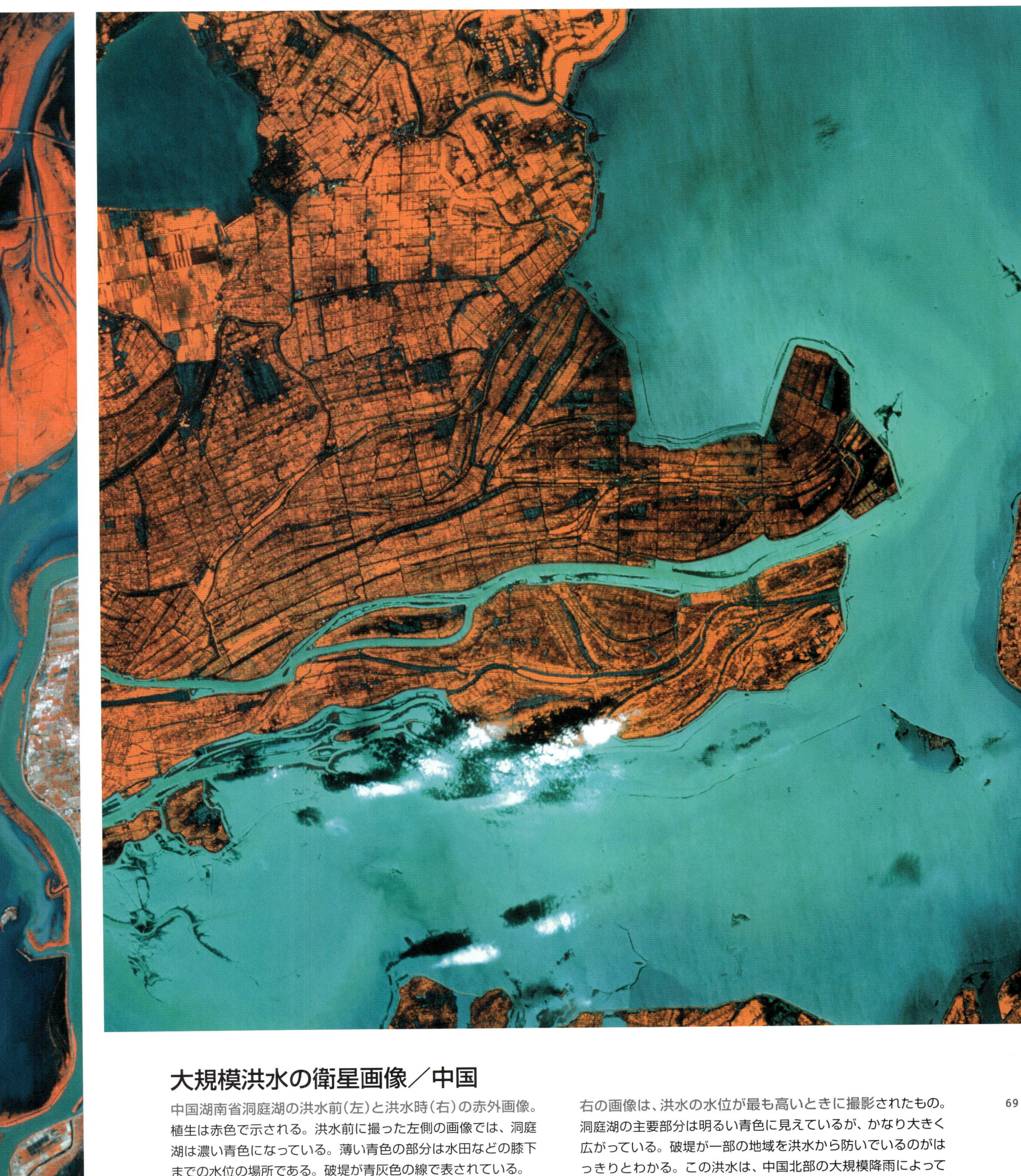

中国湖南省洞庭湖の洪水前（左）と洪水時（右）の赤外画像。植生は赤色で示される。洪水前に撮った左側の画像では、洞庭湖は濃い青色になっている。薄い青色の部分は水田などの膝下までの水位の場所である。破堤が青灰色の線で表されている。右の画像は、洪水の水位が最も高いときに撮影されたもの。洞庭湖の主要部分は明るい青色に見えているが、かなり大きく広がっている。破堤が一部の地域を洪水から防いでいるのがはっきりとわかる。この洪水は、中国北部の大規模降雨によってもたらされたが、森林破壊が原因の浸蝕によって土砂が沈澱し、平常でも氾濫が起こりうる地域がつくりだされ被害が増幅された。洪水は3,000人の生命を奪い、500万世帯を消失させた。

驟雨の合間の陽光

霧ともや（霧の密度が低いもの）は、視界をさえぎるものの代表である。それは地表の空気が凝結点以下に冷やされたとき、いつでも発生する。霧には3種類ある。滑昇霧——湿潤な空気が風によって山岳地を上昇させられるときに発生する霧。放射霧——夜間、地表から熱が放射され、地表すぐ上の空気の層が冷却されることによって発生する霧。移流霧——湿潤な空気が、海や、雪または氷で覆われた地面など冷たいものの表面を移動するときに発生する霧。最後にあげた移流霧という用語は、他の場所で発生した霧が周辺の地域に流れ込んできたときにもよく用いられ、特に海で発生した霧が内陸部へ流れていくときに使われる。

　海上では霧は特に、暖かい空気の流れが冷たい寒流の上を通る場所に発生しやすい。北大西洋のグランドバンクスが有名であるが、そこは熱帯からの暖かい空気が冷たいラブラドール海流と出合う場所である。また寒流が流れている場所で、海底から冷たい海水が湧昇する場所でも頻繁に濃い霧が発生する。地球の自転と関連した物理的な理由から、このような湧昇は大陸の西側に起こるが、その最も有名な場所が太平洋と大西洋にそれぞれ2カ所ずつある。1. 南米沖、フンボルト（ペルー）海流が南極からの極寒の海水を運ぶ場所。2. 北太平洋、カリフォルニア海流が冷たい海水をカリフォルニア沿岸にそって運んでくる海域。3. 南大西洋、ベンゲラ海流がナミビア沖を流れる海域、そして最後に、4. カナリア海流が冷たい海水を赤道のすぐ北、名前の由来にもなっているカナリア諸島とアフリカ北西沖に運ぶ

海域。これらの場所はまた豊富な漁業資源でも有名であるが、それは霧をもたらす湧昇が、同時に栄養分を海面にまで持ち上げるからである。

　視界はまた、乾燥した微粒子が空中に浮遊しているときにもさえぎられる。これは自然の営みとして、風が地表から細かな砂塵を巻き上げるときに起こり、時に砂塵あらしのような激甚な様相を呈することもあるが、また、人間活動の結果としても起こる。多くの場合それは、森林破壊や、砂漠地帯における「砂漠舗石」——長い時間をかけて形成された、砂の微粒子をより粘性のある層に結合している薄く壊れやすい層——の破壊などによって引き起こされる。人為的あるいは偶発的な火災による煙も、地球の広い面積を覆うかすみの原因になる。

　高濃度の煙または他の汚染物質を多く含む空気は、スモッグとよばれる。光化学スモッグが特に健康に有害であるが、それは自動車排気ガスなどの汚染原因物質が、おもに太陽光によって引き起こされる光化学反応によって、オゾンなどの激しい刺激性の物質に転換させられることによって起こる。ロサンゼルスのスモッグに顕著に見られるように、逆転層（用語解説参照）がスモッグの層を閉じ込め、その放散を阻害する「蓋」の役割を果たす場合もある。火山噴煙に光化学反応が起こり、火山性スモッグ"vog"を発生する場合もある。

3 視界をさえぎるものたち

前ページ／**谷霧、グランドキャニオン**
谷霧が幻想的な風景をつくりだしている。快晴の日の日没後、陸地の熱は大気へと放射され、地表に接した空気の層は凝結点以下に冷やされる。コロラド平原のなかに位置するグランドキャニオンでは、夜間の放射冷却が山風を発生させ、それがさらに気温を下げることによって霧を発生しやすくしている。

谷霧と光公害

イタリア、パデュア近郊のコッリ・エウガネイの丘から撮影した人工光に照らされた谷霧。光公害が、田園地帯でもどれほど深刻であるかを如実に示している。色によって光の種類が特定できる。薄黄色は普通のタングステン・フィラメント灯。オレンジ色は、ナトリウム灯。そして青色は水銀灯。この霧は、日没後温度が下がった低い土地を覆うように発生する放射霧である。

放射霧

放射霧は快晴の日の日没後、地面が昼間蓄えた熱をいっきに放射し始め、地表の温度を凝結点近くまで下げるときに発生し、低いなだらかな地面や水流にそって集まる。概して放射霧の層はかなり薄く、ここテネシー州グレートスモーキー・マウンテン国立公園で撮影したこの画像でも、霧の向こうに澄んだ空が見える。

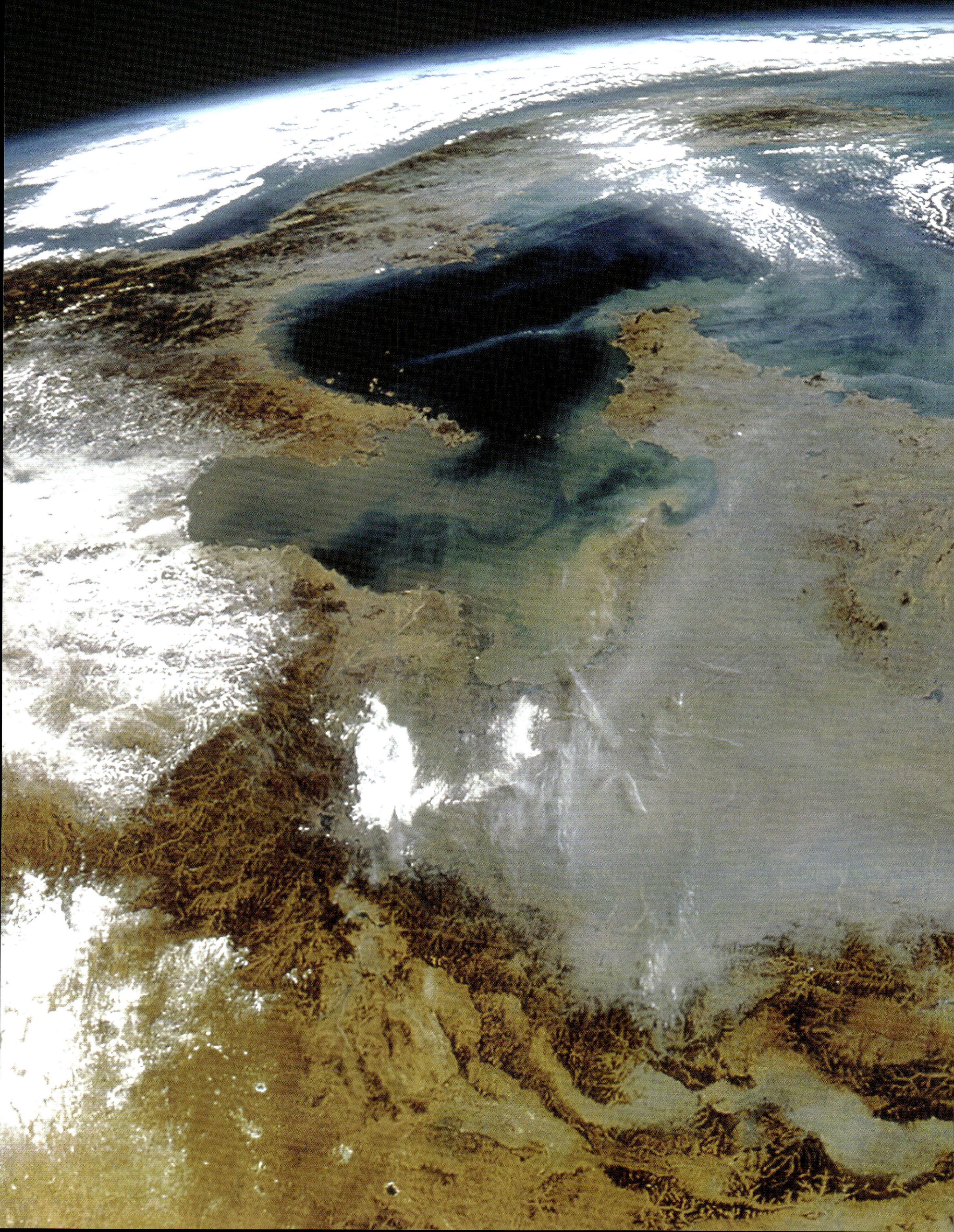

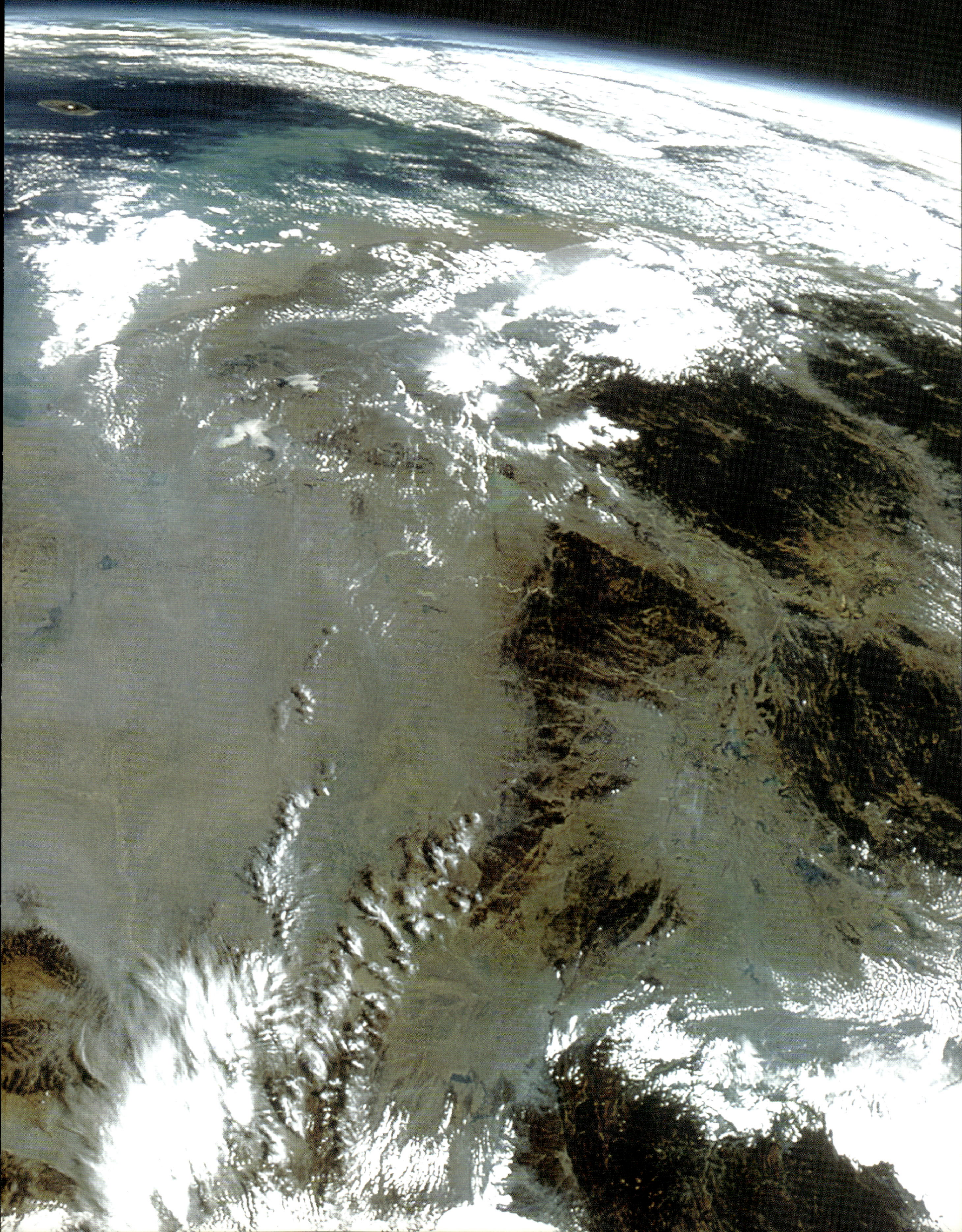

前ページ／煙霧、中国北部

中国全土にわたって発生する濃い煙霧は、おもに煙と塵に由来する固形微粒子が正体である。はるか西方の黄土（極細粒の土壌）地域の広い範囲にわたる森林破壊は、中国全土を頻繁に覆う濃い煙霧の原因となっているだけでなく、その土の色が名前の由来にもなっている黄河によって輸送される膨大な量の沈殿物の供給源となっている。左中央に見える湾は渤海で、左上は北朝鮮である。

海もや

海もや、海霧は、寒冷海域の上を暖気が流れる時に発生する。この状態のとき、しばしば海上の広い範囲にわたって霧が発生し、それが風によって沿岸部まで運ばれ移流霧となる。このような移流霧・もやは、多くの場合沿岸部に限られる。というのは、内陸部が晴れているときは、陸地が温められると同時に消散するからである。海霧や海もやは、海上では長く居座りつづけることが多いが、陸上では日中は消え、夜になって再び戻る。移流霧はその地方独特の呼び名があり、ここイギリス、ノースヨークシャーでは、寒冷の北海から運ばれてくる霧のことを「海の憂鬱」、あるいはハール(haar)と呼んでいる。

北海を覆う霧

衛星からの偽色画像で見る北西ヨーロッパ。北海の上に広く霧がたなびいている(薄黄色)。イギリス東海岸にそって、霧が多くの地域で内陸部に侵入しているのがわかる。このような気候は、ヨーロッパ大陸からの温暖な空気の流れが、比較的寒冷な北海の上を横切る夏の時期に頻繁に訪れる。青く見えるのは高層に浮かぶ巻雲。またアルプス、ノルウェー、スウェーデンの雪に覆われている地域がはっきりと見える。

樹木で覆われた砂丘にかかる夜明けの海もや

霧ともや——両者とも下層雲ともいえる——は、本質は同一であるが、気象学的には、視界が1km以上あるものを「もや」といい、1km未満のものを霧という。チリのアタカマ砂漠や南アフリカのナミブ砂漠など、世界の多くの砂漠地帯で、移流霧・もやは貴重な（あるいは唯一の）水資源となっている。画像は南アフリカ、ワイルダネス・ナショナルパークで撮影したもの。アフリカ南部に生息するゴミムシダマシ科の甲虫は、夜間に頭を下にして逆立ちし、胴体に溜まった露滴が口に流れ落ちてくるのを唯一の水分にして生命を維持している。

北極海煙

極寒の空気が比較的暖かい水面の上を移動するとき、ある種の霧が発生する。海水が急激に蒸発してその上の空気を飽和状態にし、海面から立ちのぼる霧のひげを発生させる。北極海煙は蒸気霧、あるいは北極霜煙としても知られている。この画像は南極ロンヌ棚氷近くで撮影したものであるが、海煙は極地に限られているわけではない。

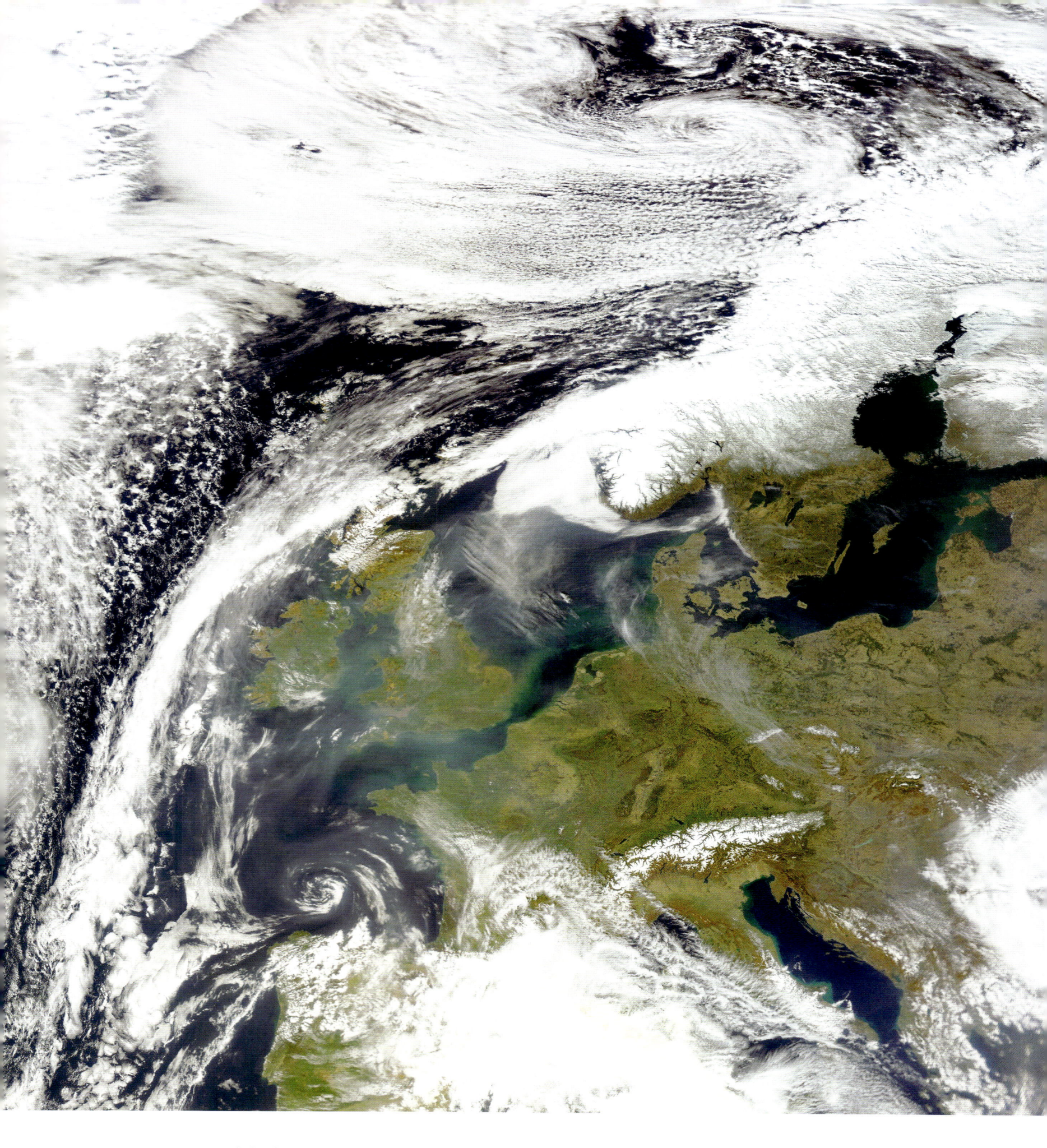

西ヨーロッパ上空の大気汚染

ヨーロッパ上空を高気圧が覆っている普通の状態だが、快晴の空の下、逆転層（p.33参照）が最下層で汚染煙霧を閉じ込めているのがわかる。それはチェコ、ドイツ、フランス、そしてイギリス上空に見られ、南東からの風によって北および西の方角に広がっている。

森林開墾にともなう煙プリューム

スペースシャトルの任務の1つとして撮影された画像。中部カリマンタン南部（インドネシア、ボルネオ）の沼沢地を開墾するための大規模な野焼きの煙が立ち昇っている。ジャワ島からの急激な移民の増大に対処するため、農地を拡大する目的で行われたもの。こうして開墾された土地はまたたく間にやせた不毛の土地となり、熱帯雨林に破滅的な影響を及ぼす。またこの煙は、近年東南アジアの大部分を覆っている大規模な煙霧の原因にもなっている。

サハラ砂漠の砂あらし

サハラ砂漠の一部、チャド・ジュラブ砂漠に発生した大規模な砂あらし（上中央の白く見えている部分）。この地域に定常的に吹く風は、南西の方角に向かって吹く北東貿易風で、何もない砂漠の上に大きな線形模様を描き出している。画像は南西の方角に向けて撮影されたもので、風は黒く見えている山岳地帯ティベスティ山地（中央右）と、エネディ高原（中央左）の間を通り抜けている。ティベスティ山地はサハラ砂漠で最も標高が高く、その最高峰（エミクーシ山）は標高3,415mである。

カタールの砂あらし

カタールから南（右側）へサウジアラビア、アラブ首長国連邦に向かって掃くように進んでいる砂あらしの鮮明な画像。この砂あらしは、南西アジア上空の大きな低気圧の周辺の強い風によって引き起こされたもの。右半分のまだ砂あらしに襲われていない平静な砂漠と、左半分の猛威を振るっている砂塵の間に驚くほど明確な境界線が引かれている。

砂塵のプリューム（右）

エジプト（下）で発生した大規模な砂塵のプリュームが、東地中海の海岸線にそって北の方角に流れだし、次にキプロスとトルコ南部沿岸を越えて西と北の方向に向かっている。画像下、くっきりとした暗緑色に見える部分は、人口の密集した耕作地帯ナイルデルタ、アルファイユーム低地、そしてナイル川である。

ダストストーム（上）

ここアリゾナのような乾燥地帯の土壌は、非常に壊れやすい表土に覆われている。この表土が何らかの形で壊されたとき、深刻な土壌浸蝕がダストストームや砂あらしという形で起こる。深刻な干ばつと同時に起こるこのような擾乱が、1930年代にアメリカ中央平原地帯を悲惨な「ダストボール（砂嵐のはげしい乾燥地帯）」状態にした。

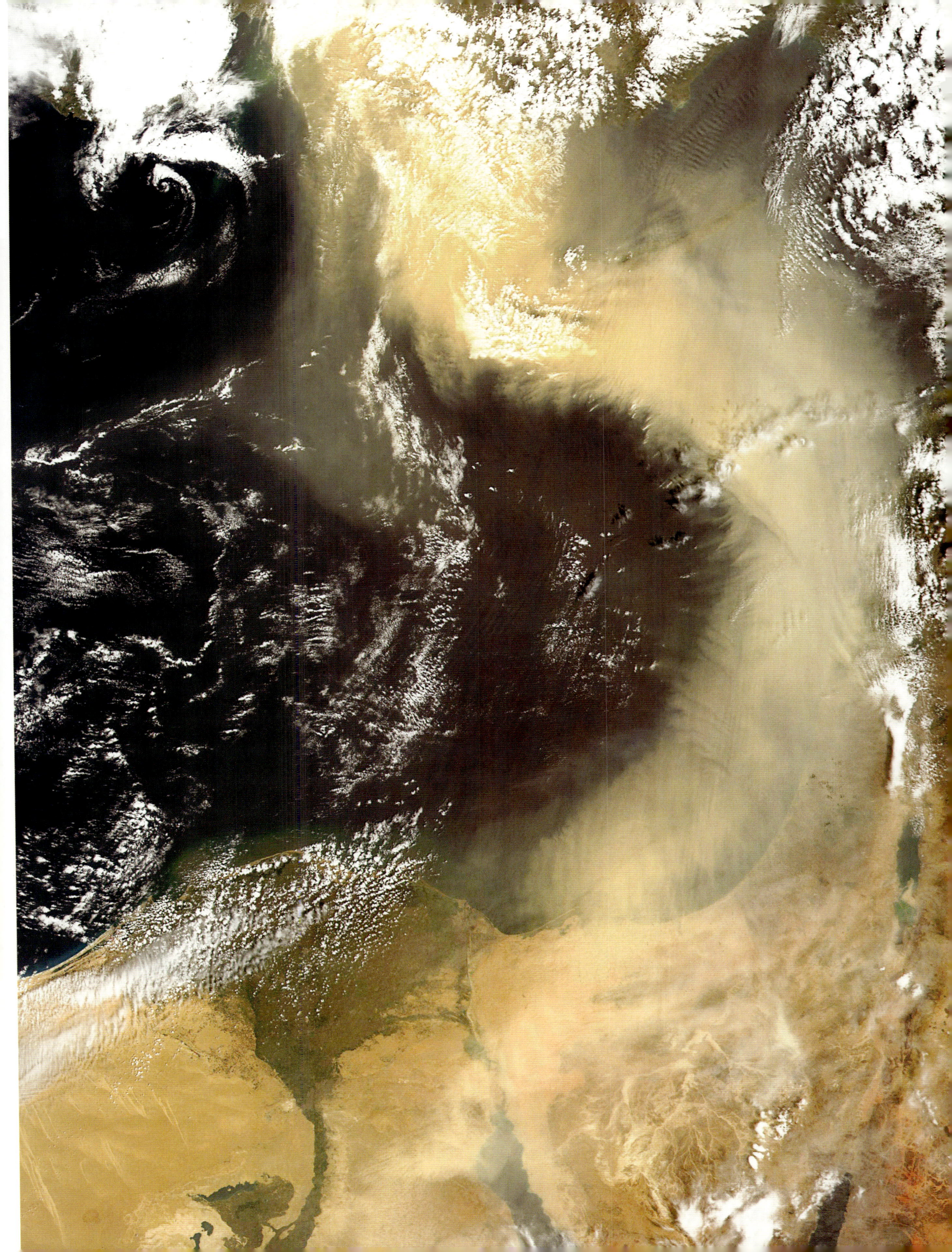

日本海上空を覆う塵の雲

巨大な塵のプルームが中国から日本海を通って太平洋へと向かっている。日本海の西側、東朝鮮湾に面する北朝鮮沿岸部には、まだ残留しているものもある。三宅島雄山からの薄い噴煙の筋も見える。この塵のプルームは、おそらく中国北部のはがれやすい黄土から出たものと思われる。

気象大図鑑

ロサンゼルスの光化学スモッグ

光化学スモッグは、オゾンなどの刺激物質を多く含む褐色のかすみで、太陽光のもとで、おもに自動車排気ガスから出る炭化水素と二酸化窒素の間に光化学反応が起こることによって生じる。ロサンゼルスの場合、太平洋側を除いて周囲をすべて山で囲まれているという条件が事態を一層深刻にしている。それらの山は、頻繁に現れる逆転層とあいまって、汚染された空気を長くこの都市の上に閉じ込める。

地球環境を大きく区分するとどのように分けられるかと尋ねられたとき、多くの人が大陸と島々からなる陸地（学術用語では「岩石圏」という）、海洋・海・湖・河川（同じく「水圏」という）、そして大気の3つについて語り、南極やグリーンランドの氷床、山脈の氷冠・氷河、そして海氷などを思いつく人はほとんどいないだろう。しかしこれらは、永久凍土と合わせて「雪氷圏」を形成し、地球上の水の2.8％、淡水の70％を含み、世界の気象、気候に非常に大きな役割を果たしている。

　太陽系に占める地球の位置を考えるとき、その最も顕著な特徴は、温度の幅が広いため水が3つの状態（「相」とよばれる）、すなわち、気体、液体、固体で存在することが可能であるという点である。そしてこの「相転移」ということが大気においては非常に重要な意味を持っている。例えば、水蒸気が雲粒へと凝結し、水滴が氷晶へと凍結するとき、熱（「潜熱」という）が放出され、積雲状の雲、とくに積乱雲が劇的に発達する。また氷晶の形成は雨の生成において重要な要因であり——その正確な過程はまだ完全には解明されていないが——、雷へと導く電荷分離とも深い関係があるようだ。

　南極とグリーンランドを覆う氷床、および北極の海氷は、周囲の地域の気候と気象に大きな影響を及ぼしている。

4 氷の世界

最終氷期に地球の広い面積を覆っていた広大な氷床と氷河は、われわれが今日目にしている地形、特にカナダ、北ヨーロッパ、アジアの地形を形づくるのに大きな役割を果たした。氷河のなかには、最近の地球温暖化のなかで、前世紀あるいはもっと以前とくらべて数10キロも劇的に後退しているものもあるが、逆に、温暖化によって氷河の集水地帯における降水量が増加し、その結果前進しているものもある。

　棚氷や流氷は浮いているので、その全面積の増減は、もちろん海面に何の直接的影響も及ぼさない。しかし氷に覆われている部分の面積の増減は、海流やその周辺の気象に実に大きな影響を及ぼす。南極やグリーンランド（特に後者）を覆っている氷床の部分的融解による淡水の量の増加は、海洋循環に大きな影響を及ぼす可能性があり、特に西ヨーロッパの気候を顕著な悪化へと導く可能性がある。

　より身近なレベルでは、激しい降雪やブリザードは、交通を始めとする日常生活に大きな支障をもたらす。また雨氷性悪天（アイスストームとも呼ばれ、地表を激しい雨氷で覆う広範囲に発生する現象）は非常に破壊的な影響を及ぼすことがある。最近では、1998年1月5〜9日にかけてカナダとニューイングランドで起こったアイスストームは、広い地域を荒廃させ甚大な被害を出した。

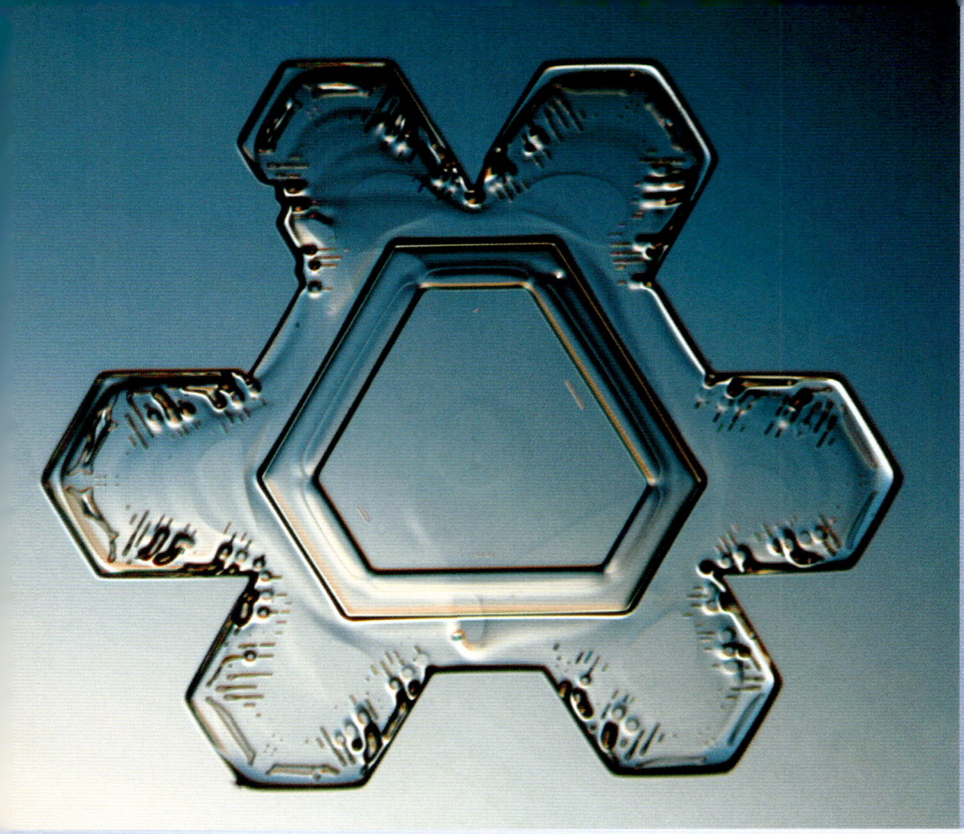
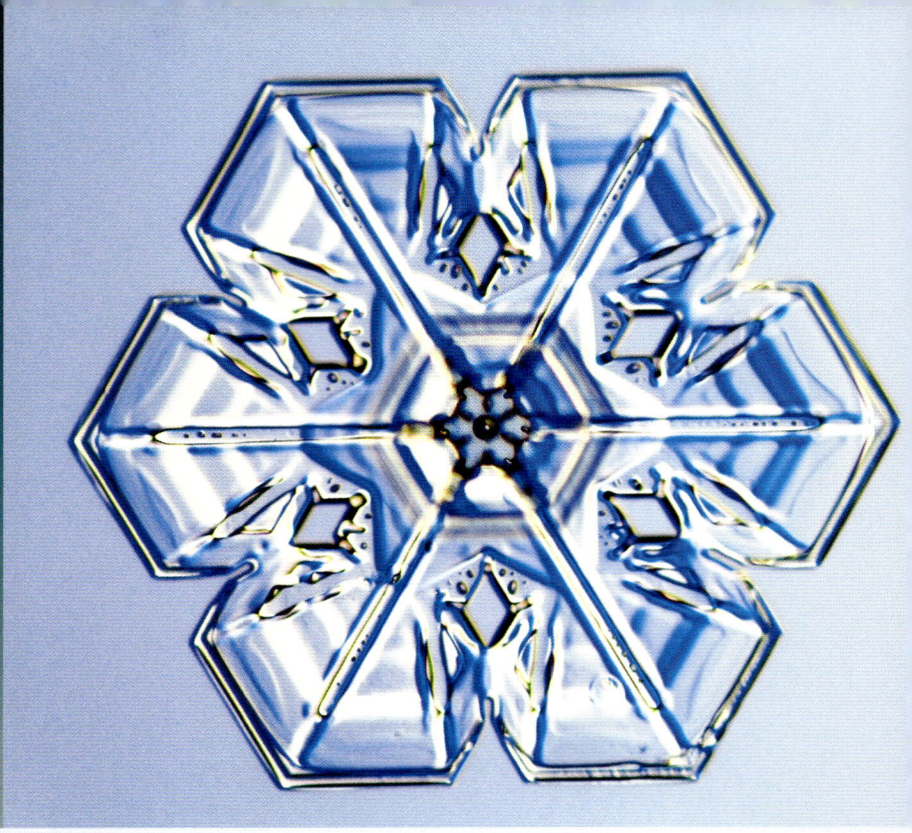
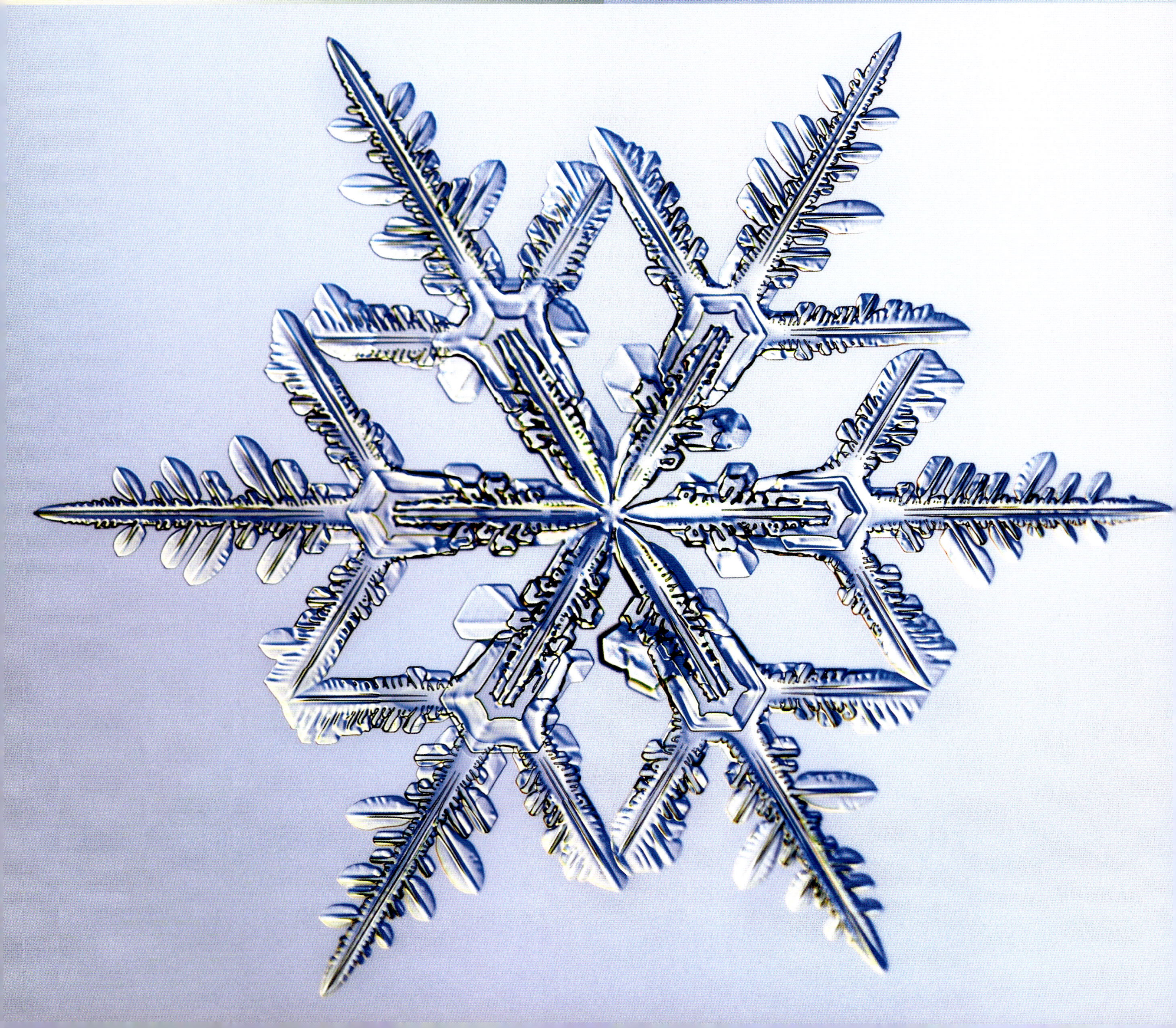

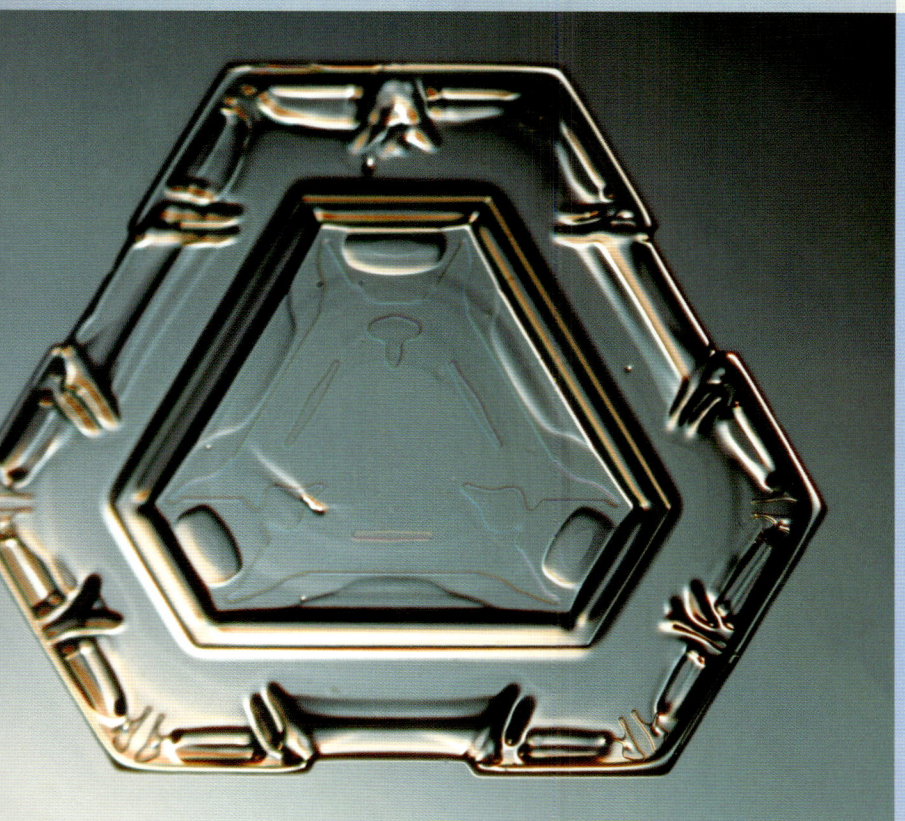

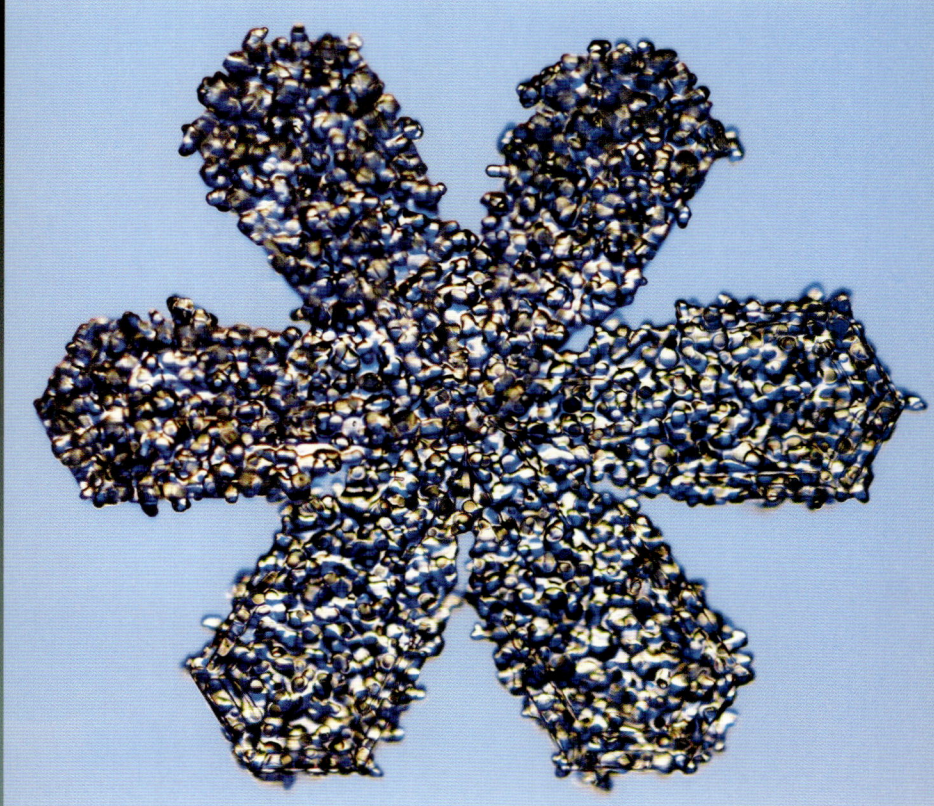

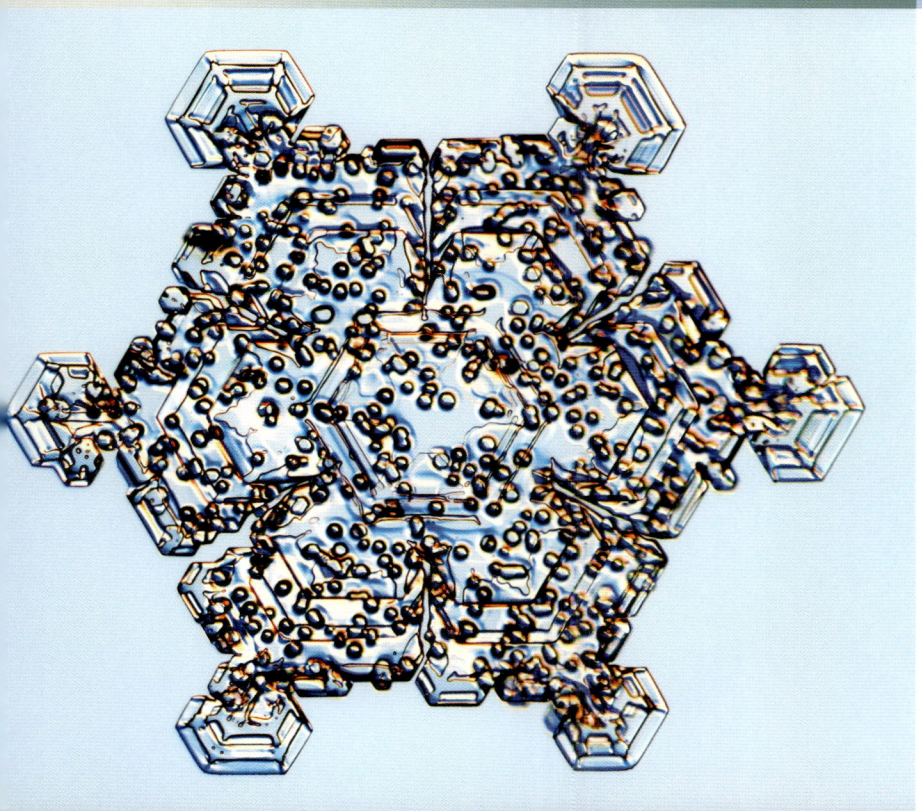

氷晶

氷晶が創りだす美しい結晶模様のほんの一例。その変化は無限であるが、基本的には対称な六角形をなしている。氷晶の模様は、それが形成されるときの気温、湿度と密接な関係があり、そのわずかな差異によっても形は大きく変わる。一般に雪片と呼ばれているものは、さまざまな形をした多数の氷晶の結合で、写真のような単体の氷晶が地面に舞い下りてくるのは、非常に寒冷な気候のもと、ごくまれにしかない。

前ページ／氷山アーチ、グリーンランド

凍結した海氷に閉じ込められた異形の氷山。かつては自由に海洋を漂っていたに違いない。氷山に大きな穴が開けられ、アーチが作られているが、その基台は海中に隠れ凍結している。他の氷山同様に、この氷山も大部分が海面下に沈み横たわっている。

氷の世界

ヘイルストーム（降雹）／ワイオミング州ジレット

ひょうは球形の氷の固形降水である。それは激しい対流とその結果としての強い上昇気流を有する積乱雲のなかで形成される。雨滴あるいは氷晶として誕生した最初の粒子は、強力な上昇気流によって雲のより冷えた場所に吹きあげられ、そこで過冷却水滴や他の粒子と衝突、それらを付着して成長する。そこで落下を始めるが、大部分が再度上昇気流に捕らえられ、もう一度同じ過程を繰り返す。そしてもはやその重さが上昇気流によって支えきれなくなると、雲底から落ちてくる。時には強い下降気流によって地面に叩きつけられるように降ることがある。

ひょう結合体

あたかも1個のひょうでは物足りないかのように、複数のひょうが付着しあって、ひょう結合体を形成することがある。そうなると非常に危険で、被害も一層大きくなる。観測史上最大のものは、1939年インド、ハイデラバードで3.7kg、1902年中国、ユーウで4kgもの大きさのものが報告されている。

ひょう

ひょうの内部構造をよく示している個体がいくつか見られる。白く不透明な氷の層と透明な氷の層が同心円状に交互に重なっているのがわかる。成長しつつあるひょうが、比較的暖かい水滴のある雲の層を通過するとき、水がその表面に瞬時に広がり透明な氷の層を形成する。反対に水滴が過冷却状態にあるとき、それは接触したとたんすぐに凍結し、水滴どうしの間に空気を閉じ込め、白く不透明な層となる。強い積乱雲の場合、1個のひょうが直径10cmに達することがある。1986年バングラデシュのゴパルガンジでは、重さ1kgのマスクメロンほどのひょうが観測された。

氷の世界

偏光下の氷晶

氷の薄片を偏光顕微鏡で見ると全色相が見られる。この模様は直線偏光したさまざまな波長の光が、異なった角度で回転させられることによって現れる。色相は氷の内部にかなりのひずみがあることを示している。このひずみは、内側の層が凍結する前に外側の層が凍結することによって、結晶構造にかなりの歪力が加えられることによって生じる。ひょうが時々地面に落下すると同時に「爆発」するのは、このひょう内部の力による。

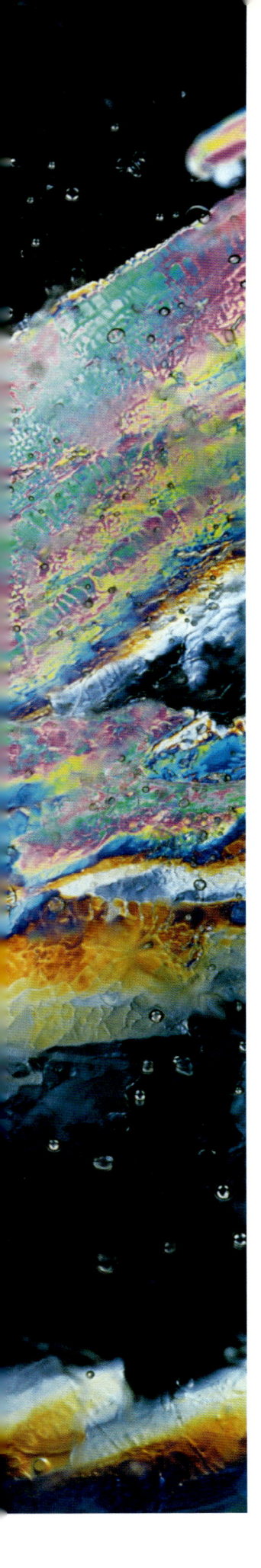

襲いかかるブリザード

グリーンランドの基地が、今にも激しい吹雪と強風に襲われんとしている。太陽の位置が確認できるが、まもなく完全に見えなくなるであろう。このような状況は一般にブリザードと呼ばれているが、ブリザードとは厳密にいえば、ビューフォート風力階級の風力7以上の強い風のことで、降雪ではなく、雪面から大量の高い地吹雪を巻き上げるものと定義されている。しかしどちらの場合もたいてい視界は極端に狭く、移動はほとんど不可能である。

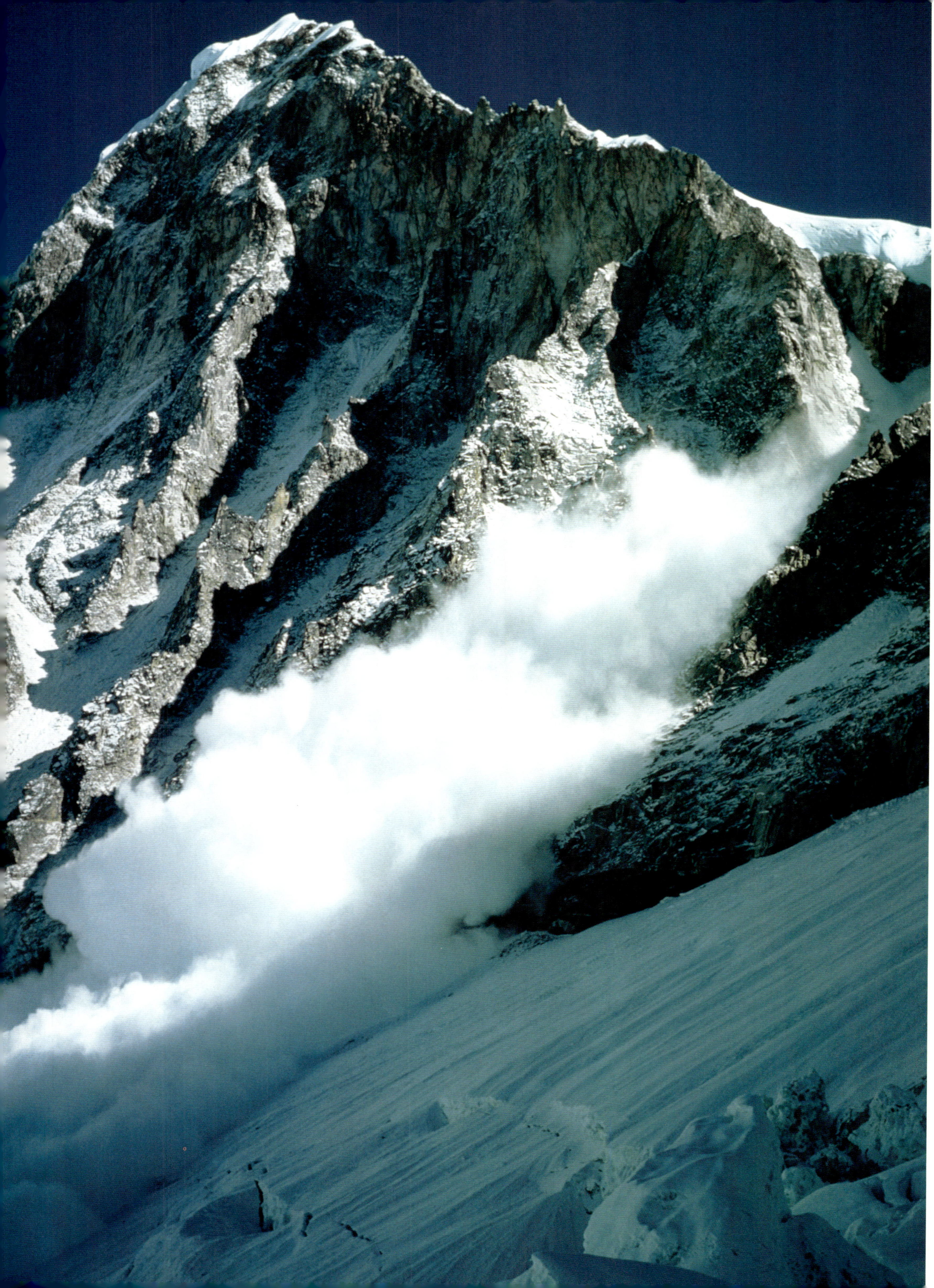

エベレスト西肩の雪崩

雪崩のほとんどは、降り固まった雪塊内のある深度の場所に、「しもざらめ雪」として知られる弱い層が発達することによって起こる。岩石の落下、地震、雷、人間活動などのわずかな振動でも、表層を流動化するのに十分である。このようにして起こる雪崩は「点発生表層雪崩」といい、軟らかく、あまり圧着していない厚い積雪層が自重で崩壊するときに起こる。残り2つの代表的な雪崩のかたちは、大きく比較的密に圧着している層がその下の層からはがれて起こる「面発生表層雪崩」と、雪解けによって崩壊が始まる「しめり（雪解け）雪崩」である。後者は高い密度を持っているので、大きな雪崩になる可能性がある。

雨氷（ブラックアイス）

地上気温が氷点下のとき、低気圧が高層に比較的暖かい空気を持ち込むことがあり、その暖かい層から降る雨が地面の物体と接触して凍り、透明な氷の層でその物体を覆うものを雨氷という。一般に「ブラックアイス」とも呼ばれている。道路標識に降った雨は、正六角形の氷板となり、少しずり落ちている。

雨氷にくるまれたローズヒップ

ミシガン州を横断した冬の嵐のあとの雨氷にコーティングされたローズヒップ。氷が実や茎をほぼ均一に覆っているのがよくわかる。

ハバード氷河／アラスカ

雄大な氷河。画像中央の大型巡洋艦とくらべてみるとその規模がわかる。深く刻まれたクレバスと風化した表面がはっきり見える。クレバスと、氷に強い歪力を加える潮汐の影響により、氷河の大きな部分が分離（カービング）し氷山となる。

ギルキー氷河のオジーブ／アラスカ

年輪あるいは丸天井の対角線リブのように見える交互に連なる明るい帯と暗い帯。盛り上がった帯は夏の間に表面の氷が融解したところで、それが冬になり再凍結すると、土や岩屑が集積しているため黒っぽくなる。逆に冬の成長期にはきれいな白い氷ができる。黒っぽい氷は余計に太陽光を吸収するため、部分的に融解し、表面に浅い溝ができている。オジーブが下流方向に凸になっているのは、氷河の外側が内側よりも動きが遅いからである。氷河の進行方向に平行に走る黒い線は、谷側面から削りだされた岩屑を多く含んでいるためこのような色になっている。

棚氷のクレバス／南極

このようなクレバスの模様は、氷河と谷側面との摩擦、谷幅の変化、氷の下の岩床の高低差などにより氷の流速が変化する場所にできる。変化が顕著な場所、特に岩床の高低差が大きく急峻なところでは、氷が分節化され、アイスフォール（氷瀑）といわれる場所が現れる。棚氷のクレバスは、たいてい潮汐やうねりなどによる浮氷の連続的な撓曲によってできる。この舗道の敷石のような模様は、ジョージ6世入り江の棚氷にできたもの。

氷冠の上のサスツルギ／ヘールランド, スピッツベルゲン

サスツルギ（左）は、強風（カタバティック風）によって運ばれた氷の硬い粒子によって雪面が削られるときにできる。削り出される形は変化に富み、2mもの深い溝が刻まれることもある。この点では、軟弱な堆積層が風によって刻まれる風蝕嶺（p.241参照）に似ている。通常サスツルギは、気温が−10℃以下で雪が乾燥しているときにできる。

ペニテント（懺悔者）／アラスカ

ペニテントは、しばしばスペイン語でニエベ・ペニテンテ（氷の懺悔者）とも呼ばれ、雪、フィルン（万年雪）、硬い氷などでできた氷河の表面が激しく屈曲するときにできる。最初は柱状のものが徐々に削ぎ落とされ、このアラスカ、ウォール氷河のホールに見られるような尖塔の形になる。

融解水洞穴／アラスカ、ワーシントン氷河

融解水は通常クレバスから浸入し、氷河の底に溜まって氷河の末端部から排出される。そのような水流がかなり激しくなり、大量の岩屑を運ぶこともある。氷河が後退したとき、融解水洞穴がエスカーとよばれる岩屑の堆積した蛇行した線を残していくことがある。最終氷期に後退した氷冠が残したエスカーは、現在では植生に覆われ、カナダやフィンランドに見られるように、浸蝕された平坦な大地に高く盛り上がった独特の地形を見せる。

座礁した氷山／グリーンランド北西部

座礁し、干潮のため通常は目にすることのない水面下の部分をさらけ出している氷山。水面下で氷がゆっくりと融けるときにできる縦溝がくっきりと見える。それはまた、普通の氷山の場合その大部分が水面下にあるのに対して、この氷山は水面下にある部分と水面上に出ている部分の大きさがあまり変わらないということを示している。

ヌナタク／南極チャーチル山脈

ヌナタクというのは、イヌイットの言葉で氷床から突きだした山頂をあらわす。ほとんどのヌナタクは鋭く尖っているが、これは凍結・解氷サイクルによって岩肌が粉砕され削られるからである。画像のヌナタクは、東南極を区切る南極横断山脈の一部をなすチャーチル山脈の連峰の頂きである。

融解水プール／アイスランド

アイスランドのバトナヨックル氷冠にある融解水プール。この氷冠はいくつかの活動的中心を持つ広い火山系を覆っている。噴火が起こると氷河の一部が溶け、その融解水の一部が表面に集まりプールとなる。黒く見えるのは氷を覆っている火山灰。しばしば融解水が氷の下に膨大な量になるまで蓄積され、それが激烈で非常に危険な氷河決壊、ヨークルフロイプを引き起こすことがある。その跡には、洗い流された荒涼とした大地が残されるだけである。

チロラーフィヨルド／グリーンランド

グリーンランド北東部に位置するこのフィヨルドは、氷河時代に氷河によって削られた谷が沈水したものである。氷蝕谷特有のU字型をしており、川による浸蝕で形成されるV字型の谷とは形状が異なっている。大半のフィヨルドは、外海に面した場所の水中にはっきりとわかる段差（ステップ）、横段（バー）を持つが、それは浸蝕を続けてきた氷が海に到達したときに岩床から持ち上げられることによって生じたものである。画像はノースイースト・グリーンランド国立公園のエーレンベルグフィヨルドの頂上から撮影したもの。

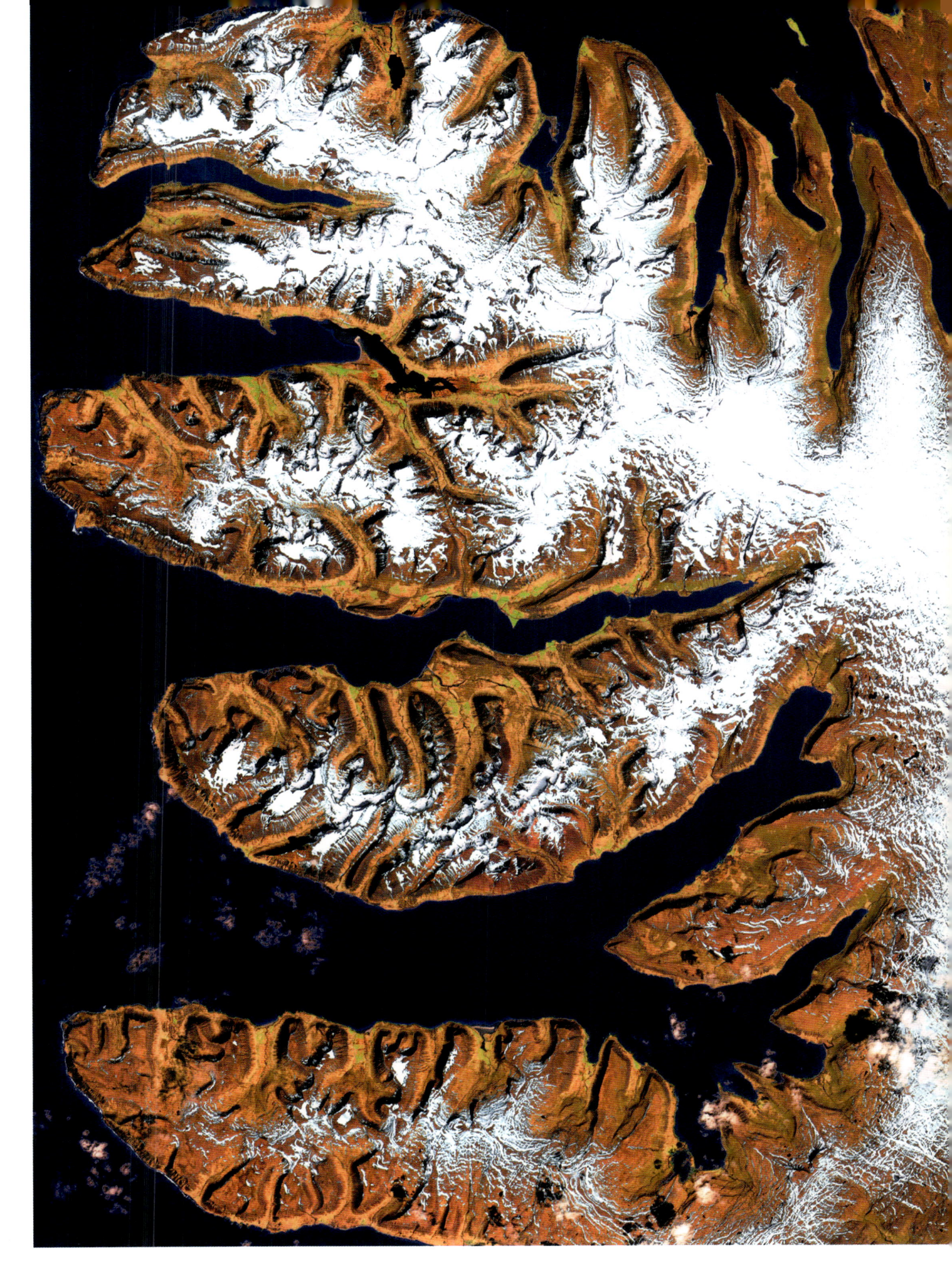

ウェストフィヨルド半島／アイスランド

氷河の活動と、その後の最終氷期の終焉にともなう海面上昇による沈水によって形成された典型的な鋸歯状の海岸線。山頂には冬に積もった深い雪と氷の残りが見られる。しかし以前は永久氷河を抱いていた支流谷に現在氷はない。左下の大きな入り江はアルナルフィヨルド入り江。

島と海氷／南極トリニティー半島

左上がトリニティー半島の雪に覆われた山脈、右がベガ島、そして左下が小島の数々（黒い部分で、雪の白い斑点が見えるものもある）。大部分が融解しつつある棚氷（青みがかって見える）で、それが流氷となって分解している様子が画像下でわかる。画像は2月、南半球の夏に撮影されたもの。

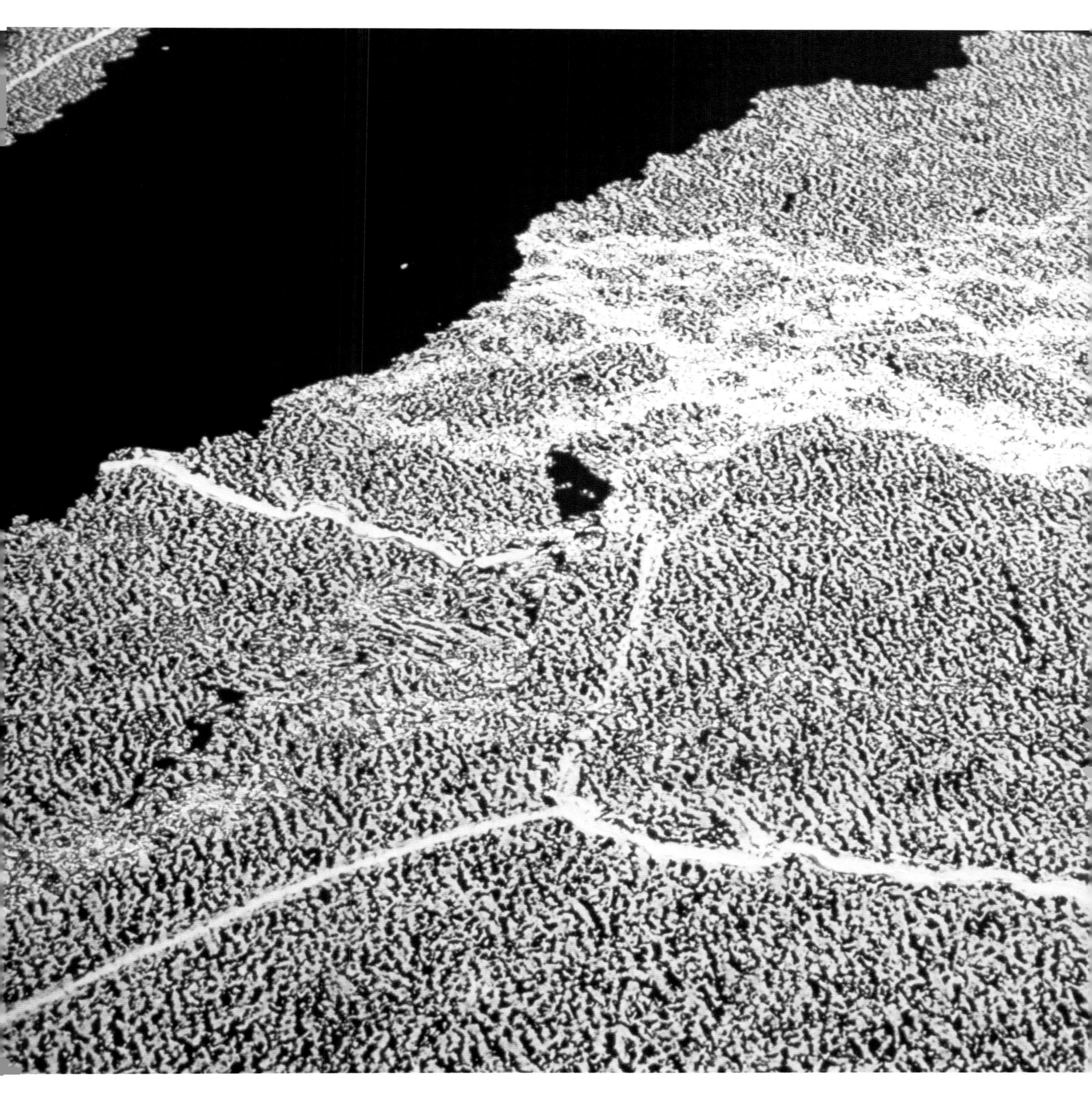

海氷／南極ラベウフ・フィヨルド

海氷が氷盤に分裂しはじめるときの複雑な模様。夏に撮影されたもの。冬の間すべての氷、すなわち岸結氷や海洋底結氷、あるいは浅い海で底まで達した氷はすべて堅く定着しているが、夏になると画像に黒く写っているような無数の融解水プールができ、斑点状になる。氷は徐々に水に浸かり、白く写っているような亀裂がはっきりしてくる。その亀裂が大きくなり、ついには多数の大きな氷盤に分裂する。広い面積の氷盤が突然岸やフィヨルドの底から切り離され、風によって海洋に運び出されることもある。

氷盤／北極海

南極と違い、北極の氷冠は主として海氷でできており、その厚さと拡がりは冬に最大になる。春になると氷床は周辺部から割れはじめ、無数の氷盤ができる。それらの氷盤は南へと流され、分散していく。氷盤の分散には潮汐はあまり関係なく、おもに風と海流が関係している。

河氷の模様

この渦巻き線形模様は、薄い氷が川に張るときに生じる応力の変化を表している。同様の模様はしばしば凍った水溜りにも見られるが、不透明な部分ができるのは、氷中に無数の微細な気泡が閉じ込められるか、あるいは氷の底と水の間にわずかな隙間ができるためである。その隙間は多くの場合、氷ができたあとに水溜りの水が地面にしみ込むためにできる。

極端な気象現象に関する記事は常に紙面のトップを飾り、多くの場合それは地球温暖化が原因なのではないかという疑問を喚起する。実際気象学者のだれもが、地球温暖化は確実に起こっているということを確信しているが、極端な気象現象がただ1つの原因から生じていると積極的に唱える者が1人もいないのは、科学の本性からして当然のことである。同様の自然現象が過去にも起こったことがあるという証拠が頻繁に見つかっているし、どのような現象でも、長く観察すればするほど、これまでにない極端な現象を記録しやすいというのは自明である。正確な機器を用いて入手された気象データは、さかのぼれたとしてもせいぜい150年ほど前までであるから、時々それまでの記録を塗り替える新しい事象が観察されても驚くにあたらない。

　現代社会では情報伝達は本質的に瞬間的であり、そのため、ニュースがゆっくりと世界中に伝わっていった時代にくらべ、人々により頻繁に極端な気象現象が起こっているという感覚を抱かせることになっているというのは確かだ。しかしまさにこの情報伝達のスピードと、世界中に張り巡らされた観測所と観察者の網の目こそが、気象予報士たちにかなりの正確さで極端な気象現象を予報できる手段をもたらしているのである。落雷や竜巻——ここでは2つしか例をあげないが——の発生の機構に関しては、依然として不明な点が残っているものの、警戒を要する雷雨や竜巻の発生の可能性があるときに気象予報士たちが「注意報」を発表し、それが切迫しているときに特別な「警報」を発令するだけの十分な大気物理学の知見は揃っている。

同様に、大型で、大きな被害をもたらす可能性があり、何万、何10万という人々を避難させる必要のある熱帯低気圧（ハリケーン、台風、サイクロンなど）の進路予想に関しても、大きな進歩が達成された。このような予報に関しては、正確性の向上は即、多数の人命が失われることを予防することにつながるだけでなく、それが惹起するであろう被害を最小限に抑えることにつながる。熱帯低気圧は高潮をともなうが、高潮はそれほど極端な気象現象でなくても起こりうる。例えば発達した低気圧にともなう強風が満潮の時期と重なったとき、防波堤を越える高波を生じさせる場合がある。ここでもまた、このような高潮の危険性をかなり高い精度で予知することが日常的に行われるようになっている。

冬の間降り積もった雪の融解、あるいは冬期の大量降雨による大規模洪水は、おおむね前もって予知することができるが、規模や時期はその地域固有の要素に大きく依存しているため、正確かつ詳細に予測することは依然として不可能である。また、局地的に発生し、大きな被害をもたらし多くの人命を奪う射流洪水（鉄砲水）を正確に予測することはさらに困難である。1976年7月31日に237人の命を奪ったコロラド州のトンプソンキャニオン大洪水や1952年8月15日に30人の命を奪ったイギリス、デボン州のリンマス洪水などは非常に局地的なもので、激しい降雨と洪水の怖れがあるという一般的状況説明以外に、特別な警報を出すことはできなかった（今ふり返ってみてもそれは不可能だっただろう）。しかし現在、気象レーダーの使用により、極端な現象がどこで起きつつあるかをリアルタイムに判断する材料を入手することが可能となり、緊急災害対策本部に時々刻々、重要な追加的情報がもたらされるようになっている。

5 ｜ 気象警報

前ページ／スーパーセル雷雨

スーパーセル雷雨の中心にある大規模な回転性の上昇気流（メソサイクロン）。スーパーセルは数時間存続することがあり、ここカンザス州の農場で見られた雷雨のように、豪雨、降雹、頻繁な落雷などの破壊的な気象現象を生起させることがある。またしばしば猛烈な竜巻も発生させる。

落雷

スーパーセルストームによる被害の2大要素。スーパーセルストームは頻繁な対地放電をともない、時に強い竜巻を発生させることがあるが、このフロリダで撮影した画像のように、両方が1枚の画像に同時に収められることはめったにない。ここでは視界をさえぎる降雨や降雹がないため可能であった。竜巻はしばしば「降雨のない雲底」とよばれる部分から降下する。

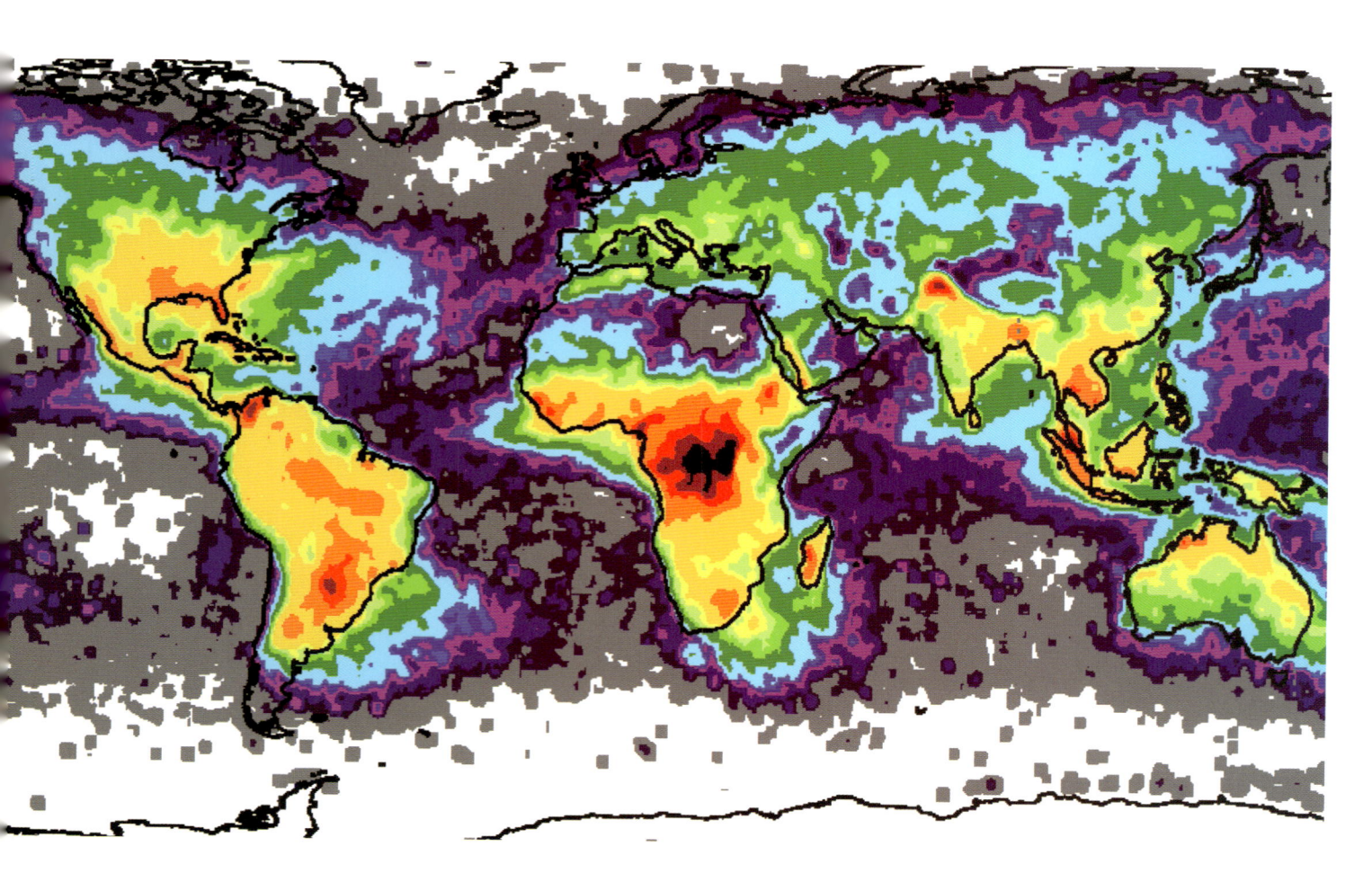

世界発雷分布図

上は1km²ごとの年間雷日数を分布図にしたものである。赤、橙、の順で最も多く、黄、緑、青、紫、灰、白の順で少なくなる。長い間インドネシアが最も雷が集中する場所だと信じられていたが、気象衛星の観測により、ウガンダのカンパラ周辺が最も頻度が高いことがわかった。その他の発雷ホットスポットは、フロリダ、ヒマラヤ北西部、コロンビアなどである。

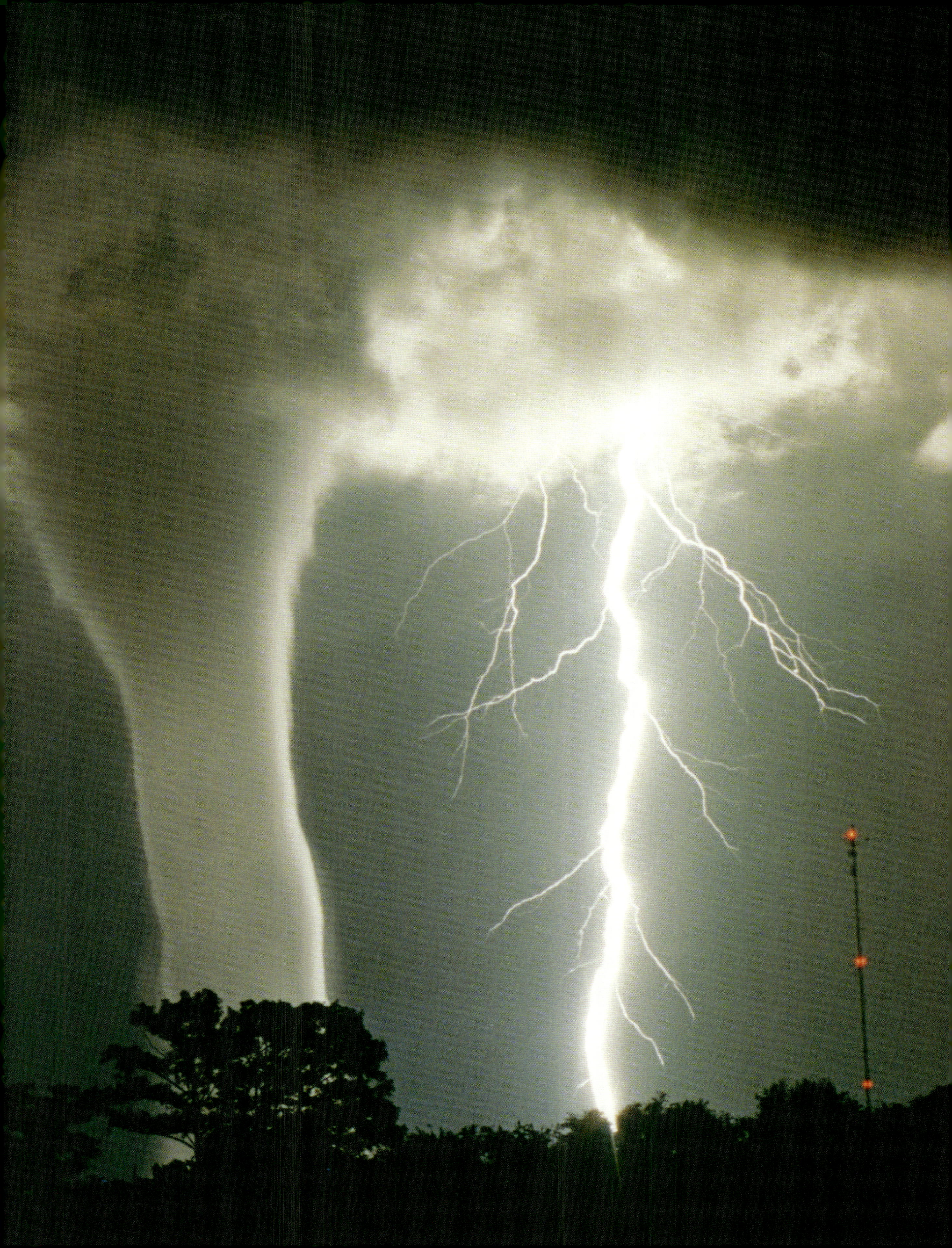

雲間放電

アリゾナ州フェニックスでの夜間の大規模雷雨。放電は雲と地上の間に起こるだけでなく、雲の内部、雲と雲の間、雲と大気の間でも起こる。正電荷と負電荷の分離過程は、放電の詳しい機構と同様にまだ完全には解明されていない。画像の電光はかなとこ積乱雲の雲底を横に走るもので、気象マニアの間では、「アンビル・クロウラー(かなとこを這うもの)」と呼ばれている。

対地放電

コロラド州スターリング近郊の電光。最初の放電路は前駆放電とよばれるものによって形成され、多くの場合雲からの負の電荷を地上に発進する。次に主たる正の電荷の雷撃が雲へ向かって発進する。多重落雷がその同じ放電路を通じて起こる場合があり、雲からの矢型前駆と地上からの帰還雷撃によって構成される。割合は小さい(5%ほど)が、雲から大地に正の電荷をもたらし、より強い帰還電撃を発生させ、大きな破壊作用を生じるものもある。

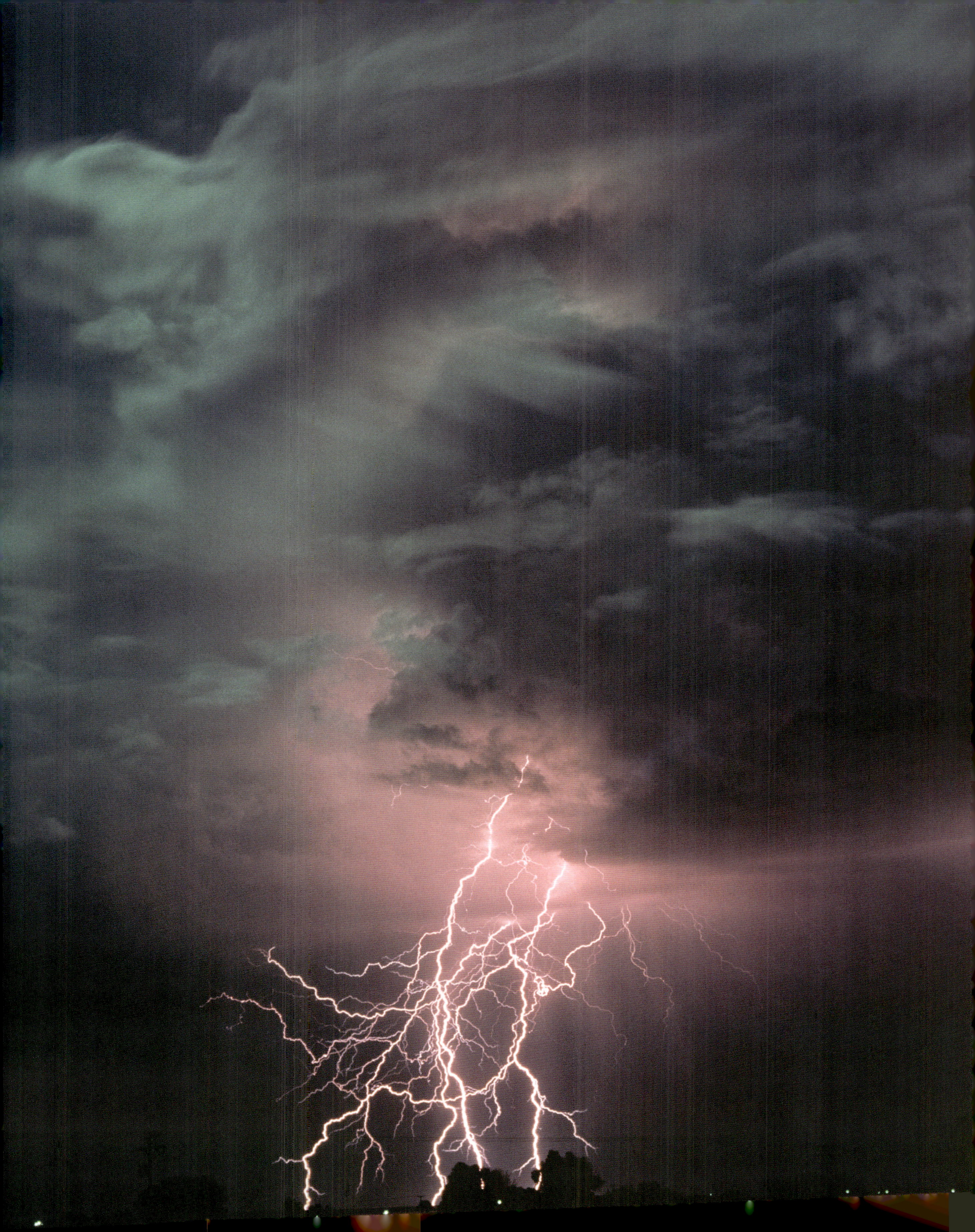

仏領ギアナ、コウロウ付近の発雷

アリアン・ロケット発射場（"ELA"と記しているところ）付近の1ヵ月間の雷分布図を検討している2人の気象技術者。極端な気象現象、特に雷の発生可能性の知見は衛星打ち上げ計画にとって非常に重要である。画面を対角線状に走る鋸歯状の線は海岸線を示しているが、ほとんどすべての雷撃が陸地の上で起こっていることがわかる。

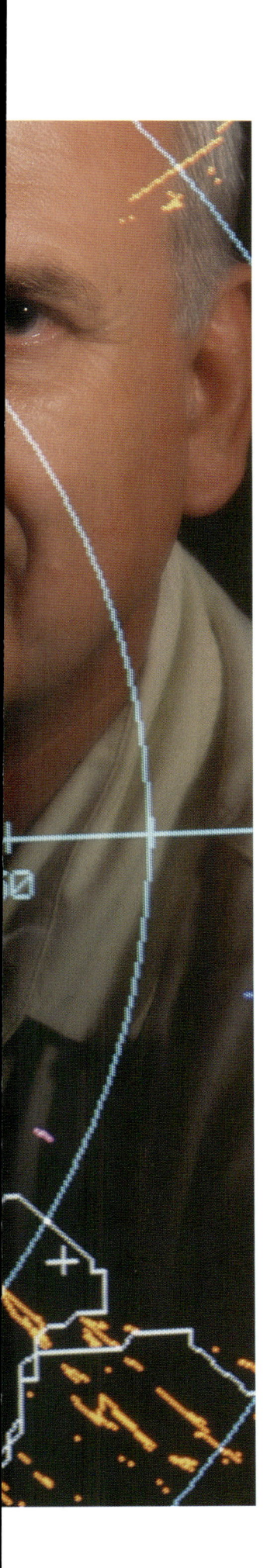

人工発雷

世界中の、特にフランスやアメリカの研究所では、人工的に放電を誘発する実験が行われている。細い銅線につないだロケットを雷雲のなかに打ち込むことによって放電路を作り、放電を地面に達しやすくする。このような実験によって、雷撃の電流、電圧、温度、その他の数値を測定することができる。

塵旋風（ダストデビル）

デビル（旋風）は、それが地表面から巻き上げる物質により、ウォーターデビル、スノーデビル、塵旋風などと名づけられる。デビルは一般に、風が狭い場所を漏斗状に通り抜けるときに渦を巻くものと、地表面の粗度の違いによって発生するものの2種類がある。地表面が強く過熱され、それにより対流が生じているときに特に強い塵旋風が生じやすく、多量の塵や微細な砂を上空に巻き上げ、明らかな漏斗型をなす。デビルは、それよりも破壊力の強い竜巻（トルネード）とは直接的な関係はない。

巨大水上竜巻

水上竜巻とそれに関連した陸上竜巻（ランドスパウト）——この用語はつい最近使われるようになった——は、旋風や竜巻（トルネード）とは発生機構が異なっている。それらは単体の積乱雲内に強い対流が存在し、強力な上昇流や下降流があるときに発生する。漏斗状の雲が海面まで達している様子がはっきり写っている。北大西洋バーミューダ諸島の南で撮影したものだが、水上竜巻に特有の水面上の「波しぶき」に注目。

スチームスパウト（水蒸気噴出）

ここハワイのような場所では、溶岩が海に達して、スチームスパウトあるいはウォータースパウトという形で局地的な雲を発生させることがある。時々、強い上昇気流と湿潤な空気という条件が揃えば、気圧の減少により水蒸気が凝結して回転する漏斗型の雲が形成される。通常このようなスチームスパウトの寿命は短く、せいぜい数分間である。

ガストネード／ニューメキシコ州

ガストネードは、雷雨、ラインスコール、その他のストームシステムのガストフロントにそって起こる吹き出しから発展する比較的弱い旋風である。その発生の機構は、本物のトルネードよりはむしろ塵旋風やランドスパウトに似ているが、被害を出すほど強力に発達する場合もある。

スーパーセル雷雨

ネブラスカ州に発生したもの。スーパーセルとよばれる極度に発達した雷雨の内部には、メソサイクロンという雲頂まで達する巨大な回転する上昇気流がある。その巨大上昇気流は、それにともなう下降気流とは十分離れており、そのことがスーパーセルストームの長い寿命（6時間以上）の原因となっている。スーパーセルは強風、豪雨、激しい降雹、断続的な落雷を発生させる。時に回転は地上に向かって下向きに発展し、単発あるいは複数の破壊的な竜巻を生じることがある。

トルネードの出現／サウスダコタ州

2003年6月24日、サウスダコタ州マンチェスター近郊で撮影。この日州内に発生したトルネードのなかで最大級のもの。トルネード内部には直径100～2,000mの、猛烈な勢いで回転する空気の柱がある。風速は1999年5月3日、オクラホマ近郊で記録した時速512kmが観測史上最大である。平均的な寿命は15分ほどであるが、大きなスーパーセルは2～3時間内に数個のトルネードを連続して発生させることがある。

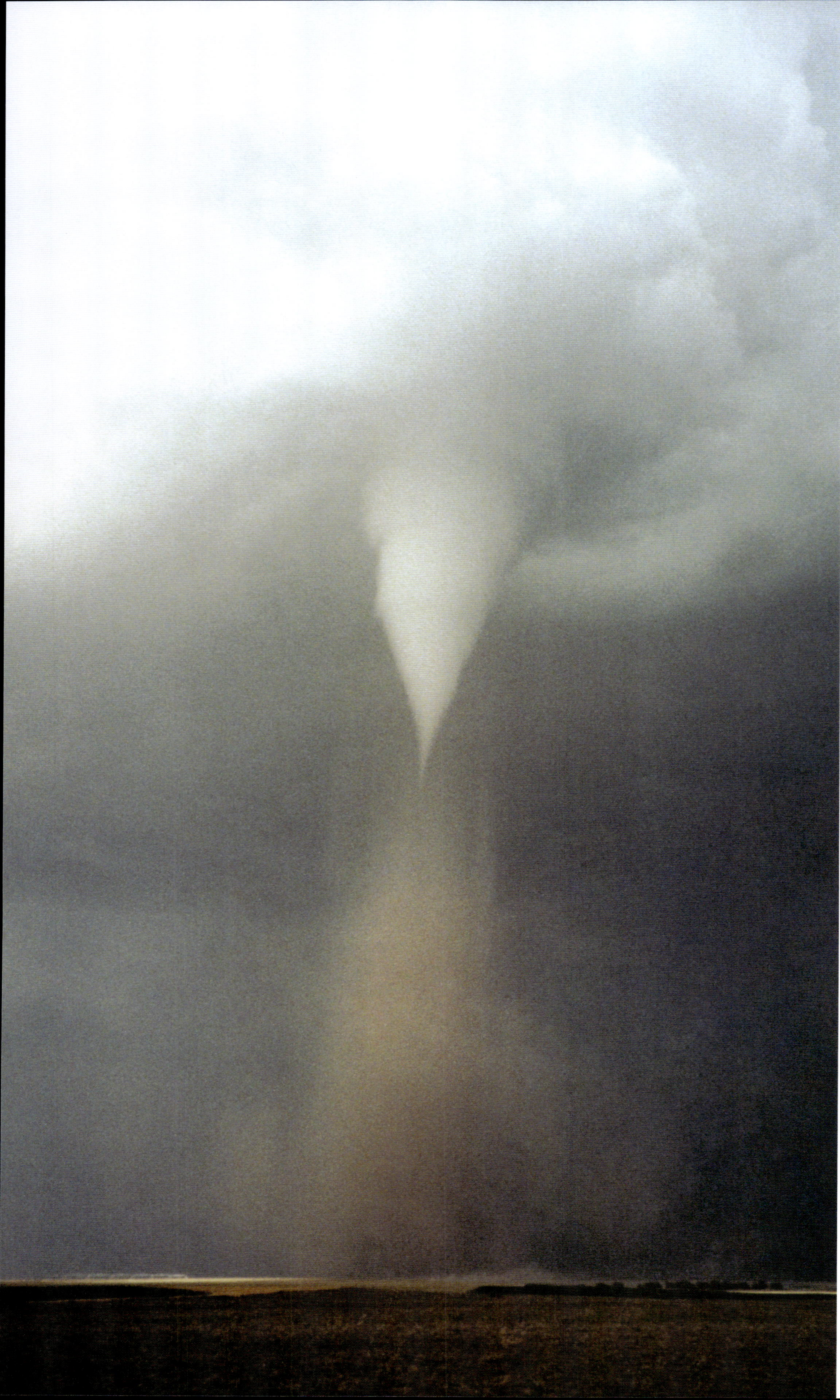

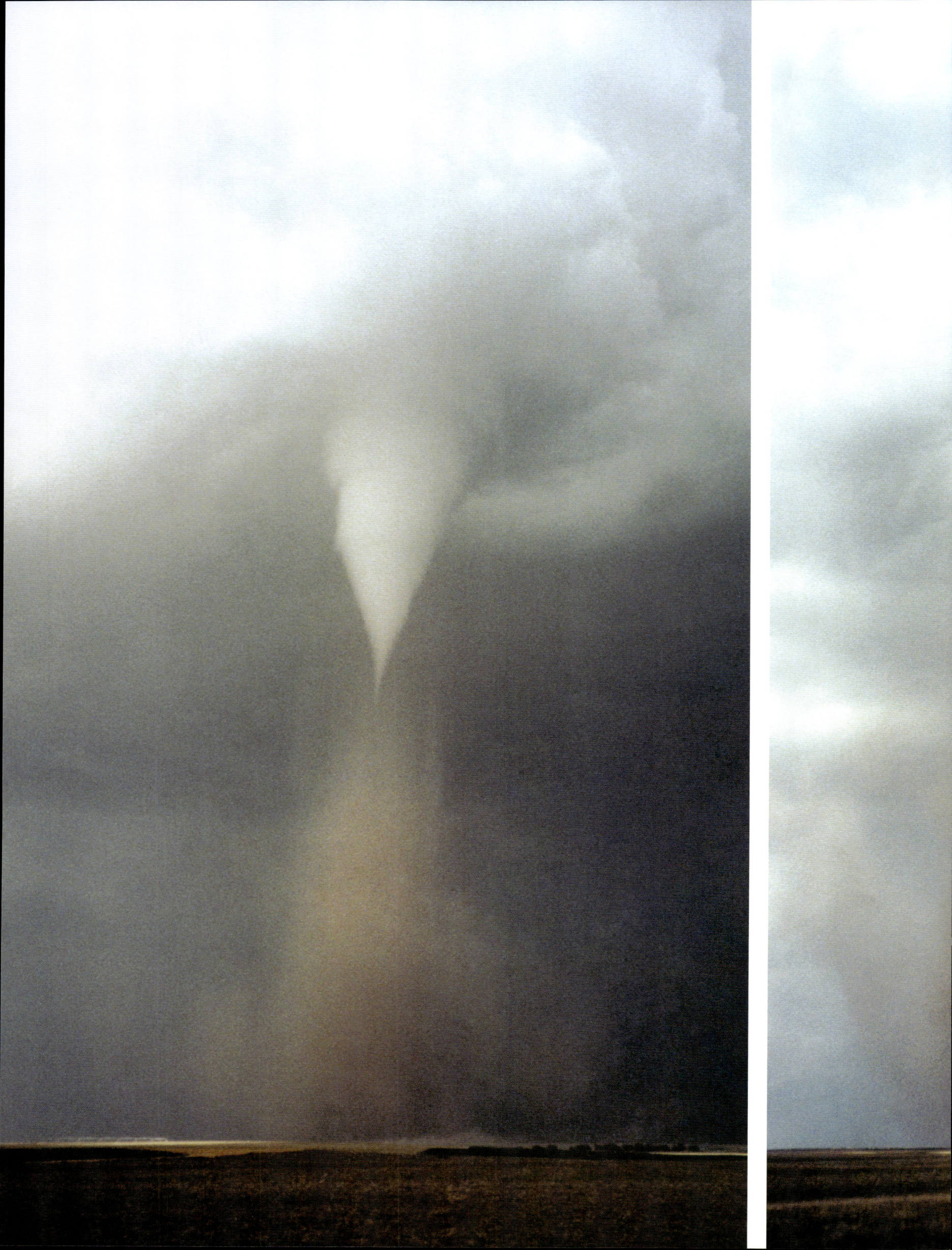

トルネードの発生と発達

カンザス州の農業地帯を縦断するトルネード。大型のトルネードはスーパーセルストームの下の部分、最も強力な上昇気流が起こっている場所、いわゆる「降雨のない雲底」か、それよりもさらに低い場所で、しばしば強い回転を示す「壁雲」から発生する。2枚の画像ともに壁雲の存在が確認できる。

左奥の画像では、トルネード中心の低気圧によって水蒸気が凝結し、漏斗雲が形成されているのがはっきり見える。この漏斗型凝結雲は、しばしば地表から巻き上げられる成分によって形がぼやけて見えることがある。スーパーセルストーム以外のものの下にできる弱い竜巻では、漏斗雲はなく、そうした岩屑を含む雲が竜巻の存在を示す唯一の証拠となる。

トルネードは地表と接触すると、左手前画像のようにいっきに直径が広がるが、その大きさは、地表の標高の変化、渦流速の速さによって、トルネードの存続中大きく変化する。

ハリケーン・ミッチ

中央アメリカを襲う非常に破壊的なハリケーン・ミッチ。1998年10月26日、ハリケーンがホンジュラスに上陸する3日前に、気象衛星からのデータをもとに作成された3次元コンピュータ・カラー画像。ホンジュラスはハリケーン上空の巻雲の覆いに隠れてほとんど完全に見えない。ハリケーン・ミッチは風速320km/時を超える暴風と、洪水と地滑りを引き起こした豪雨をもたらした。1万1,000人以上もの犠牲者を出し、被害総額は50億ドルと推定されている。

多重渦構造トルネード／サウスダコタ州

2003年6月24日にサウスダコタ州で発生した多重渦構造のトルネード。大型のトルネード、特に著しく大きな直径を持つもののなかには、接地面付近に吸い込み渦ともよばれる子渦を持つものがあり、多重渦構造トルネードとよばれる。トルネードは一般に、通過した跡を地表の渦巻き模様として残すが、子渦が、小さいがくっきりした跡を刻んでいる場合がある。

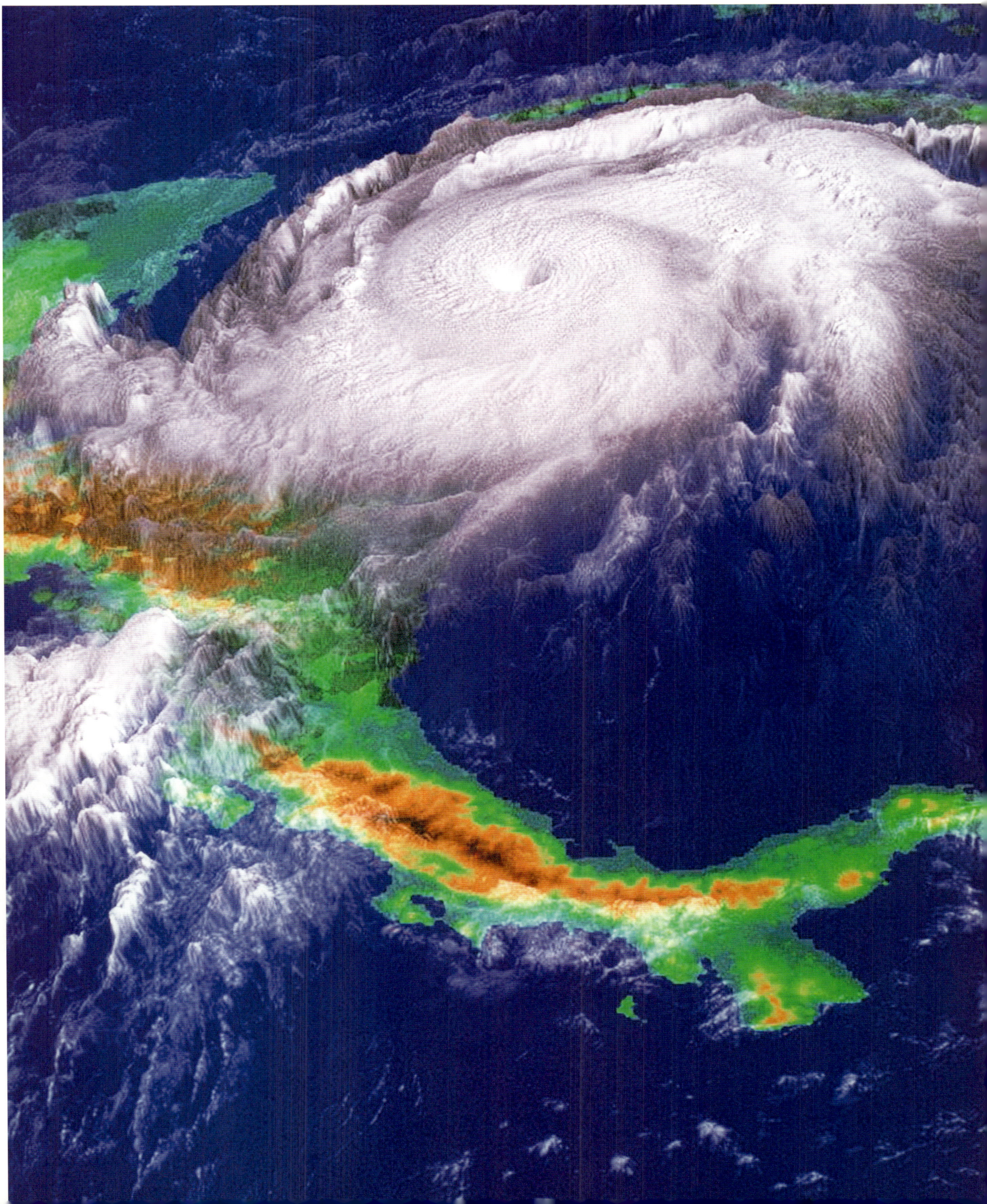

宇宙から見た熱帯低圧部（トロピカル・デプレッション）

熱帯低気圧（トロピカル・サイクロン；発達したものは地域によって、ハリケーン、台風、サイクロンと特有の名前でよばれる）は一連の発達段階を持つ。最初は熱帯性擾乱（トロピカル・ディスターバンス）——弱い低圧部と組織化された対流システムを持つ——から始まり、このカリフォルニア沖で撮影したものに見られるような熱帯低圧部へと発達していく。中心の低圧部を囲むように雲の帯ができる。循環がさらに強くなり、より組織化されると、発達最終段階1つ手前の熱帯暴風（トロピカル・ストーム）となる。

熱帯暴風イニキ

上の熱帯暴風は、1992年9月、ハワイ・カウアイ島に深刻な被害を及ぼしたハリケーン・イニキが衰弱したものである。このハリケーンは最大風速240㎞/時で5m以上もの高波を発生させた。このハリケーンはハワイを通過し北太平洋の低水温海域に達すると、勢力を弱め始め、宇宙から撮影したこの画像の段階では熱帯暴風に格下げされた。衰弱は、強い対流および雲の渦中心付近の雷雨活動の消滅、および外側の雲の覆いの崩れによって示される。

サイクロンと熱帯暴風

インド洋上に列をなして現れたサイクロンと熱帯暴風。左端に緑色に見えるのがマダガスカル島の海岸線。2003年2月に見られたもので、左から右に、サイクロン・ジェリー、同ヘイプ、熱帯暴風18S、サイクロン・フィオナと並んでいる。熱帯低気圧は海面温度が27℃を超える熱帯の海上でのみ発生する。その後ほとんどの熱帯低気圧は西よりに進み、上陸または低水温海域への移動によって熱源を断たれ、徐々に衰弱する。

日本を襲う台風17号（米国名：バイオレット）

人工衛星からのデータをもとに計算して表示した風速と風向。左上が韓国。風向は矢印の向きで、風速は矢印の色、青（2m/秒）から赤（20m/秒以上）で表している。風は中心の雲のない、気圧が最も低い静かな眼のまわりをらせん状に回転している。台風17号は1996年9月21〜22日にかけて日本を縦断し、多数の犠牲者と大きな被害を出した。

ハリケーン・フロイドの眼

1999年9月に発生したハリケーン・フロイドの眼。アメリカ空軍ハリケーンハンター飛行隊所属のハーキュリーズの操縦室から撮影したもの。そびえ立つ「眼の壁」が見える。ハーキュリーズの任務は、風速、温度、湿度、気圧などの気象データを計測・収集することである。飛行時間は12時間で、その間に眼を2回横断し、眼の壁を構成する凶暴な積乱雲を4回通り抜ける。乗組員によって収集されたさまざまなデータは基地に送られ、コンピュータモデルが作られる。それにもとづいてハリケーンの進路予想が行われ、当局によって避難勧告などの被害を最小限に抑える施策が出される。ハリケーン・フロイドは57人の犠牲者を出し、被害総額は13億ドルに達した。

気象大図鑑

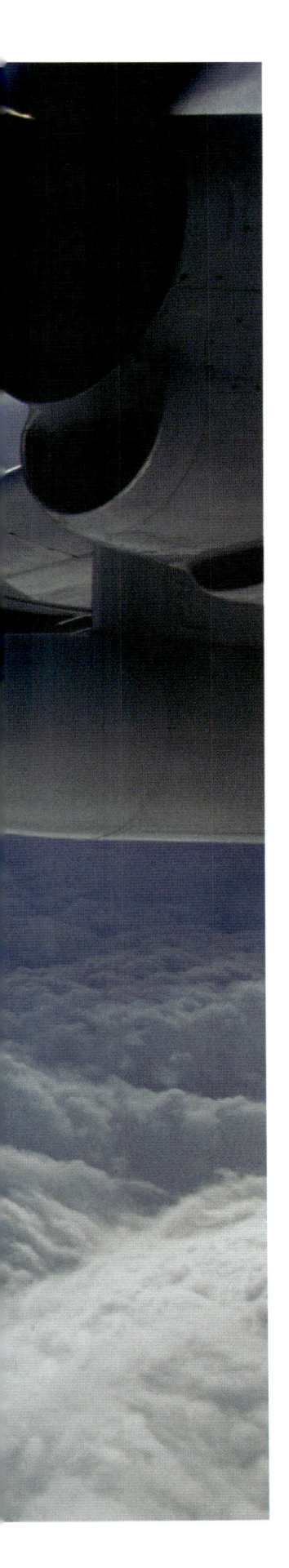

水蒸気画像／ハリケーン・フロイド

大気中の水蒸気量を図示するために選択された分光帯によって得られたメテオサット静止衛星からの画像。大西洋上にハリケーン・フロイド（中央左、青く渦を巻いている）が横たわっている。この画像をもとに、アメリカ空軍ハリケーンハンター飛行隊はハリケーンを通り抜ける飛行航路を策定した。

ハリケーン・アンドリューの動き

1992年8月23〜25日の3日間のハリケーン・アンドリューの動きを示す合成画像。アンドリューはカテゴリー4に分類され、風速230km/時、中心気圧922ヘクトパスカルであった。これより低い中心気圧は、1969年のハリケーン・カミーユ(909ヘクトパスカル)と、1935年の無名のハリケーン(892ヘクトパスカル)で観測されただけである。アンドリューはまた、これまでで最も大きな被害を出したハリケーンで、被害総額は260億ドルにのぼり、1989年のハリケーン・ヒューゴの3倍以上であった。

台風フェファの雲の覆いと眼

1991年8月、スペースシャトルから撮影した、台湾の東1,000kmにある熱帯低気圧。熱帯低気圧の中心にある、空気が下降する場所である眼が特別くっきりと形づくられ、ほとんど雲はなく海面がよく見える。眼の壁は海面から約1kmの場所からそびえ始め、14kmもの高さになることもある。

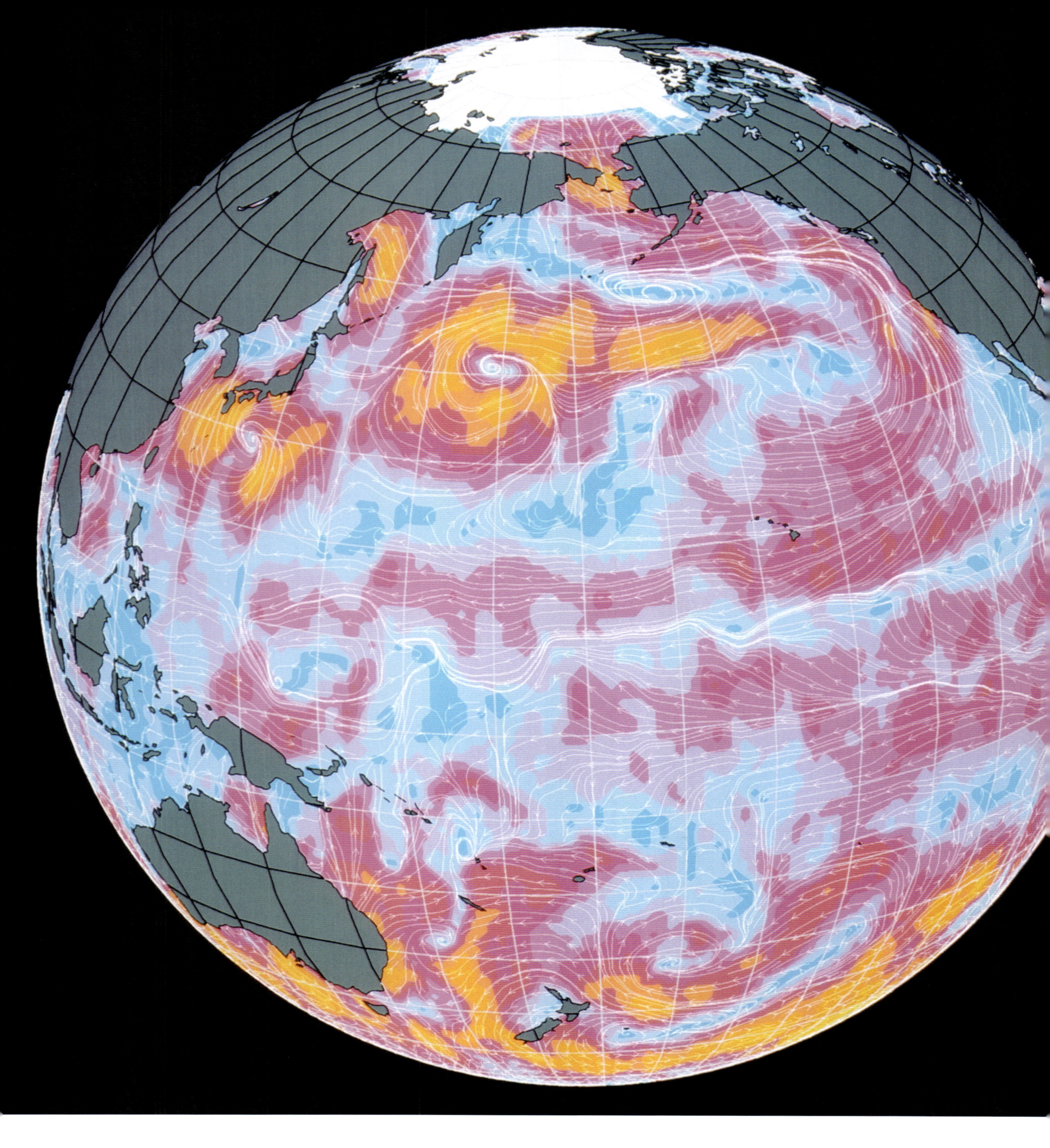

日本付近の台風

北太平洋の風総観図。日本付近の2つの台風が見られる。風速は色（青が最小、黄色が最大）で表し、風向は白色の流線で示している。灰色の部分が陸地。日本のすぐ下（左端）にあるのが台風17号（米国名：バイオレット）、中央上にあるそれよりも大型のものが台風18号（米国名：トム）。海洋の広さと、暖水海域の上を台風が通過する道程の長さにより、台風は他の海洋で発生する熱帯低気圧よりも、太平洋上で巨大かつ強力に発達することが多い。1979年の台風20号（米国名：チップ）もそうした超大型台風の1つであった。それは直径1,680kmに達し、10月12日にグアム西方で観測史上最も低い中心気圧870ヘクトパスカルを記録した。

気象大図鑑

ハリケーン追跡レーダー（右）

1999年9月、ハリケーンハンター飛行隊所属のハーキュリーズが、今まさにハリケーン・フロイドの眼に侵入しようとしているときのレーダースクリーン。ハリケーンの眼が鮮やかにスクリーン上に映し出されている。レーダー電波は雨滴やひょうに反射して戻ってくるため、それらの密度の高いところが表示される。数本のスパイラルバンド（降雨帯）がはっきりと見える。

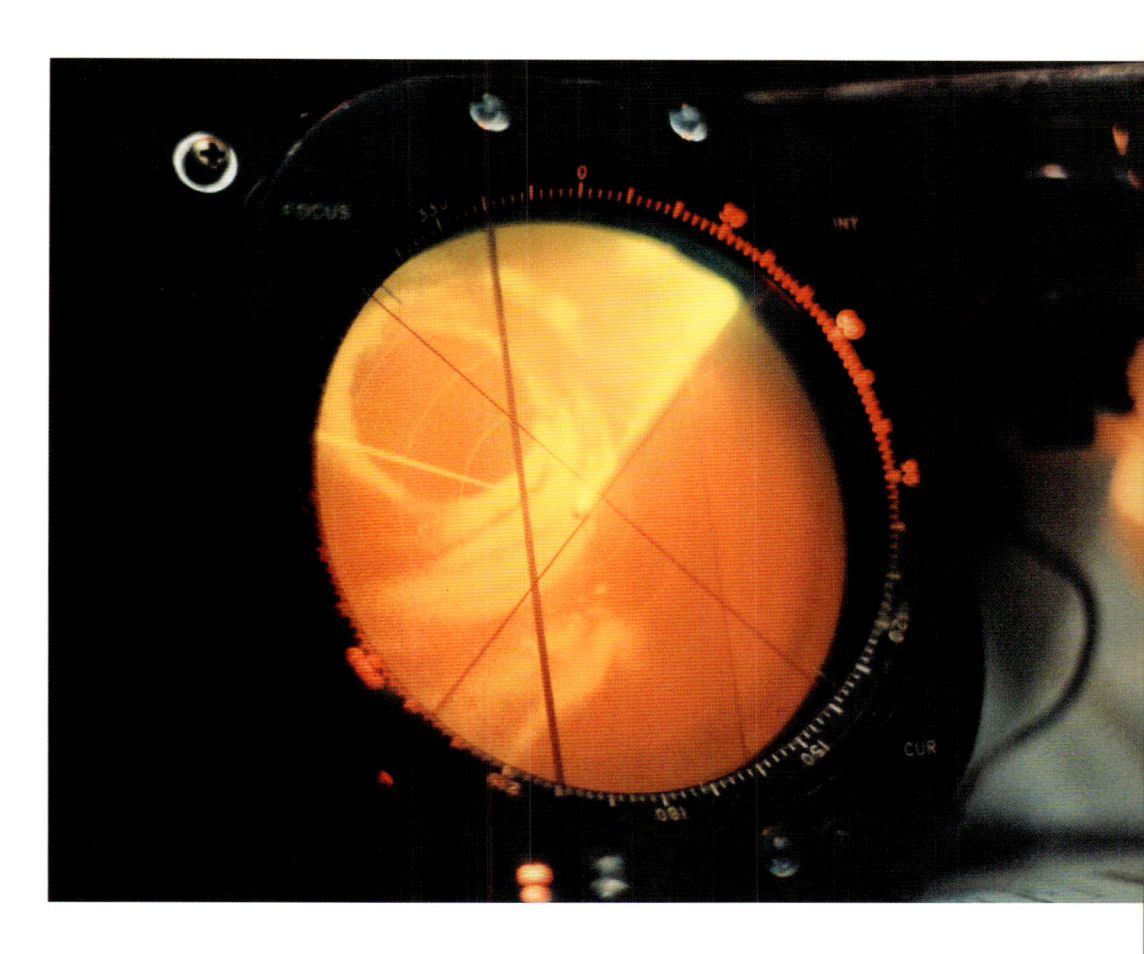

高潮／ハリケーン・イザベル

ノースカロライナ州の国道12号を破壊した驚異的な破壊力を持つ高潮。国道は流され、ケープハッテラス村は陸の孤島と化した。高潮は熱帯低気圧の接近にともなって海面が異常に盛り上がり、それが陸地に押し寄せることによって起こる非常に破壊的な事象で、特に海岸の傾斜がゆるやかな場所で大きな被害を生む。これまでに記録された最大潮位は、1970年11月12日、バングラデシュ、ハイタ島での12.2m。

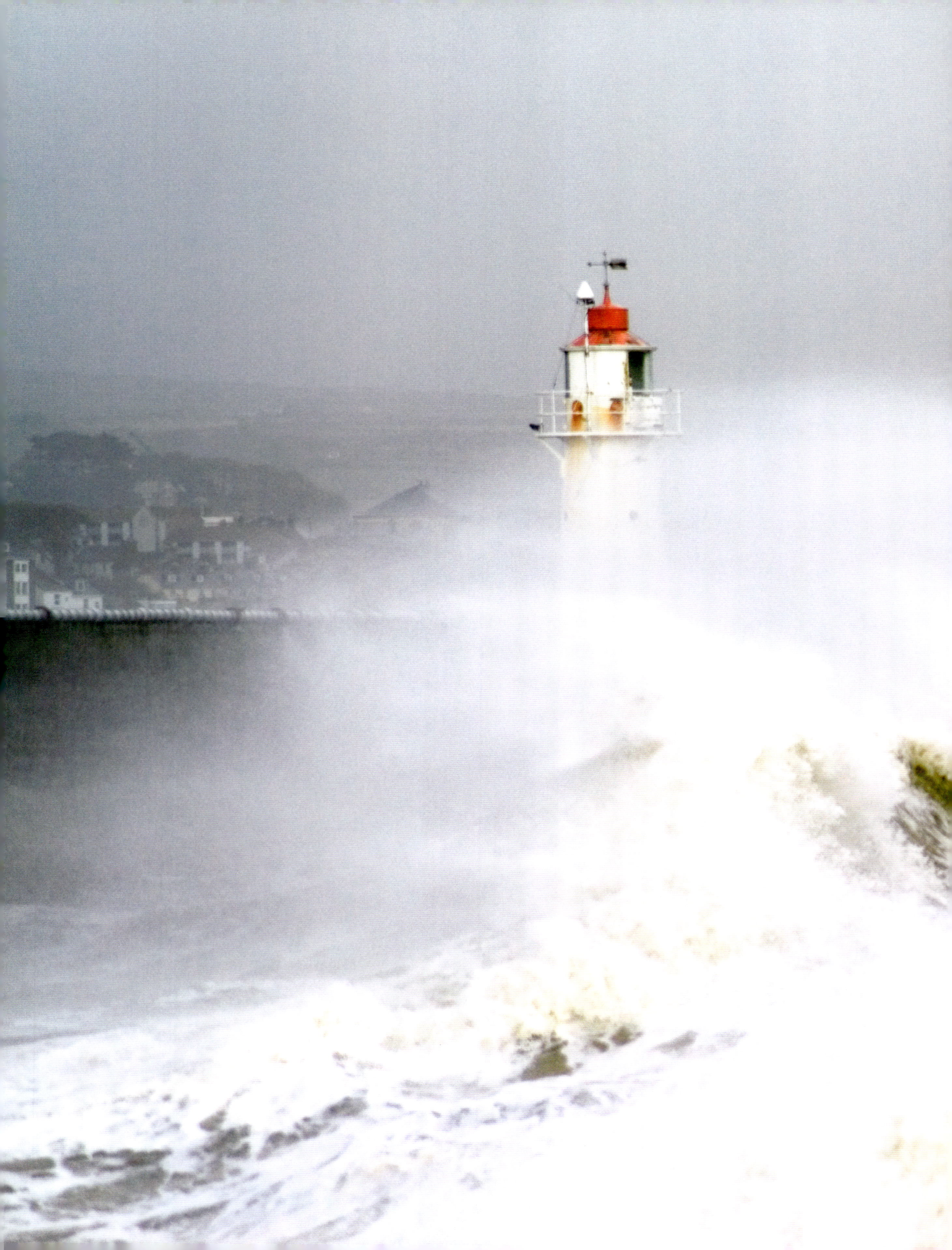

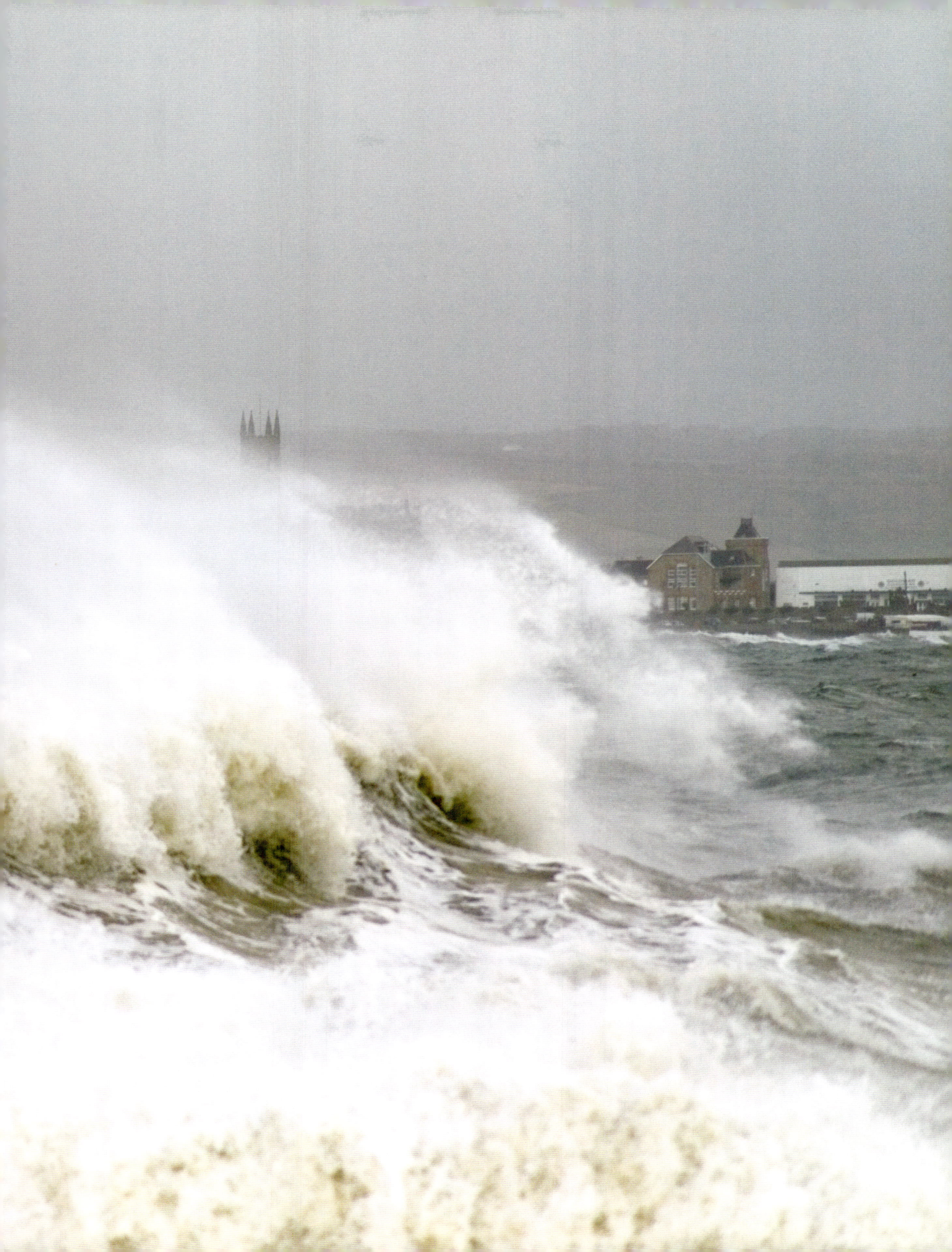

前ページ／高波が打ち寄せる灯台

高潮は強風があるとき、特に満潮と重なるときにはいつでも起こる可能性がある。1953年2月1日に北海で起こった高潮は大きな被害を出し、イギリス、オランダ合わせて2,107人の犠牲者を出した。しかしそれも、1970年ガンジス川デルタで起こった高潮の被害、推定30万人と比較するとあまり大きな数字ではないように思われる。画像は2004年10月、ビューフォート風力階級11（台風の1つ下）の風と満潮が重なることによって起こった数mの高波が、コーンウォール州ニューリンの海岸に打ち寄せている様子。

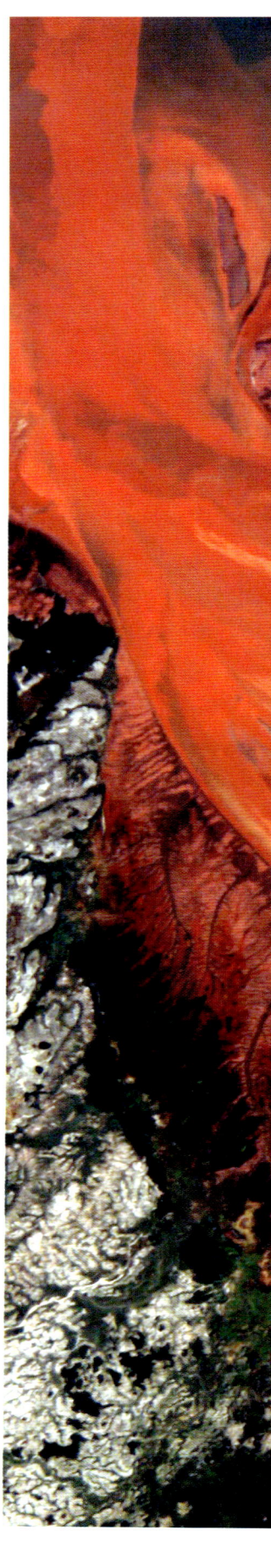

イギリス上空のストームセル／1987年

1987年10月16日イギリス上空にあるストーム（暴風）の衛星偽色画像。ストームの中心は中央右、北海上空にある。アイルランド、ウェールズ、イングランドの一部が緑色で、またブルターニュ地方、フランスの一部が左下に同じく緑色で見えている。イギリス南海岸上空の2つの大きなストームセルが、英仏海峡をまたいでいる。画像は11時に撮られたものだが、その数時間前大きな暴風がイギリス上空を通り過ぎ、数万本の樹木を根こぎにし、早朝の建物に大きな被害を出した。時速160kmを超える突風が記録された。

熱帯低気圧による凄まじい浸蝕

2004年3月、国際宇宙ステーションから撮影した、熱帯低気圧ガフィロが通過した後のマダガスカル島ベツィボカ河口の可視画像。広がりゆく森林破壊が大規模な土壌浸蝕を引き起こしている。豪雨によって洗い流されたラテライト土壌が、赤い水となって流出している。その土壌は川に厚く沈殿し、船舶の航行を阻害している。

雷雨／ブラジル、パラナ内湾

宇宙からの画像が示した、数個の雷雨のかなとこ雲が横に広がり、ほとんど途切れのない雲の覆いを形成している様子。これらの雲は厚さが少なくとも10km以上あり、そのうちのいくつかは、強力な上昇気流がキャッピング逆転層を突き破り、短く成層圏に突き出している。

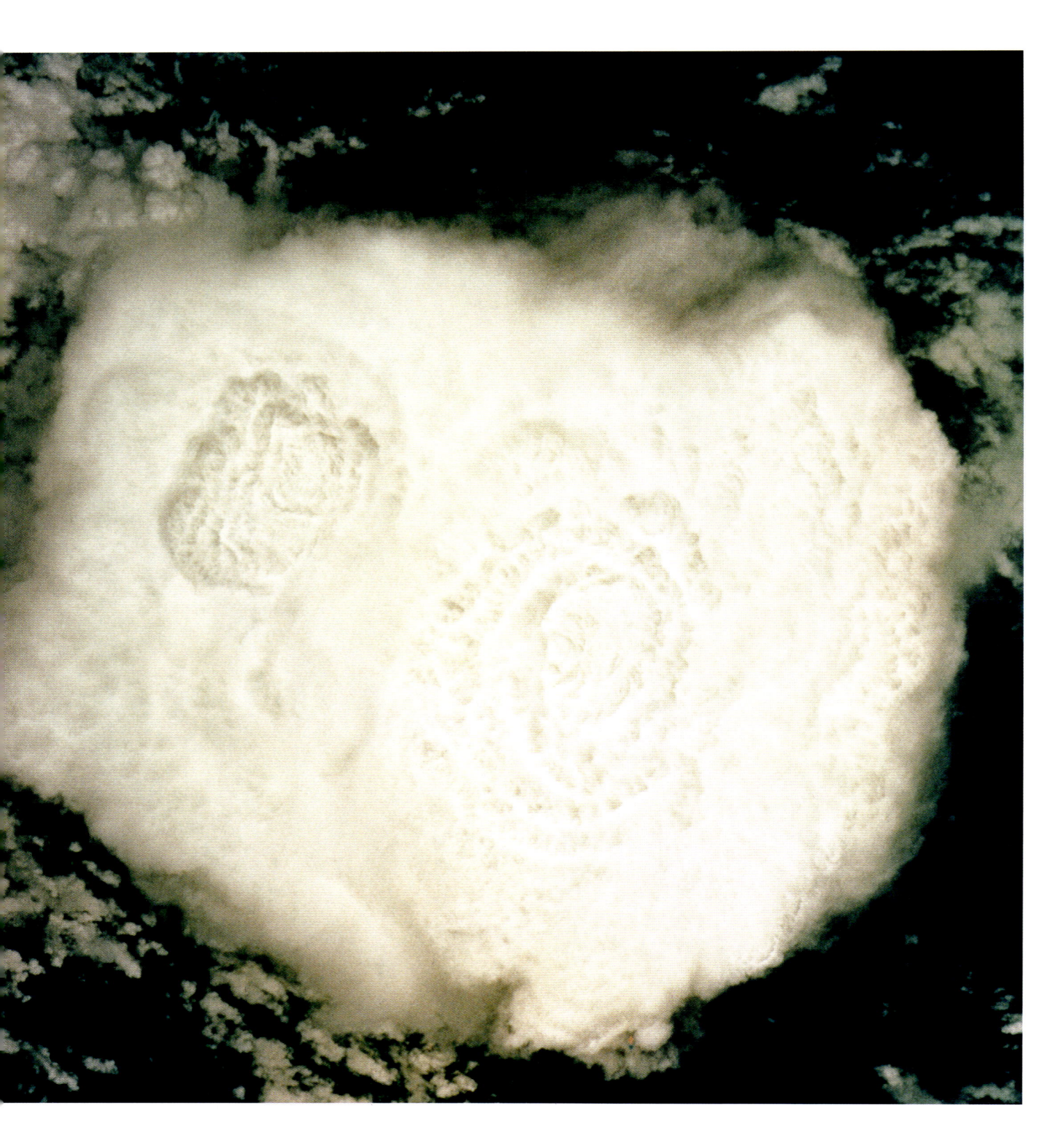

宇宙から捉えた雷雨

軌道をまわるスペースシャトルが捉えた巨大積乱雲のセル。セルは2つの大きな上昇気流を持ち、雲全体は雲底の差し渡しが約50km、高さが約13kmと推定される。このような種類の、この大きさの積乱雲は非常に激しい雷雨をともなう。写真は1993年4月26日に打ち上げられたスペースシャトル・コロンビアの乗組員によって、ナイジェリア沿岸上空を飛行中に撮影されたもの。

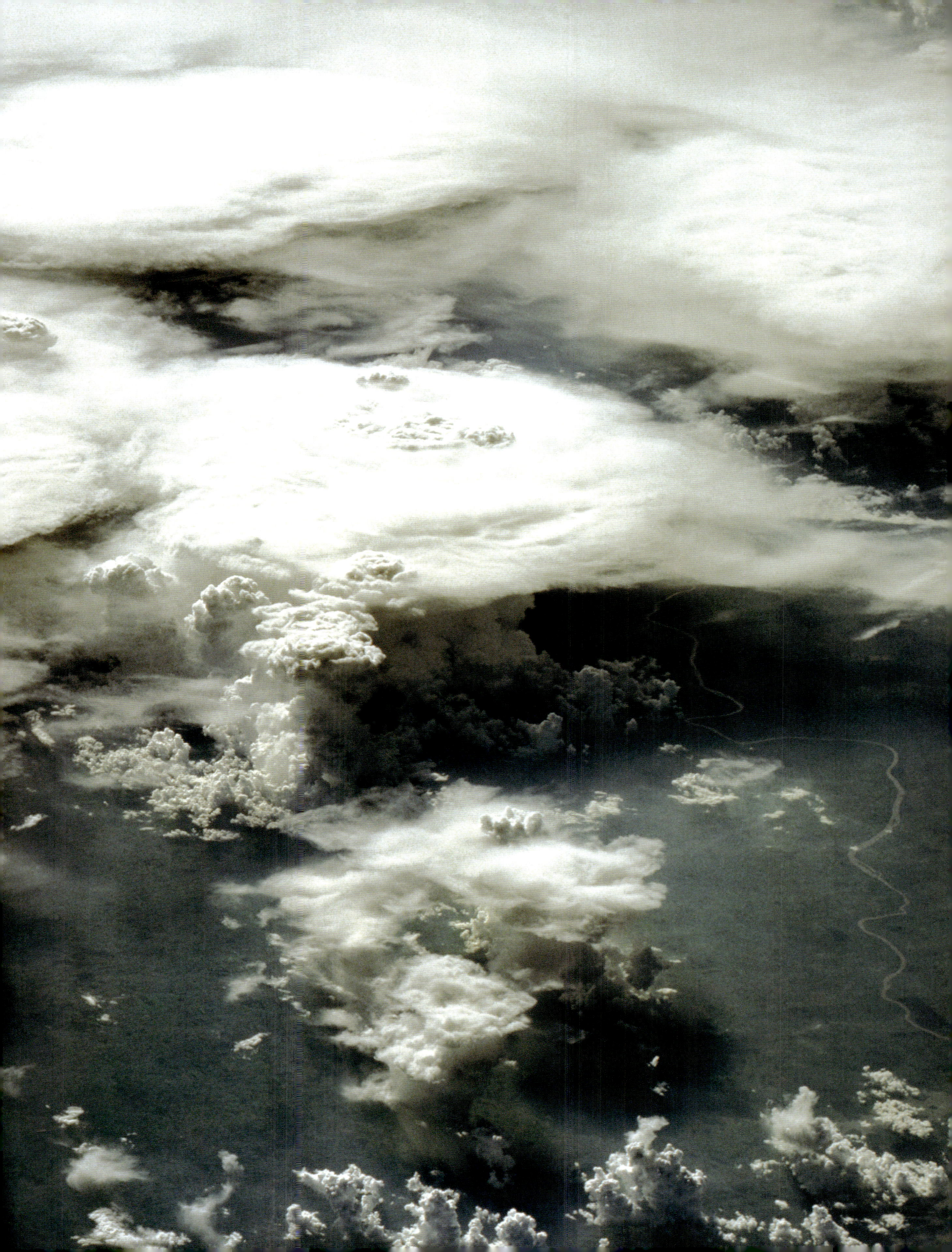

ほとんどの人が虹を見たことがあるだろうが、虹が大気中で見られる数多くの光学現象のなかのほんの1つでしかないということを知っている人はあまり多くないだろう。虹とひとことにいっても虹にはさまざまな種類があり、実に多様な形態を見せ、あまり気づかれることのない多彩な副次的特徴を表す。虹と同類の光学現象に、霧虹、露虹がある。ハロー（暈）は、太陽光や月光が氷晶により屈折、反射されることによって起こる現象で、中緯度では平均して3日に1度の割合で見られると推定されているが、見過ごされることが多い。普段よく目にするハロー現象の数は限られているが、まれにしか見ることのできない現象をあわせると、その種類は多い。それらのほとんどは極地、それも特に南極でしか見られないが、その理由は、極地では大気中に非常に小さな氷晶（「ダイアモンドダスト」）が浮遊しており、ハロー現象が起こるための理想的な状態がつくりだされているからである。

　光冠（コロナ）や彩雲などの光学現象は、太陽に近い場所で起こるため、通常は太陽の光で隠されて目にすることができないが、太陽が隠れたときに見ることができる。特にコロナは月のまわりに出ているものをよく見ることができる。実際太陽光による光学現象のほとんどが月光でも生じており、月虹や月暈はごく一般的に見られる現象である。

　ある種の光学現象は、航空機旅行が広く世界中を巡るようになって以降、より多く知られるようになった。例えばグローリー（御光）——雲や観察者の頭のまわりのもやに見られる彩色環——は、以前は登山者しか目にすることがなかったが、現在では航空機の乗客はわりと頻繁に、その航空機の影のまわりに見ることができる。

同様のことが映日現象——氷晶が原因で起こる縦長の白い光点——でもいえる。それはかつては極地でだけ見ることができた。(グローリーは最近より頻繁に見られるようになったが、それが生じる機構の理論計算はまだ完全ではない。)

空の色が青く見えるのは、太陽からの光を空気の分子が散乱させるからである。また日の出や日の入りの頃に空が黄色や赤色に染まるのは、太陽がその位置にあるとき、青色の光が散乱によって多く損失され、それよりも波長の長い赤色に近い色の割合が増すからである。きわめてまれにしか起こらないが、大規模な火山噴火が起きたとき、大気中に噴出された粒子が赤色光の散乱を助け、それが元の青色と混ざり、空を鮮やかな紫色に染め上げることがある。

自然現象のなかで最も美しく感動的なものは、何といってもオーロラであろう。オーロラは高度およそ100〜1,000kmの大気上層で起こり、一般にオーロラ帯とよばれる地球の南北の磁極をほぼ中心にした高緯度で見られる。ごくまれに起こる大規模な事象では地磁気赤道付近でも見られることがあり、それゆえ、オーロラは地球上のどの場所からでも観測される可能性のある事象であるといえる。静止して動かないものもあるが、その多くは非常に魅惑的な形、色、動きを見せ、見る人を圧倒する。オーロラはその熱が上層の大気を熱することによって気象に微弱な間接的な影響を与えることがあるが、むしろ問題となるのは大規模なオーロラにともなう磁気あらしで、それは人工衛星の機能に障害を与えたり、無線通信を阻害したり、また時には地上の送電線に影響を与え、電気サージや停電を引き起こすことがある。

6 大気光学現象

前ページ／**二重虹、リンカーンシャー**

虹がなぜあのような色をしているのかについて初めて正確な説明を与えたアイザック・ニュートンのウールズソープの生家。内側の虹が最も普通の虹（主虹）であるが、その外側の、色の並びが逆になっている虹（副虹）もまた珍しいものではない。虹の中心は常に「対日点」、すなわち観測者から見て太陽と正反対の天球上の点にある。主虹は落下している雨滴中の後方の曲面からの1回の反射で生じ、副虹は同じ雨滴のなかで2回の反射を経ることによって生じる。2つの虹の中間の、光が観測者の目に届いていない暗い部分は、「アレキサンダー暗帯」とよばれる。

薄い巻雲状の雲越しに見る月の光冠

光冠は太陽、月のどちらにもできるが、太陽の光冠は普通はまぶしさで見ることができないため、月の光冠を目にすることのほうがずっと多い。内側の褐色のリングで縁取られている環がオーリオール（光輪）で、その外側に同心円状にもう1つ別の環が見える。太陽の光冠の場合は、たいていこの両方がセットで現れる。光冠は太陽光や月光が雲中の水滴により回折することによって生じる。

花粉による月の光冠

光冠をつくりだすのは雲粒だけではない。上の美しく彩られた光冠は、春のフィンランド、マツから放出された花粉がきわめて高い濃度で空中に浮遊することによって生じたものである。未確認情報では、特殊な形状の花粉によってわずかに楕円形になった光冠が生じたことがあるらしいが、あり得ないことではない。このような光冠は、深い森林に覆われた地域、特に広大な針葉樹林に覆われた北の気候帯タイガでは非常に頻繁に現れる。落葉樹のなかで最も堅い木質を有するバーチの花粉でも、同様の光冠が生じることがある。

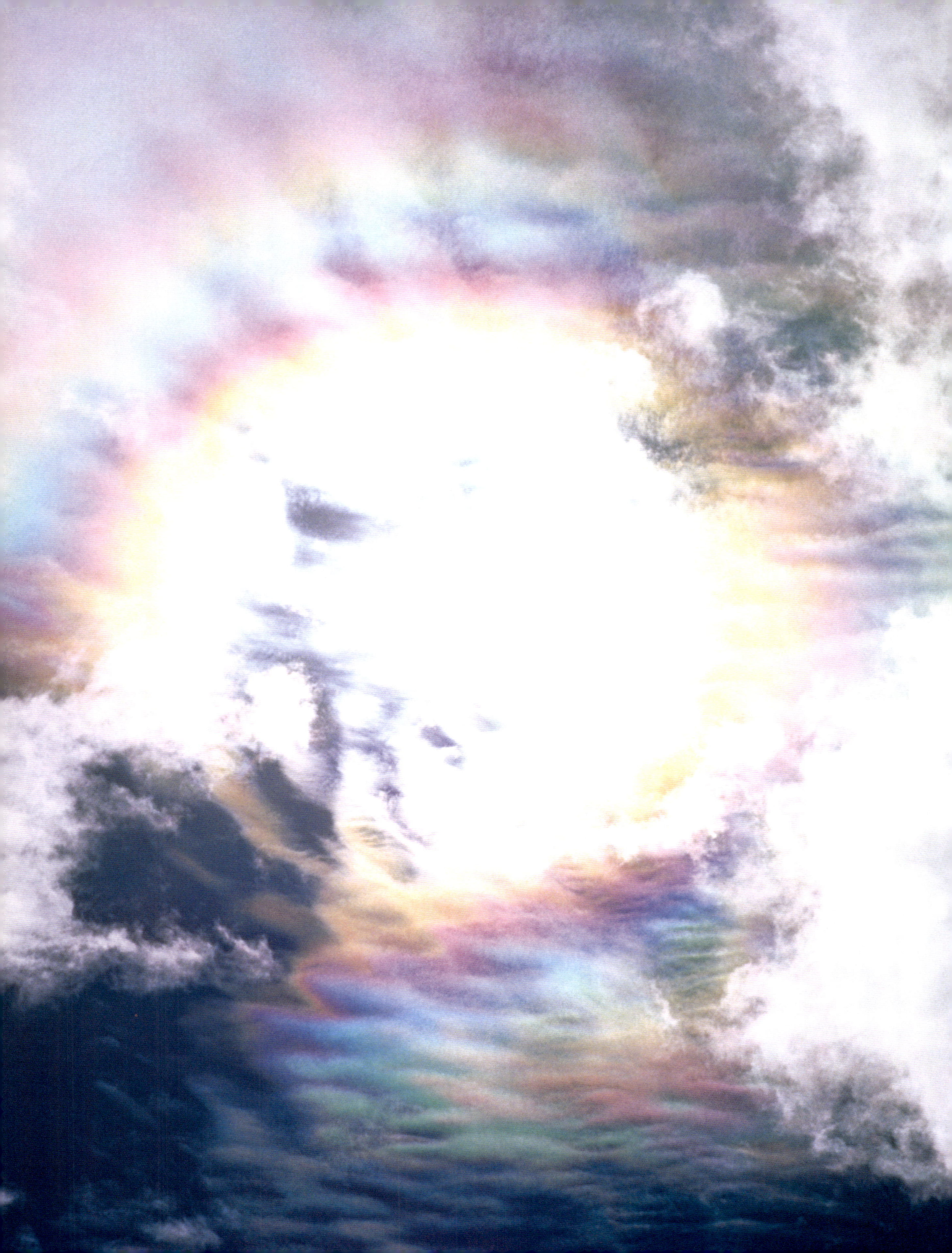

巻積雲に現れた光冠と彩雲（左）

太陽の輝きのため、内側の環（オーリオール）は見えないが、外側の環は内周の紫色から外周の赤色まで、きわめて鮮やかに見える。画像下の巻積雲に見られる彩雲も同様の色をしており、両者が同じ仕組み、すなわちサイズが均一な雲中の水滴による太陽光の回折によって生じることを教えている。水滴のサイズが均一であればあるほど、色は鮮やかで、水滴が小さければ小さいほど光冠の環の半径は大きくなる。

ロケット雲中の彩雲

遠い場所で発射された探査ロケットの噴射排気ガスに含まれている水蒸気が上層の大気中で氷晶化したもの。氷晶のサイズが均一なため、鮮やかな彩雲が現れている。自然界では、高度20〜25kmに現れる真珠母雲や、さらに高い位置、高度80kmに現れる夜光雲に同様の現象が現れることがある。ロケット雲の形が面白い形をしているのは、上層の大気中の風速、風向が、高度によって変化しているからである。

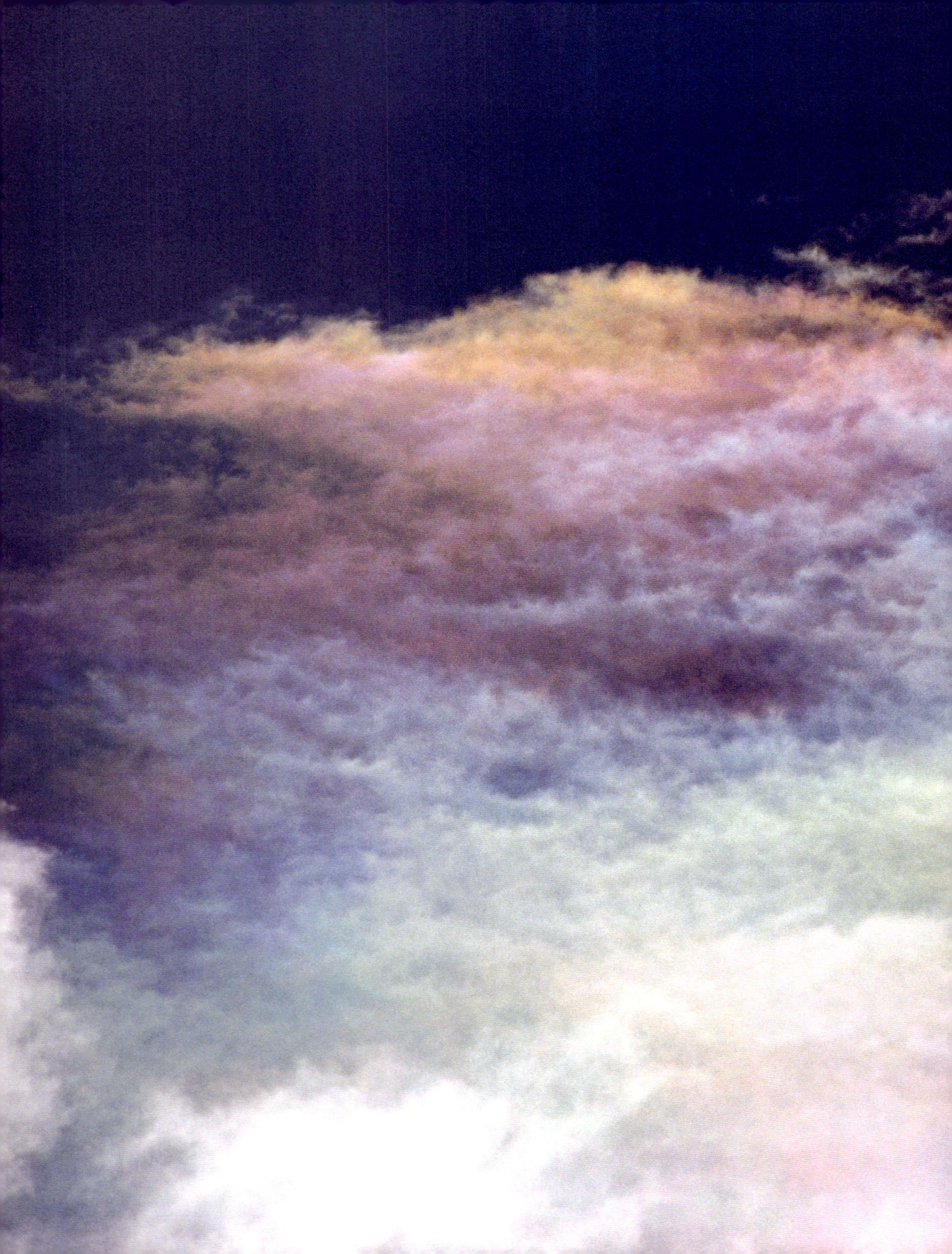

鮮やかな幻日(サンドッグ)

幻日は多くの場合、太陽や月に似た円形の光という単純な形で現れることはなく、白い「尻尾」を持つ鮮やかな色のスペクトルとして現れる。上の写真は11月のアラスカで撮られたものであるが、太陽は右端フレームの外、水平線近くに隠れているため、鮮やかな色が際立っている。この現象は極北の地域では「冬の虹」とよばれることがあるが、普通見る水滴によって生じ、太陽と正反対の空に出る虹とはまったく関係がない。

太陽と下端接弧

南極で撮影された現象。南極の空気中に存在する微細な粒子(「ダイアモンドダスト」とよばれる)は、ハロー現象が現れるのに理想的な環境をつくる。水平線まぢかに現れている鋭い弧は、下端接弧である。また太陽の光の眩しさにもかかわらず、幻日環(p.154参照)が太陽を通り抜けているのがかすかに見える。

前ページ／水雲中に現れた彩雲

彩雲は昼間の薄い雲に頻繁に現れるが、見逃されることが多い。その色は普通太陽から30度くらいの角度に現れるときが最も濃い。一般に雲の縁辺に平行に、帯状に現れるが、雲の粒子が均一のサイズのときに最も強く鮮やかな色になる。

環天頂弧

環天頂弧は非常によく現れる現象で、きわめて鮮明な色彩を見せる。太陽光が氷晶の六角形のプリズムによって屈折することによって起こり、天頂（観察者の真上）を中心とした環の一部という形で現れる。この色の鮮やかさと強さに対抗できるのは、唯一水平線に平行に横たわる壮観な色彩の弧である環水平弧ぐらいである。こちらは高緯度では見ることができない。

太陽光による複合ハロー現象

太陽や月のまわりには、実に多様な光の環、弧、光点を見ることができる。これらは太陽光が六角形の氷晶によってさまざまな方向に屈折することによって生じる。上の写真では、最もありふれたハロー現象である「22度ハロー」と、それよりも大きく薄い「46度ハロー」が見られる。さらにそれらの上方にもう1つの光学現象、太陽に向かって凸の「上端接弧」が見られる。また、太陽を通り抜ける白い円の形をし、水平線に平行に（ここではカメラのレンズのため弧状になっている）横たわるのは「幻日環」の一部である。この幻日環の上、22度ハローのちょうど外側に2つの「幻日」（サンドッグともいう）が見られ、その尻尾は幻日環にそって外側に伸びている。

気象大図鑑

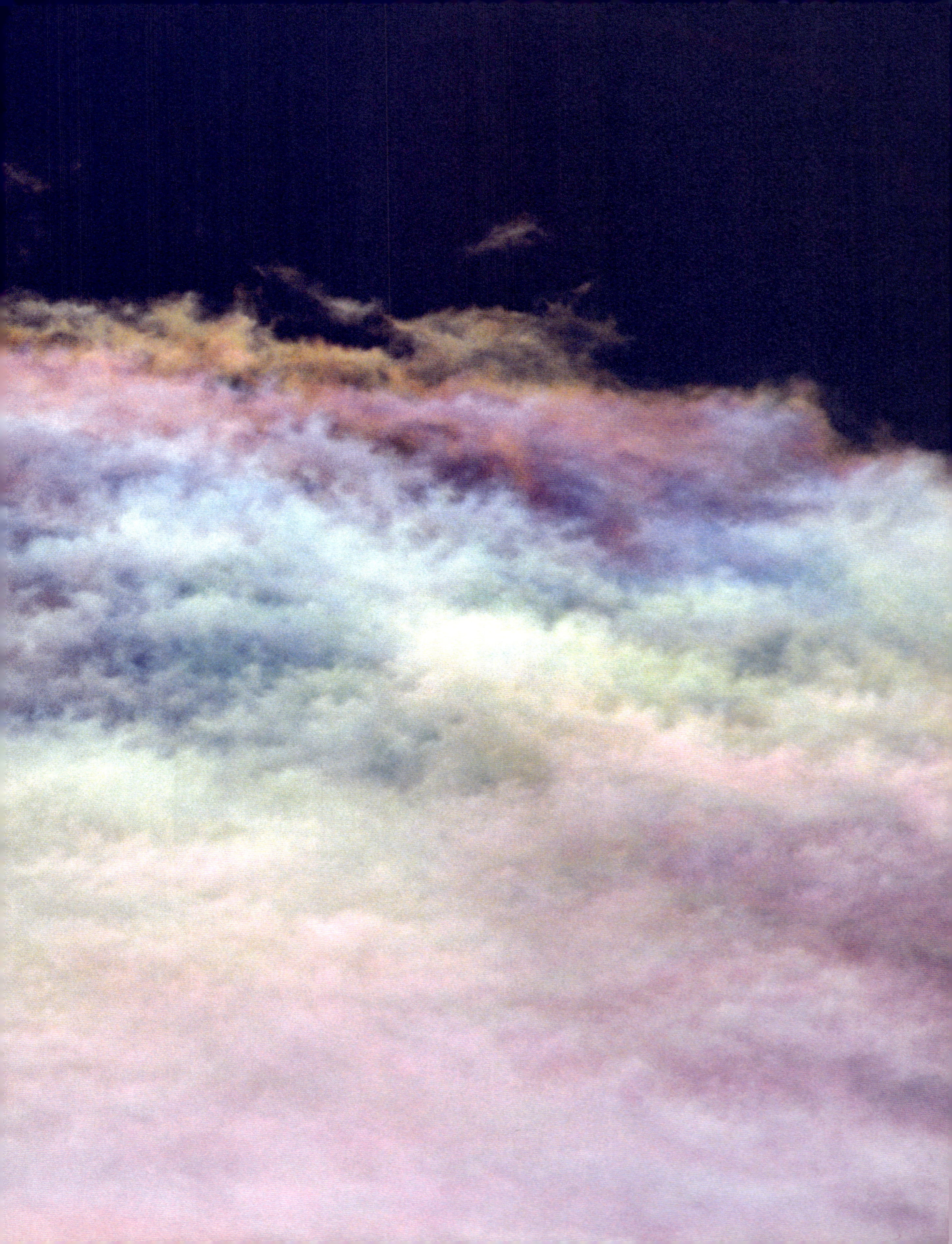

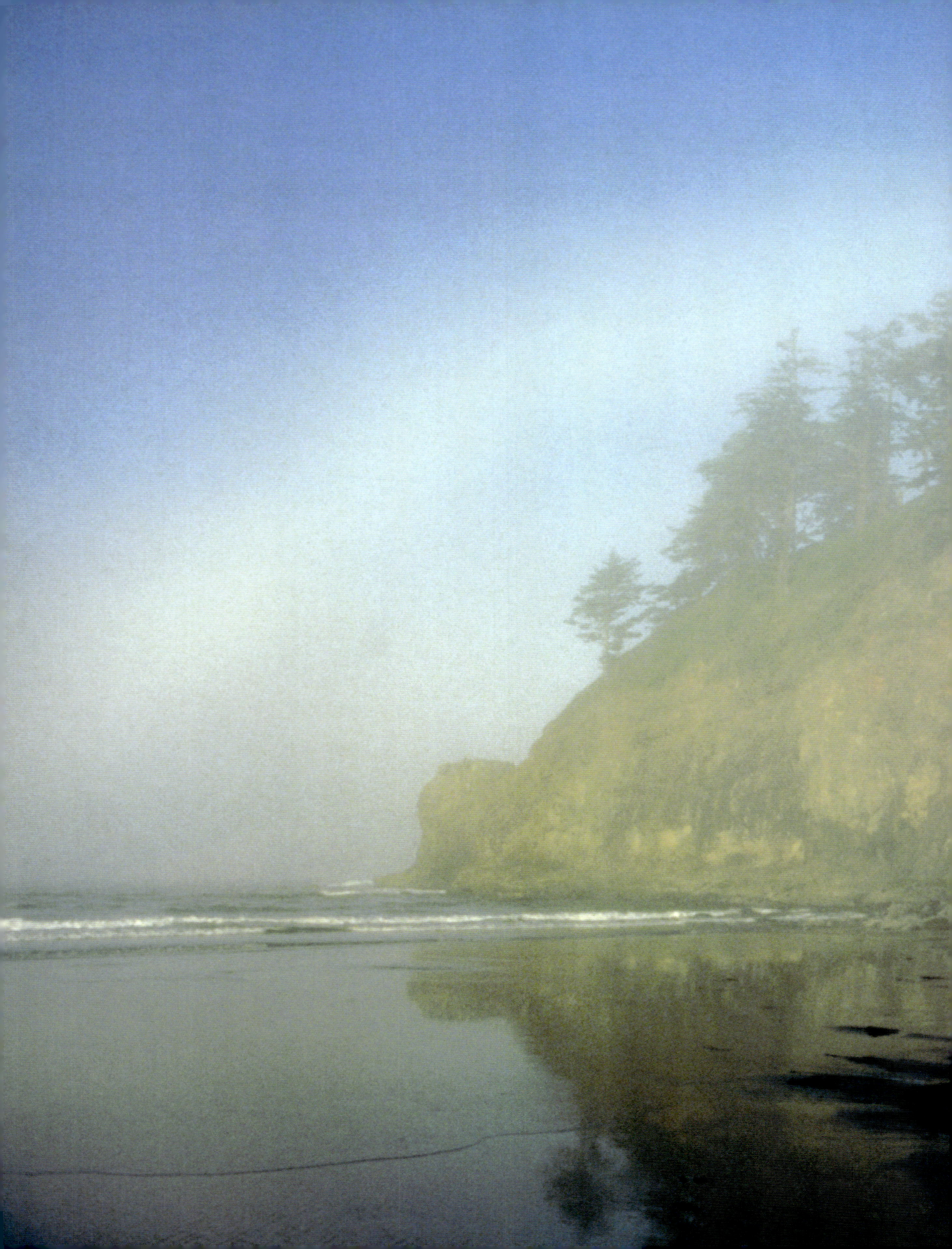

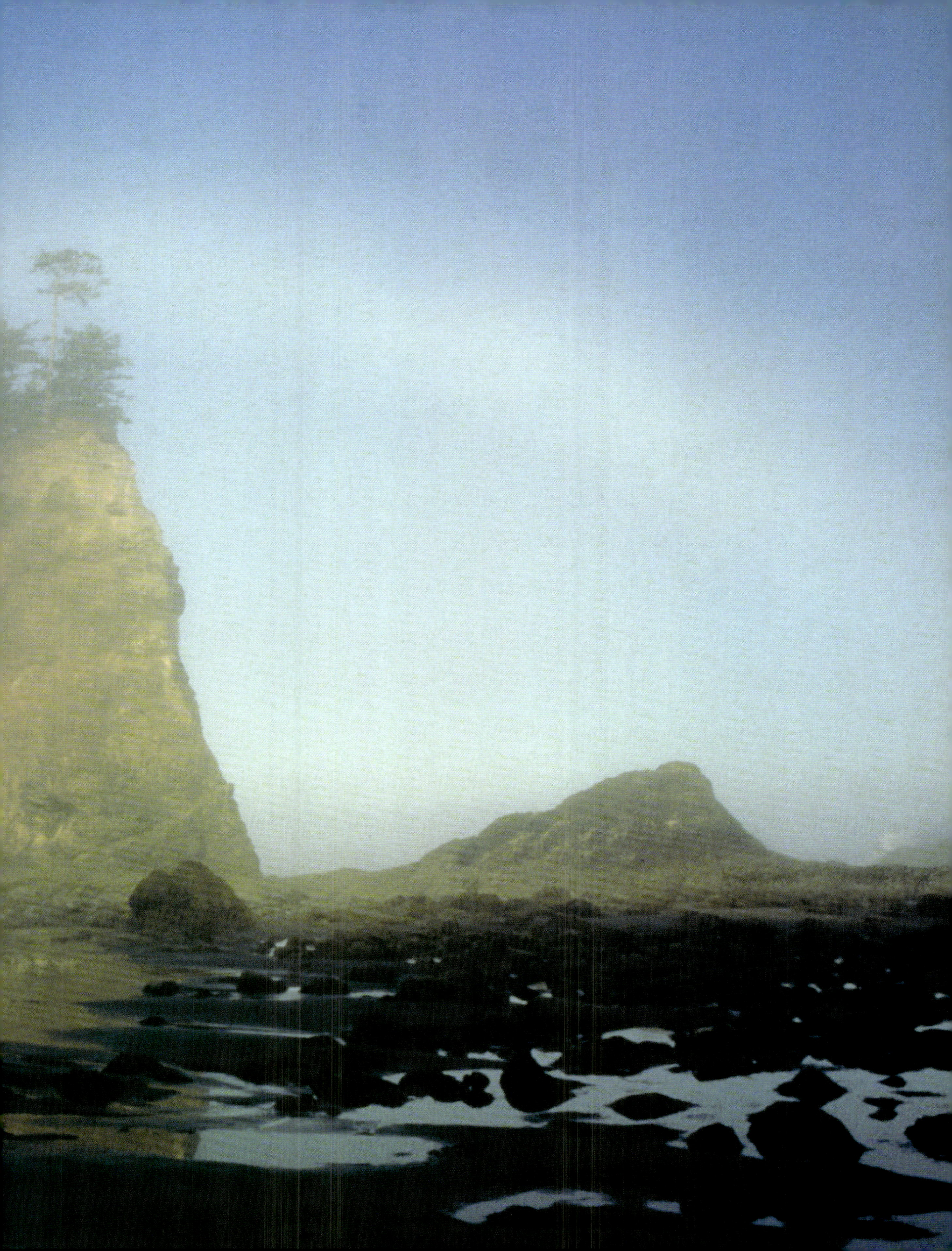

前ページ／霧虹、ワシントン州オリンピック国立公園

霧虹は普通の虹と同様に、常に対日点（観測者から見て太陽と正反対の天球上の点）を中心とした円弧を描く。視半径はほぼ42度で、これも普通の虹と同じである。虹ができる仕組みも同じであるが、霧虹の場合は水滴が非常に小さいので回折によって色の帯の幅が広がり、そのため色が混ざり合って白っぽく見える。この写真のようにかすかに内側が青く、外側が赤く見える場合もある。

主虹

日常最もよく目にする虹は主虹といい、視半径約42度の円弧を描き、中心は対日点（観測者から見て太陽と正反対の天球上の点）にある。すべての主虹は、外周が赤で、内周が紫。よく見ると主虹の内側に過剰虹があるのがわかる。主虹の外側の空が暗くなっているが、この部分はアレキサンダーの暗帯と呼ばれている。

虹：主虹、副虹、過剰虹

オーストラリア、タムワースの虹。主虹と副虹、アレキサンダーの暗帯（主虹と副虹の間の中間部分）、そして主虹の内側に青白く見える過剰虹がはっきりと見える。一般に副虹は主虹よりも色が薄く、視半径は約51度、色の配列は主虹とは逆で赤が内側になっている。過剰虹は主虹の内側にあり、光が雨滴の中をわずかに異なった経路で進むことによって生じる干渉によって現れる。

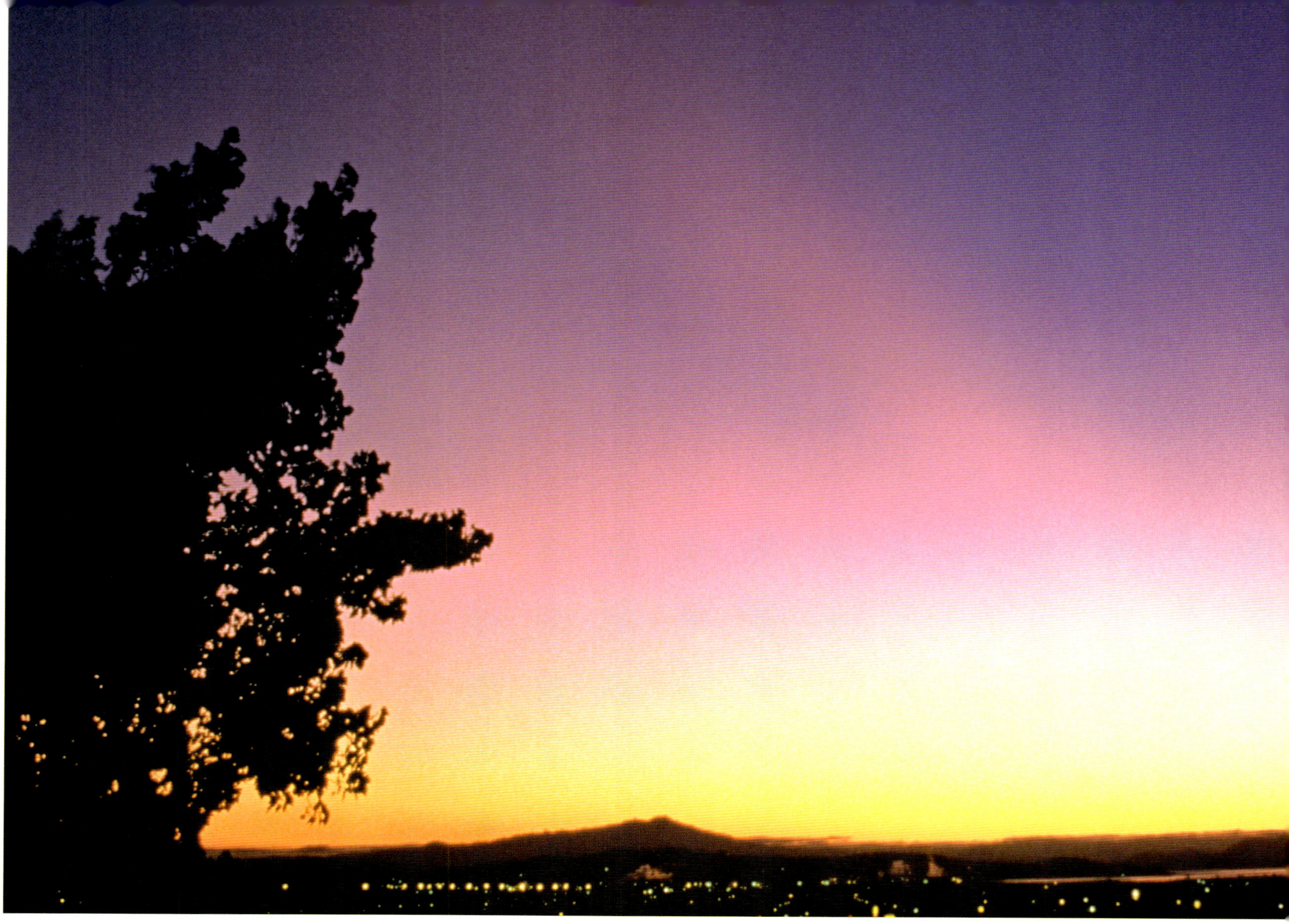

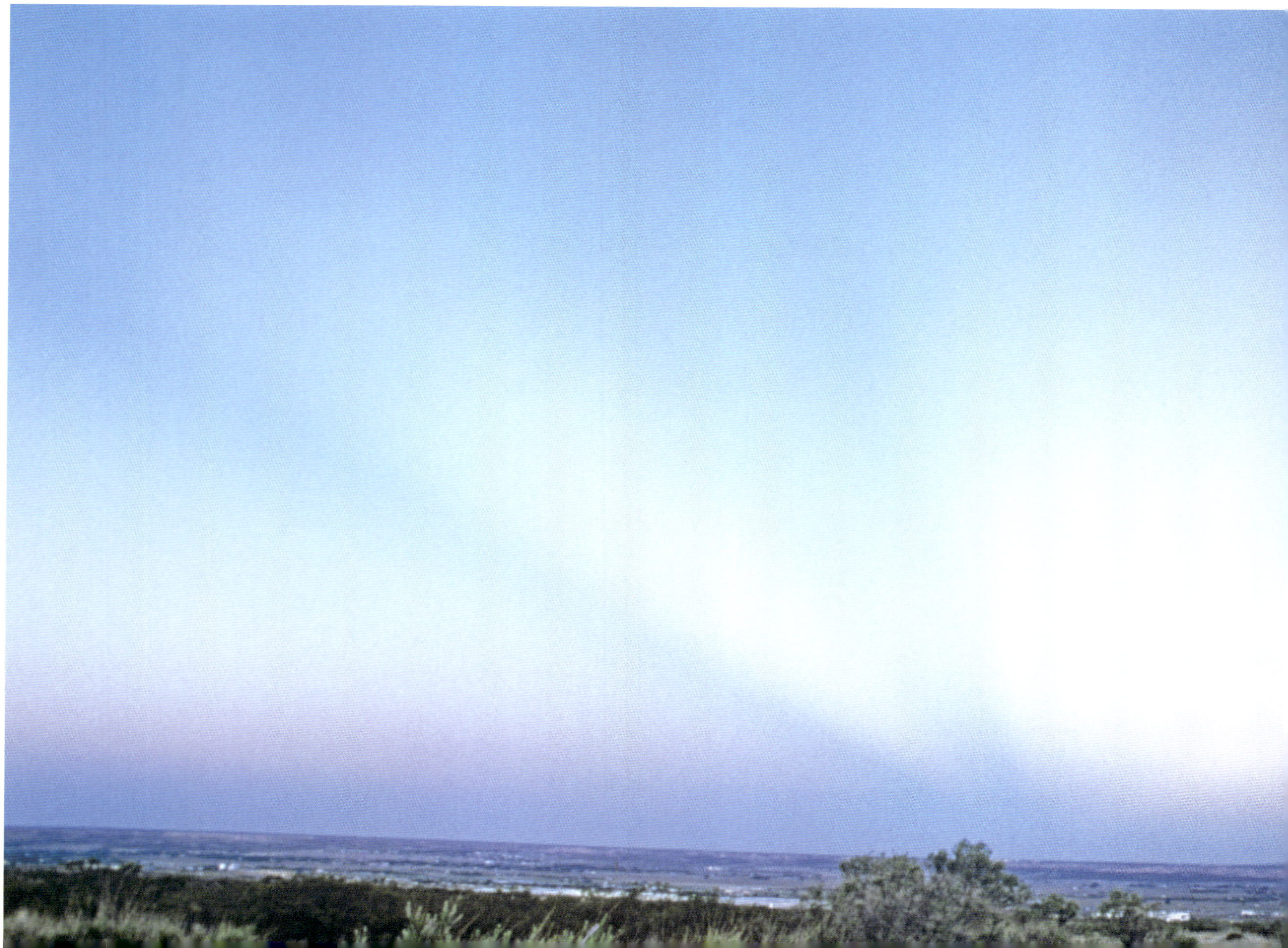

日没時の薄明光線（表御光）

日の出、日の入りの時刻に現れることから、このように名づけられているが、薄明光線は大気に投げかけられた遠くの山の頂や雲の影である。それらは太陽の位置（隠れている）から放射しているように見える。写真では強いピンクから紫の彩色がみられるが、これは大気中に浮遊する微細な塵によって生じたものである。

日の出の反薄明光線（裏御光）

薄明光線は時々太陽とは反対の位置に見られることがあり、この場合反薄明光線（裏御光）とよばれる。反薄明光線は対日点に収斂しているように見え、ごくまれに一方の水平線から他方の水平線へと天空を横切るように見えることもある。写真は太陽が東から昇っているときに、強い2本の光線が西に収斂している様子を撮影したもの。

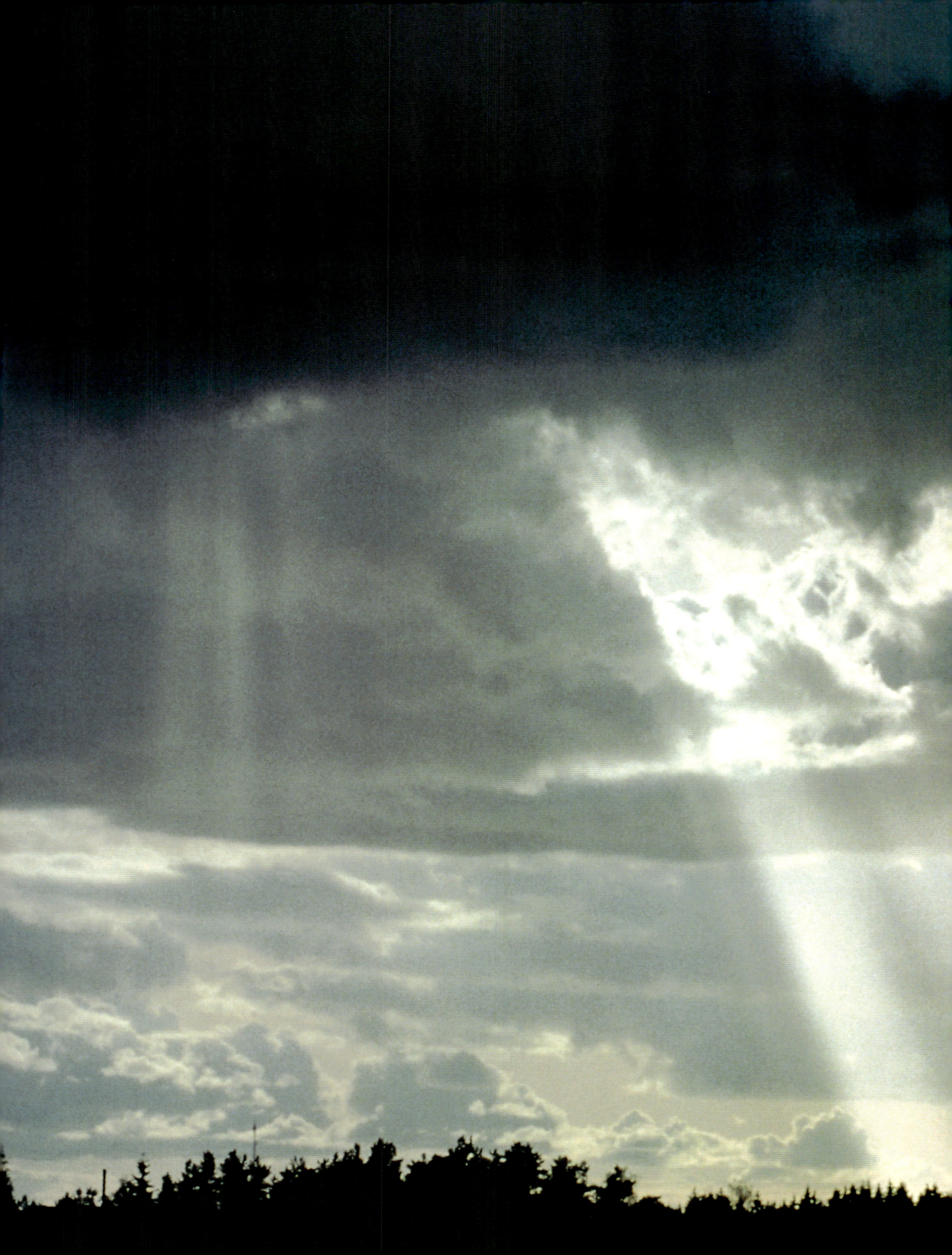

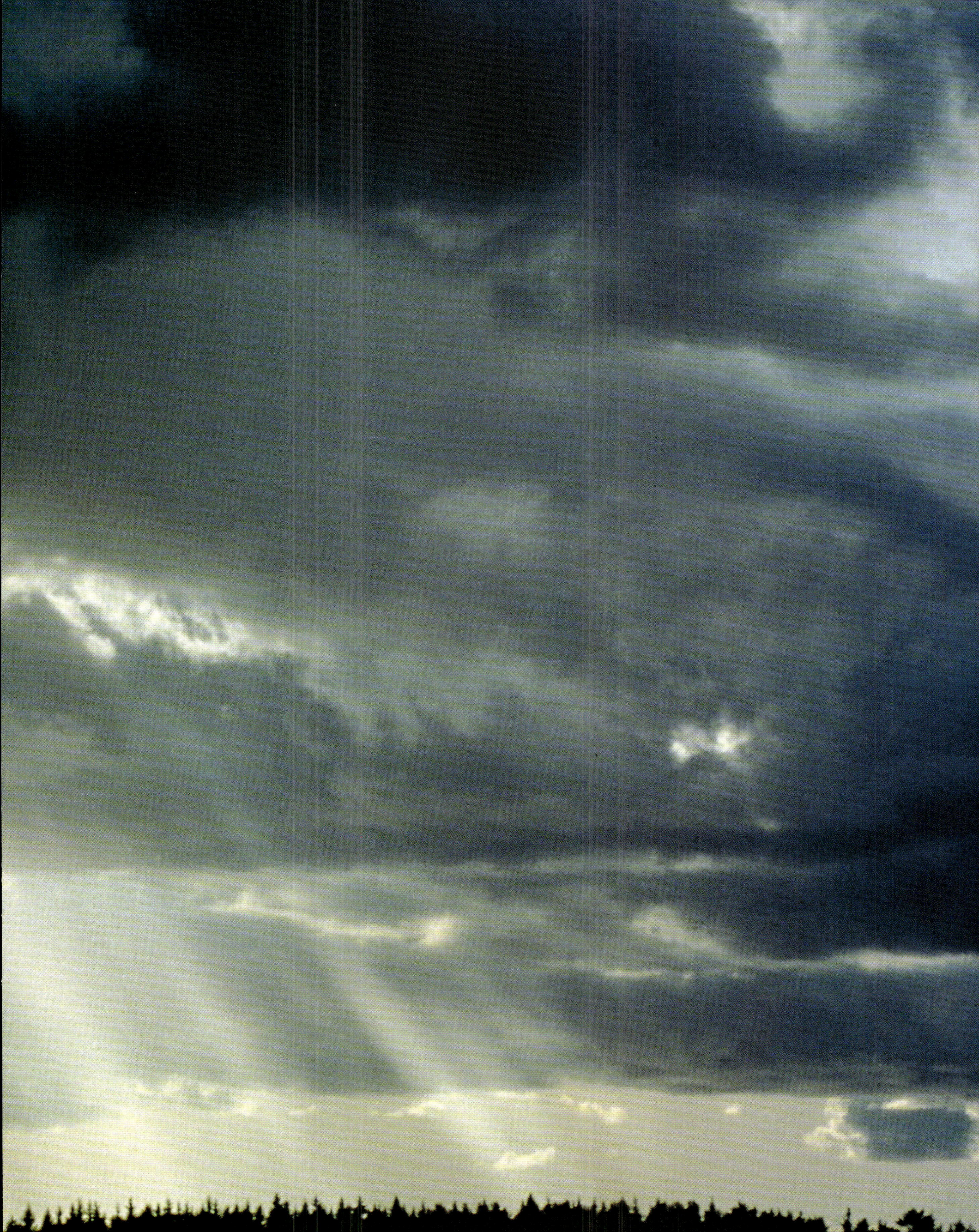

前ページ／層積雲と薄明光線

これは薄明光線の別の形で、太陽が雲の切れ間から射すときに見られる。塵粒子や湿潤な空気中の水蒸気によって散乱が起こり、光線が見えるようになる。このよく見られる現象は「お日様の水汲み」、「ヤコブのはしご」など多くの親しみやすい言葉で呼ばれている。

薄明光線

日没時の層積雲に現れた壮観な薄明光線。この写真は、太陽がまだ水平線の下に沈んでいないときでも、個々の雲＋が雲の層の下側に影を投げかけることがあるということをはっきりと示している。

山頂光（アルプスの栄光）／ロッキー山脈、カナダ・ブリティッシュコロンビア州

アシニボイン山（3,618m、山頂は雲に隠れている）、サンバーストピーク山（左）をはじめとする山々の頂きが、沈みゆく太陽の光を浴びている。アルプスの栄光とよばれる黄色から紫までの鮮やかな色の配列は、日の出と日の入りの両方の時間、太陽がまだ水平線のすぐ上にあるときに現れる。太陽が水平線の下に沈んだとき、もし紫光があれば山頂は紫色に染めあげられるが、この時の色は残光とよばれる。

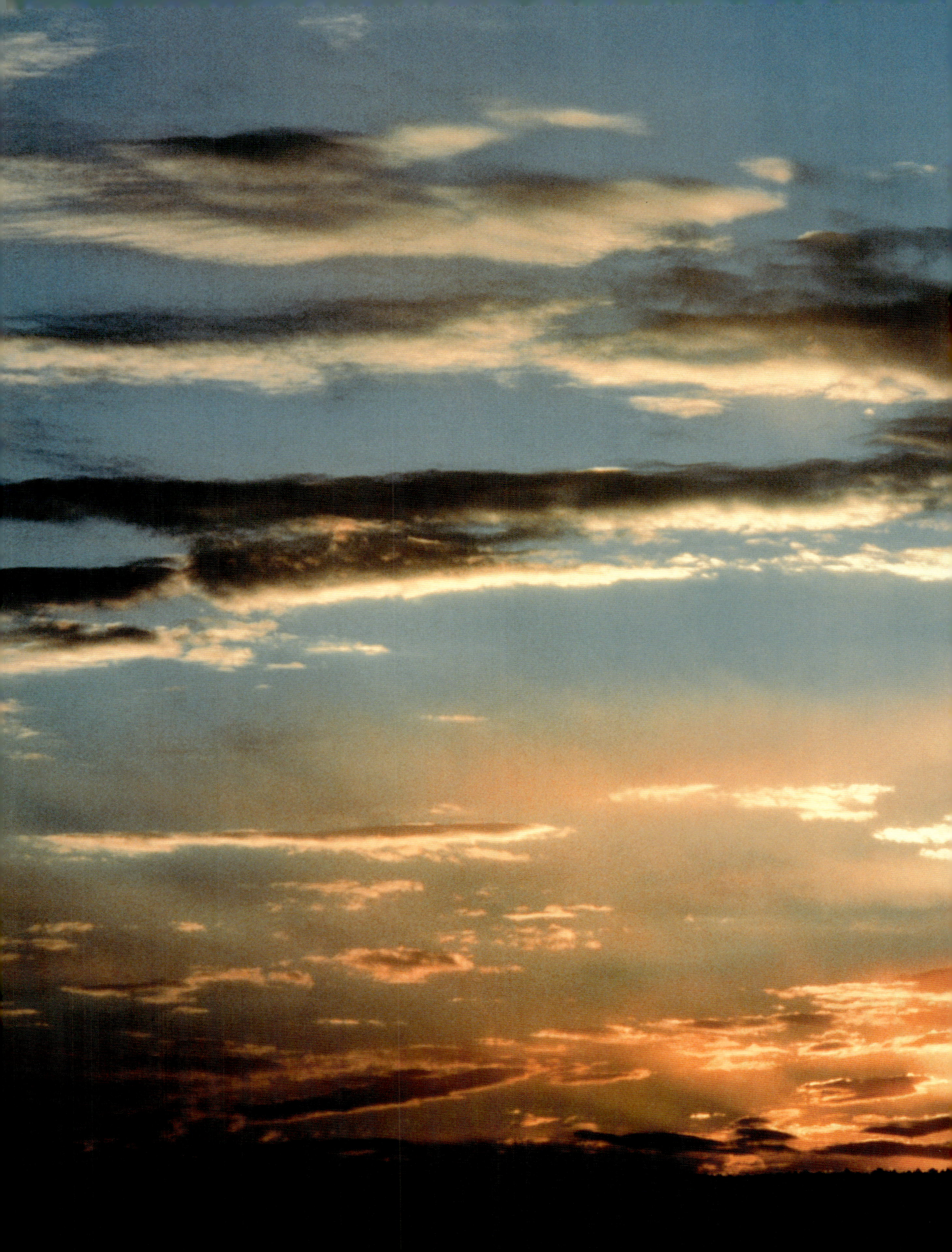

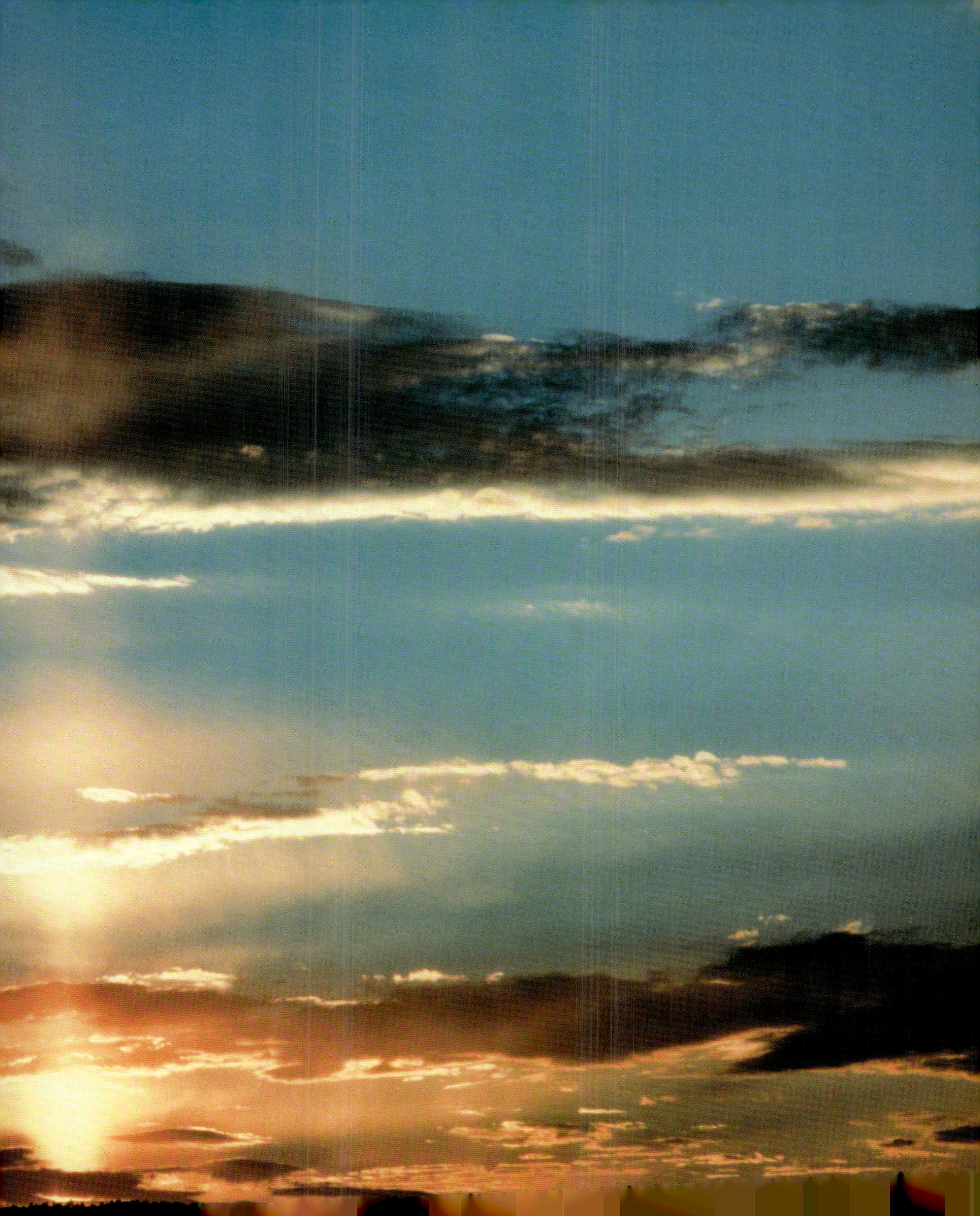

前ページ／太陽柱、アリゾナ

この現象は、光が空中に浮遊する平たい六角形の氷晶の上面、または下面で反射されることによって起こる。柱は太陽の上下に20分角以上伸びることがあり、太陽が高い位置にあるときは無色、太陽が水平線近くにあるときは、日の出、日の入りの太陽と同じ色になる。太陽柱は一般に、太陽の光が眩しすぎない日の出、日の入りの時刻に最もはっきりと見える。夜には、同様の原理で起こる月光柱が見られる。

砂漠に浮かぶ下位蜃気楼

エジプト西砂漠の上にくっきりと浮かぶ蜃気楼。下位蜃気楼は、地表面上の空気の層が極度に熱せられたときに現れる。光線が上方に鋭く屈折させられるため、空や遠くの物体の像が実際の位置よりも下に（それゆえ「下位」という）見える。空は地表面上に溜まる水のように見え、右の写真のように、遠方の丘や山並みの、多重の、正立あるいは逆転した像が見える。

海上の上位蜃気楼

上位蜃気楼は、最下層の空気がその上にある空気よりも冷たいとき、遠方の物体から出た光線が鋭く下方に屈折させられることによって起こる。この写真では、遠方の海岸の逆転した像がそれ自身の頂点にぶら下がっているように見えている。蜃気楼現象ではその他、遠方の物体の像が圧縮されたり、引き伸ばされたり、あるいは水平線の上に持ち上げられたり、その下に沈下させられたりする。

気象大図鑑

171

モルガナのお化け

上位蜃気楼の一形態で、海の表面、あるいは氷盤（あるいは上の写真のように島）さえもが、遠方の鉛直な、あるいはぶら下がっているように見える壁のように現れる。別の光学的な歪み（非点収差）が加わって、建物、尖塔、窓などに似た形をつくりだすことがある。英国の伝説上の人物であるアーサー王の異父姉で、空中にそのような幻想的な城郭を築くことができたと伝えられているモルガン・ル・フェイにちなんでこのように名づけられた。

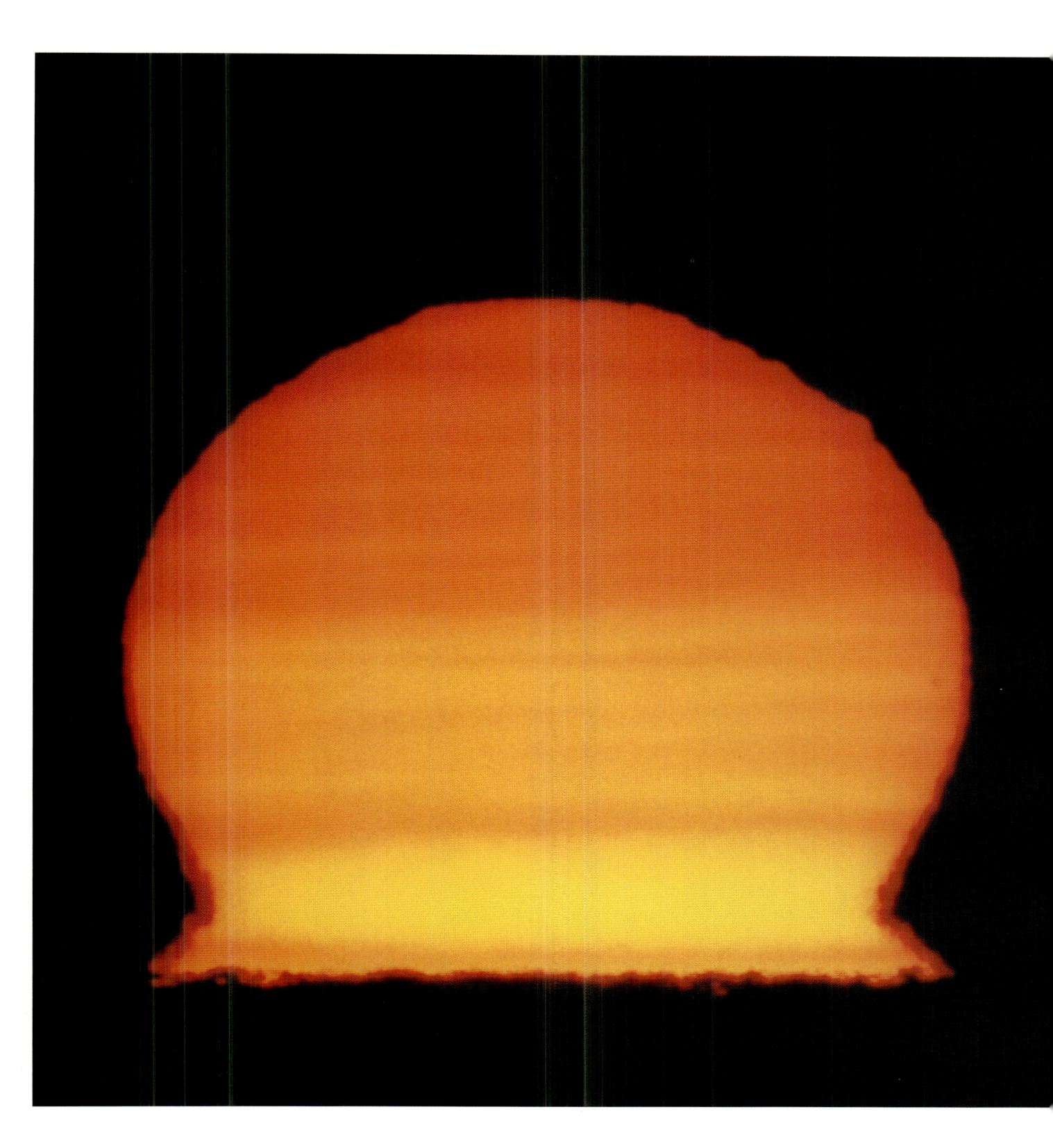

日没の変形太陽

日の出、日の入り時の太陽は、異なった温度（それゆえ異なった密度）の空気の層によって屈折させられ歪んで見えることがある。上の写真では、太陽の下端は実は蜃気楼によって作られた逆転した像である。この形の変形太陽はきわめてありふれたもので、ギリシャ文字のオメガ（Ω）に似ていることから、オメガ型と呼ばれている。

オーロラアーク

オーロラ・ボレアリス（北極光）の静かな光。地球の反対側、南極に現れるオーロラ・オーストレイリス（南極光）と同様に、太陽を起源とする高エネルギー粒子が上層大気に降り注ぎ、大気中の原子や分子を励起させ、発光させることによって生起する。写真のオーロラは一様な帯状オーロラとして知られており、オーロラの初期の段階で比較的よく見られる形態である。線状の構造が明確になりつつあり、オーロラの舞いがいよいよ躍動的になるきざしを見せている。

オーロラコロナ

太陽から放たれた高エネルギー粒子は地球の磁場領域（磁気圏）の外側領域に侵入し、太陽の反対側になびくように伸びる「磁気圏尾部」の中心部に蓄積される。太陽の活動が特に激しくなると、それらの高エネルギー粒子は磁気圏尾部の遠方領域から地球の方向に向けて磁力線にそって加速され、磁極近くの上層大気と衝突する。観察者が頭上に磁力線にそってオーロラを見るとき、それはコロナのような形になる。

赤色北極光

オーロラが見せる色は、大気上層と衝突する荷電粒子のエネルギーの大きさと、励起される原子や分子の種類によって決定される。上の写真のような赤色は、高高度に存在する酸素が励起されたときに生じる発光である。高エネルギー粒子が低い高度の大気と衝突し、窒素分子を励起させるときは、少し違った色が現れる。上の写真のような光景は、昔はたいてい、遠方の村や町が燃えていると勘違いされた。

オーロラ・レイドバンド（線状バンド）

フィンランドで撮影された荘厳な雰囲気のオーロラ・レイドバンド。夜空に垂れ下がる光の帯のようなオーロラをオーロラバンドという。写真のオーロラバンドは特殊に線状の構造をしており、地球の磁力線を視覚化している。地面近くの色は酸素の発光によるものであるが、通常はこのような黄色を帯びた色ではなく、もっとはっきりした緑色に見える。レイドバンド上部の紫色は、イオン化された窒素分子によるもので、それは大気中に侵入した高エネルギー粒子によって励起されたものだけではなく、太陽光線のなかにも存在している。

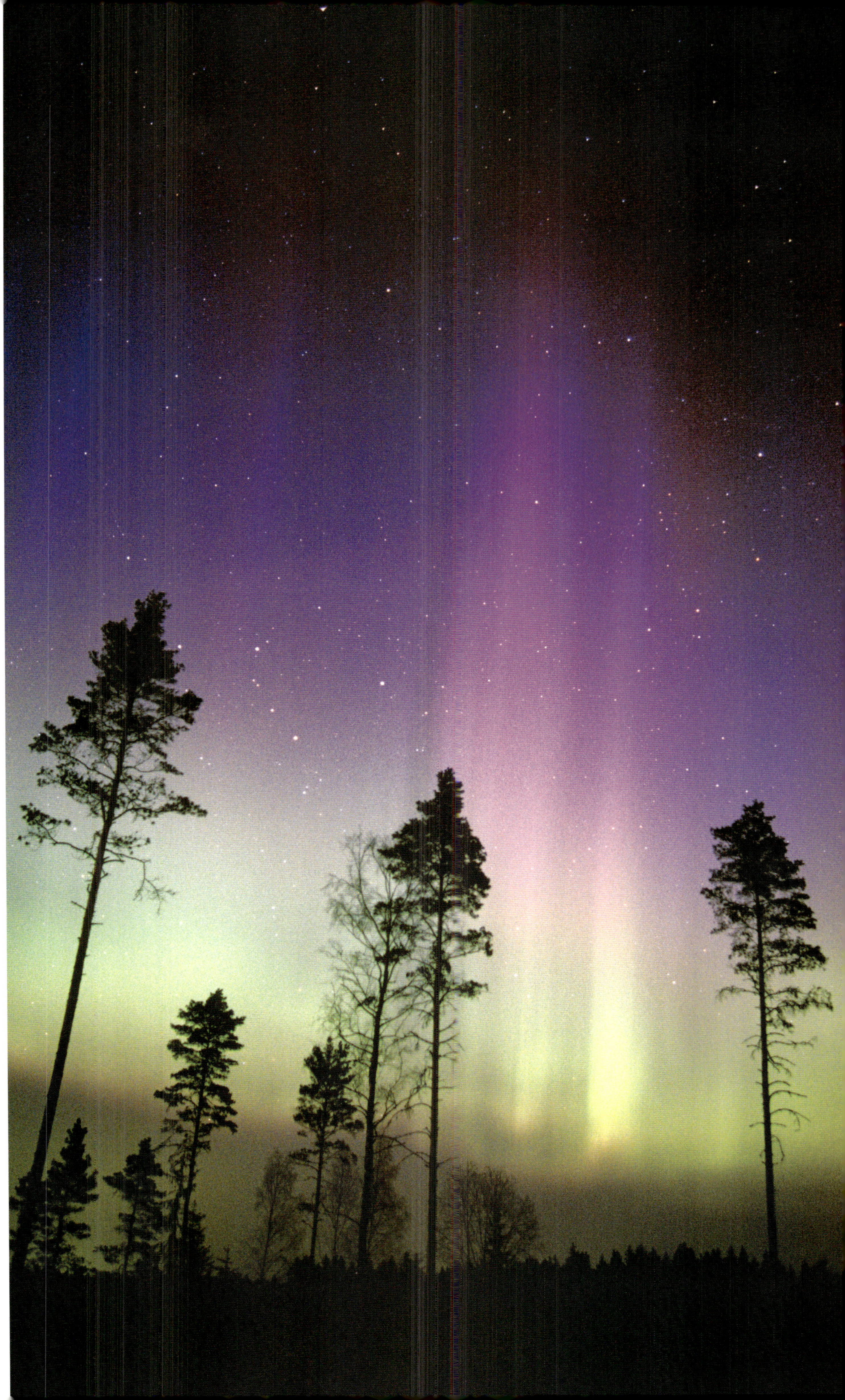

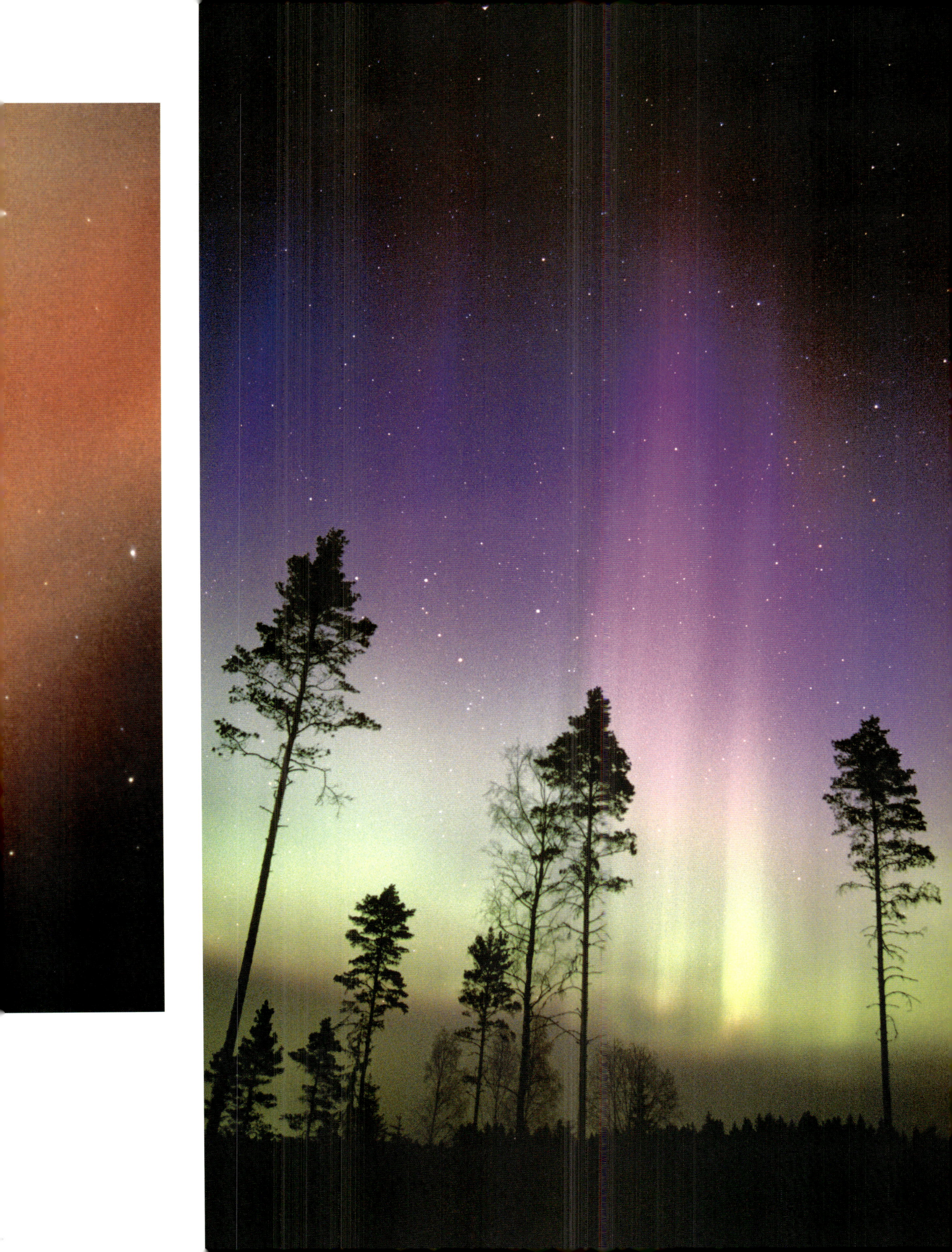

「オーロラグリーン」バンド

オーロラはその活動の間、時に息をのむほどに美しいバンド(帯)の舞いを繰り広げる。カーテンの裾のような褶曲はすばやい動きを見せ、夜空にひるがえる巨大なカーテンのイリュージョンを演出する。時々数本の帯が同時にほぼ平行に並んで現れることがある。上の写真はカナダのマニトバで撮影したものであるが、緑色の色彩は、非常に特徴的な「オーロラグリーン」を示している。その色は酸素原子のいわゆる「禁制線」発光、すなわち大気上層にあるきわめて低い濃度で存在する酸素によってのみ出せる色である。

多重オーロラバンド

オーロラの多くは無活動状態にあり、時には長い時間ほとんど変化しないものもあるが、非常に活動的で、急激に形や位置を変化させるものもある。アラスカ、フェアバンクスで観測されたこのオーロラのように、多重弓構造の、非常に複合的な形態に発達するものもあるが、これは荷電粒子のシートが次々に上層大気に入ってくることによって生成したものである。一般にオーロラは高度100〜1,000kmで発生する。

レイドバンド（線状バンド）

オーロラ現象は静かに始まることが多い。まず不規則な光の断片が現れ、やがて均等に輝く均質の弧状オーロラが天頂に向かって伸びる。多くの現象はそれ以上に進まないが、活動的なオーロラはさらに線状弧、バンド（多重バンド）、線状バンドへと発達する。一般に最も活動的なオーロラは、急激な動きを見せ、しばしばその輝きを突然変化させる。

オーロラオーバル

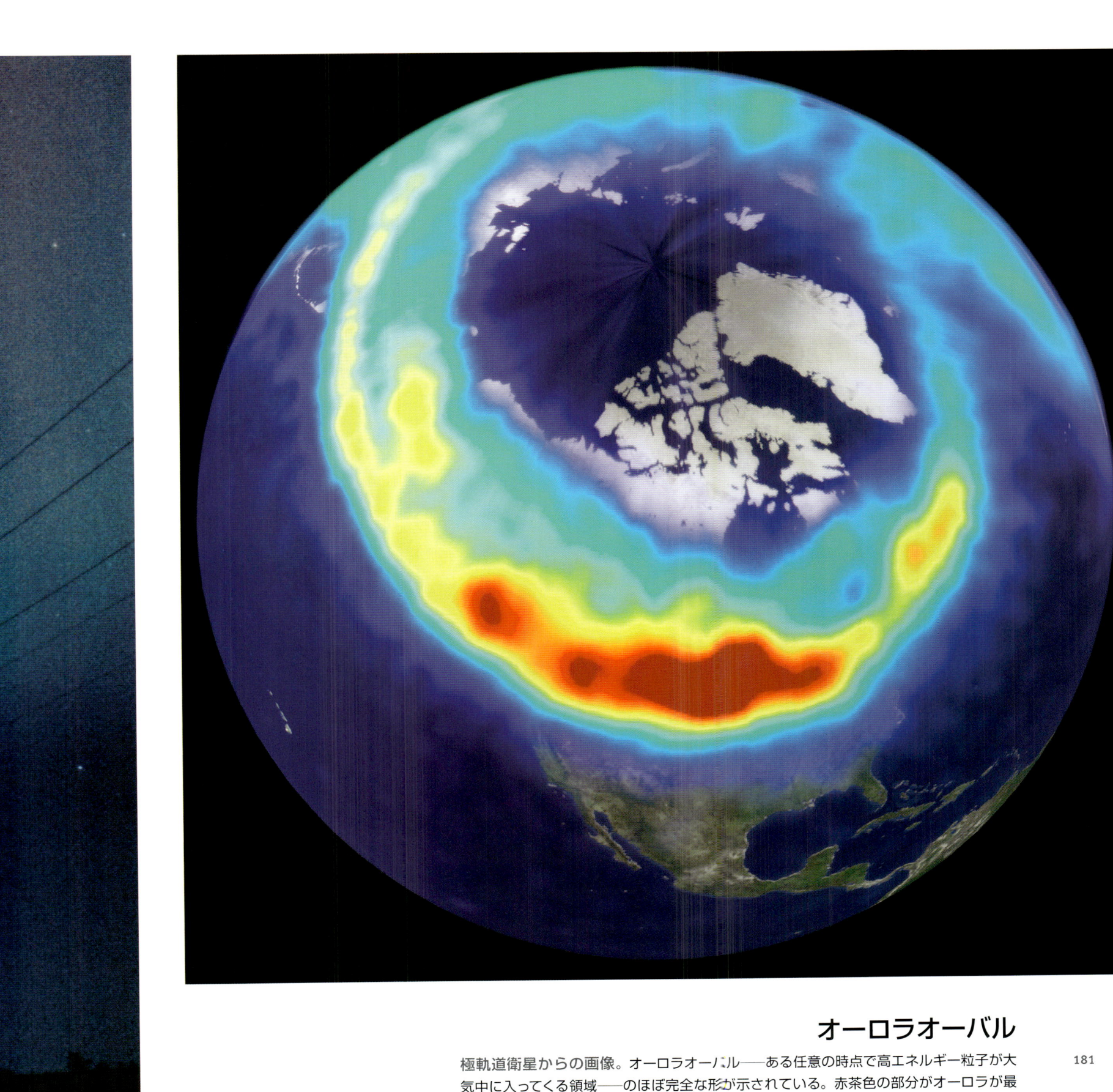

極軌道衛星からの画像。オーロラオーバル──ある任意の時点で高エネルギー粒子が大気中に入ってくる領域──のほぼ完全な形が示されている。赤茶色の部分がオーロラが最も活動的な領域で、黄色と青色の部分がそれよりも弱い領域。最も活発なオーロラが生起するのは、真夜中過ぎであるが、非常に強いオーロラ現象の場合、正午前後でもその光が衛星に捉えられることがある。しかしそれは地上からは見ることはできない。

宇宙から見たオーロラ・オーストレイリス（南極光）

スペースシャトルから撮影したオーロラ・オーストレイリス。オーロラ現象は北半球と南半球を結ぶ磁力線の両端で同時に生起する。スペースシャトルは低い軌道（500km以下）を飛行するため、たびたびオーロラの真ん中を突き抜けることがある。

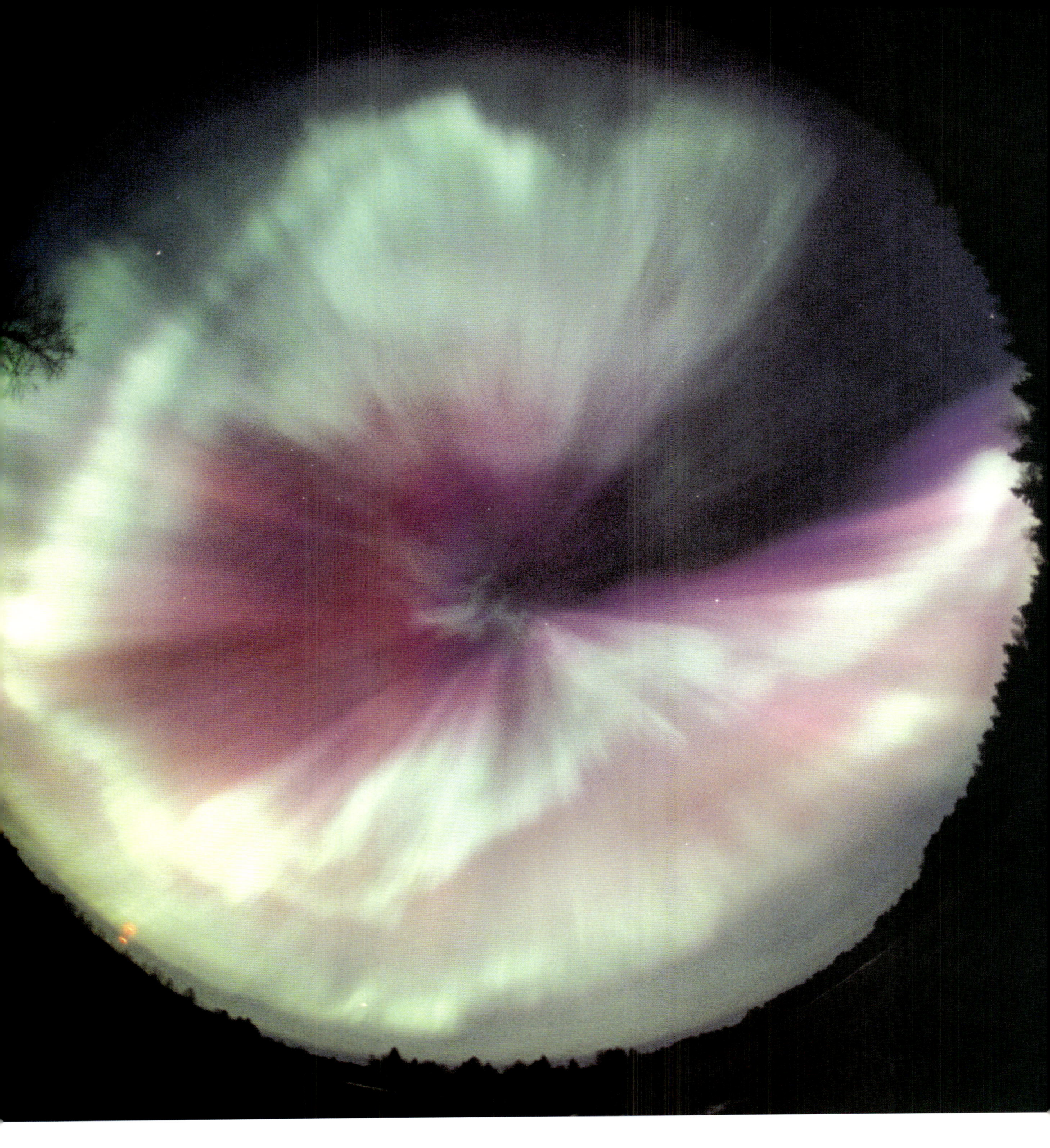

全天球画像／オーロラ・ボレアリス

オーロラの活動を監視するため全天球画像を常時入手したいとき、魚眼レンズがしばしば用いられる。オーロラ現象は通常オーロラ帯、すなわち各磁極から約15〜30度のオーロラが最も頻繁に観測される地域に出現する。大規模な太陽嵐の期間中、その地域は広がり、磁気赤道にまで達することがある。

グローリー（御光）

コロナ（光冠）とよく似ていて、環の色も同様の現象にグローリーがあるが、こちらは太陽や月のまわりではなく、対日点のまわりに生じる。グローリーは雲、霧、もやの水滴によって光が回折することによって起こるが、観察される環の半径、色の強さを説明する正確な理論はまだ確立されていない。雲やもやがすぐ近くにあり、それに影が映っているとき、観察者は他の人の影の頭上には何も見えないのに、自分の影の頭上にだけグローリーがかかっているのを見る。

日没時の氷山

日没時の逆光の中、無数の氷山が黒い影となって浮かんでいる。南極半島グラハムランド、アルゼンチン島にて撮影。空があまり目にすることのない紫色に染まっているが、それは最近の火山噴火で大気中高く舞い上げられたエーロゾル（浮遊粒子状物質）によって光が散乱され、赤色が強くなり、それに普通の空の青色の光が混ざることによって生じたものである。

すべての人間活動は、直接的であれ、間接的であれ、何らかの形で気象に影響を受けている。意識されないことが多いが、気象予報は現代生活において非常に重要な役割を果たしている。時々反対に言われることもあるが、気象予報は近年ますます正確になりつつあり、また、より長期的な予報も可能になってきている。とはいえ、大気についてのわれわれの知識と、気候変化を予測するわれわれの能力には、本質的かつ不可避の限界があるため、気象は常にわれわれの予想を超えた事象を突然生起させ、そして不幸なことに予想だにしなかった災害をもたらすことがある。

　大気の組織は常に生々流転しているため、当日予報を作成するためでさえ、広域の状況の詳細なデータが必要である。まして3〜4日先の天気を予想するためには、世界全体の気象状況に関する最新で正確なデータが要求される。現在、世界気象機関（WMO）——全球規模の世界気象監視（インターネットが存在する前からあり、気象関係者にとって最も大切な"WWW"）の調整と実施に責任を持つ機関——に属する各国の間で、膨大な量のデータが往き来している。その世界気象監視計画（WWW）は以下の3つの相互に関連する主要要素から構成されている。全球観測システム（GOS）、全球資料処理システム（GDPS）、全球通信システム（GTS）。

　全球観測システムは、標準化された手法により何千という観測地点からのデータを得るためのシステムである。観測点としては、有人の気象観測所、陸上の自動気象観測所、船舶、海上の定置ブイや浮遊ブイ、航空機、ラジオゾンデ、静止衛星、極軌道衛星などがある。このシステムによって世界中から集められた膨大な量のデータは、全球通信システムにより気象データ処理センター（全球資料処理システム）へと送られ、そこで世界屈指の処理能力を誇るスーパーコ

7 | 全球観測

ンピュータと熟練した気象予報官によって、各国、各地域ごとの予報が出され、重大な気象警報が発せられる。そうした警報のなかには、波高の予測、熱帯低気圧の進路予想、火山灰プリュームの航空機ルートへの影響など、非常に特殊なものも含まれる。またエルニーニョ現象や同様の事象の、強さとその時期についてのより長期的な予測も、大気中に作用するさまざまな機構に関する知識の深まりとともに、より多く準備できるようになった。

　収集されたデータと予報は、再度全球通信システムを通じて各国、各地域のセンターにフィードバックされ、それらをもとに各気象台、気象予報官が細かな予報を作成する。世界中どこからでも自由にデータを入手することができ、また、世界に向けてデータを迅速に発信することができるということは、世界的な協力体制が成功している1つの大きな実践例である。

　ここ数10年の間に、軌道衛星は全球気象観測において大きな役割を果たすようになってきた。初期の衛星は単に気象状況の画像を送信してくるだけであったが、現在の静止衛星、極軌道衛星は、非常に幅広い大気のパラメーターを測定することができる。例えば、大気のさまざまな層の温度と地上気温、風の強さ・風向（こちらもさまざまな層の）、波高・波向、大気透明度、種々の汚染物質の存在、さらには地上気圧までも。陸上の観測所の不均等な配置、そして特に海洋をカバーする観測点の希薄さとは逆に、気象衛星はまさに全地球を、1年中、昼夜を問わず監視しつづけて

気象画像：昔の…

全地球的規模の気象システムを人類史上初めて示した、これまでで最も古いモザイク画像。実験用極軌道衛星タイロス9から送られてきたデータをもとに作成した1965年2月13日の大気の様子である。現在の基準から考えると貧弱に見えるかもしれないが、世界の気象・気候を研究する方法を一変させた画期的な画像である。

前ページ／世界の気象

多数の気象衛星から得られたデータをもとに作成した世界気象モザイク画像。色彩と明暗は、宇宙にいる観測者からはこのように見えるであろうという画像に似せて作られている。陸地は植生に覆われた緑の大地と、熱帯の乾燥した大地を示す褐色で色分けされている。雲は2日間にわたって観測された。

…そして最新の

5基の気象衛星から送られてきたデータをもとに作成した気象システムのモザイク画像。衛星の名前は地図の上方に表示されている。衛星によって常時全世界がカバーされているため、現在こうした画像は30分ごとに新しいものが入手できる。上の画像は2005年1月18日グリニッジ標準時15時00分の画像である。地球の半分が常に暗闇の状態にあるため、基礎となるデータは赤外線観測を用いて収集され、コンピュータ画像処理によって人間の目から見た画像に近い形に再現される。

気象大図鑑

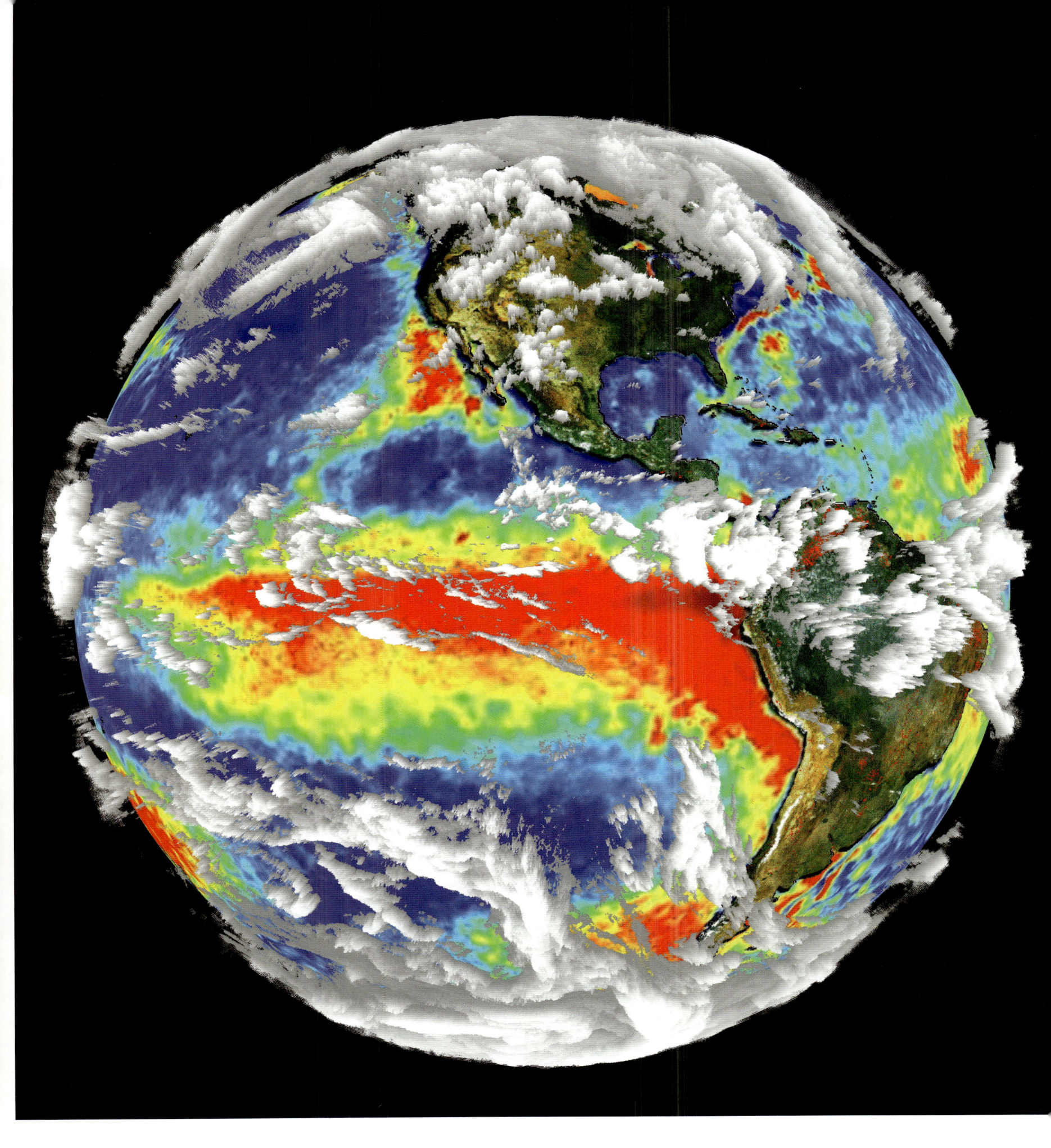

全球雲被覆3-D画像

複数の気象衛星からのデータをもとに作成した、地上気温（さまざまな色で表示）と雲被覆3-D表示（白色）の合成画像。雲被覆を全地球的規模で3-D表示した世界初の試み。気温は赤（高）から濃い青（低）までの色分けで示している。太平洋赤道付近に現れている赤い帯は、発達しつつある強いエルニーニョ現象である。雲の高さはかなり誇張されて表示されている。

メテオサット衛星からの全球円形画像

1989年1月15日に得られた全球円形画像。3つの異なったスペクトルチャンネルによって得られる画像は、気象予報士に非常に貴重な情報を提供する。可視光線画像（下）は、人間の視角の範囲にきわめて近いスペクトルで得られる画像である。注目すべき箇所は、赤道にそって見られる雲塊とサンダーストームのバンドで、熱帯収束帯（ITCZ）の位置を示している。そこは北半球と南半球からの貿易風が収束し、地球大循環の一部をなす強い上昇のある領域である。南北両半球の2つの循環セルは、ハドレーセルとして知られている。亜熱帯高気圧ゾーン（特に北アフリカとアラビア）の上空が晴天になっているが、その場所はハドレーセルの下降部分になっている。そこでは空気は下降しながら温められるため、雲の生成は阻止されている。

気象大図鑑

大気水蒸気量を示すためのスペクトルチャンネル（赤外水蒸気吸収帯）を用いた画像。黒く表示されている部分が湿度の低い場所で、白い部分が湿度の高い場所。熱帯収束帯にそって存在する湿った上昇する空気が雲頂の高い雲となりハイライトになって目立っている。また南北両半球の低気圧帯に関連する、乾燥した区域と湿度の高い区域が交互に渦をなしている領域も目立つ。最新の第二世代メテオサット衛星（MSG）は、12の異なったスペクトルチャンネルで画像を記録し、大気のさまざまな層の状況についての非常に詳細な情報を提供する。

赤外画像では、最も気温の高い領域は黒く、また気温の低い領域は純白に表示されている。熱帯収束帯にそって存在する冷たい雲の頂がハイライトになって目立ち、サハラ、アラビア、中東の各地域が気温が高いため黒っぽく表示されている。海面温度の違いが灰色の濃さで示されている。南北両半球に見える長い雲の流れは、ほぼ寒帯前線の位置と一致している。南極、北極からの寒帯気団が、亜熱帯高気圧を発源域とする熱帯気団と出合う領域である。

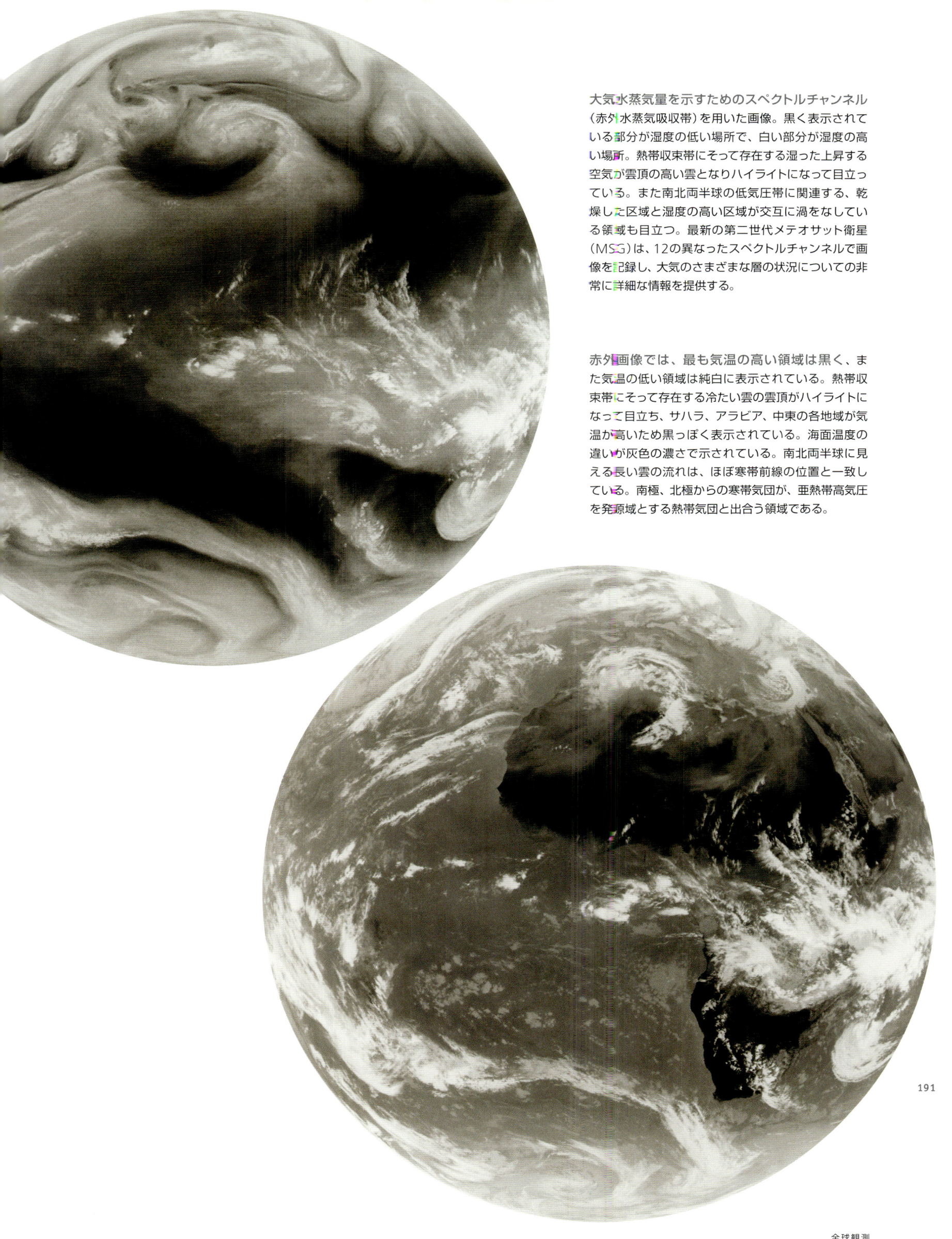

静止衛星画像／アフリカ・ヨーロッパ

静止衛星は赤道上3万5,900kmの上空にある。この高度の人工衛星は、軌道周期が正確に24時間になるため、ほぼ完璧に地球上の特定の点の上に静止することになる(ただし地球の重力場が一定でないため、ゆっくりと位置をずらすが、それは推力を用いて補正される)。このメテオサット画像の中心は、経度0度(グリニッジ子午線)、緯度0度の地点である。衛星はさまざまなスペクトルチャンネルで地球を観測し、それらはまず白黒の画像で送られてくる。次にそれらの画像はコンピュータによって統合され、ほぼ実際の色に近い色の画像が得られる。

静止衛星画像／南北アメリカ大陸

赤道上西経75度の上空にあるゴーズ(GOES)-E衛星から得られた偽色画像。経度0度上空のメテオサット衛星とは別に、3基の静止衛星があり、それらが世界中をくまなく観測している。西経135度上のGOES-W、東経76度上のGOMS、そして東経140度上のGMSである。熱帯および亜熱帯に関してはこれらの衛星によって非常によくカバーされているが、高緯度温帯および南極、北極は、地球の湾曲のため限界がある。そのため、それらの地域の観測は、かなり低い高度にある極軌道衛星によって遂行される。

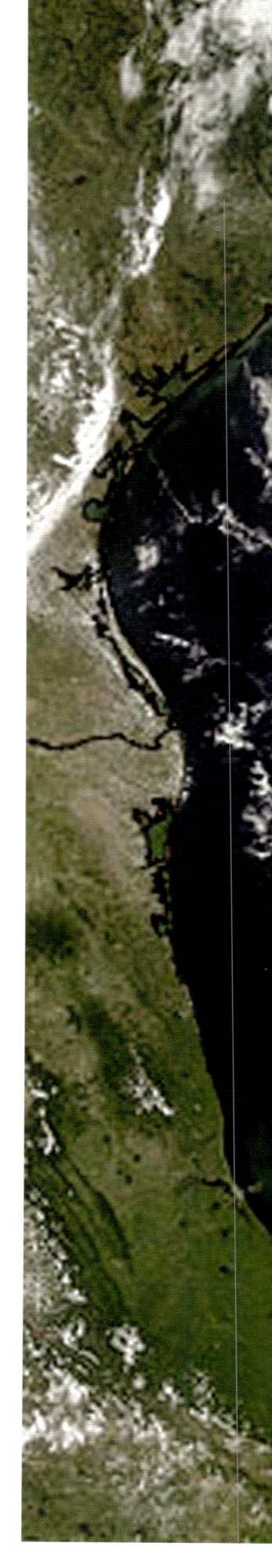

極軌道衛星による西ヨーロッパの画像

極軌道衛星は静止衛星よりもはるかに低い高度（800〜1,000km）を通過しており、極域をカバーするため大きい（90度近い）軌道傾斜角を有する。地球が軌道の下を自転するにつれ、引き続く衛星の通過経路が隣り合う地球表面を少しづつ重なり合いながら、包帯状にカバーしていき、特定の地域を毎日2回通過する。上は西ヨーロッパの画像であるが、イギリス諸島の上に高気圧（雲のない空）が横たわり、また大西洋上の雲の渦が低気圧を形成している。

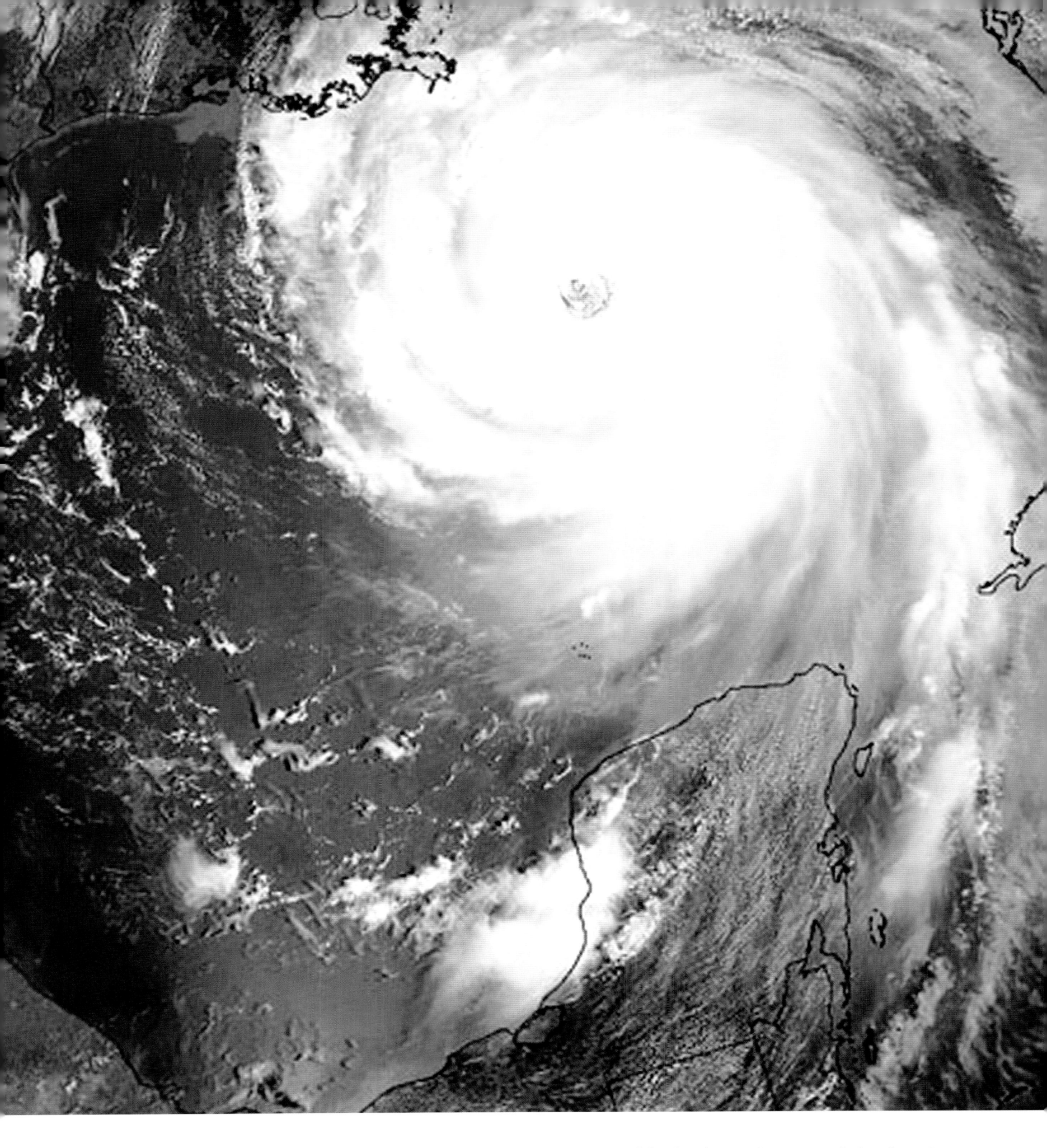

ハリケーンの追跡／ハリケーン・カトリーナ

熱帯低気圧（大西洋上に発生するものはハリケーンとよばれる）の位置、強さに関する最重要の情報が気象衛星によってもたらされる。2005年9月28日、広大な雲の渦とはっきりした眼を持つハリケーン・カトリーナがルイジアナ、ミシシッピーの両州に接近しつつある。このハリケーンはメキシコ湾岸一帯に壊滅的な被害を及ぼし、ニューオリンズを水没させた。

アイルランドの実色画像

極軌道衛星テラによって得られた画像。テラは気候変動に関係する種々の要素を観測するために特別に設計された機器を搭載している。西アイルランドの鋸歯上のリアス式海岸（最終氷期に続く海面上昇で海面下に沈んだ谷の多い地形）と山岳地帯が褐色に、そして牧草地、泥炭地が緑に見えている。写真上方にはスコットランドの山々、そして中央右側には北ウェールズの山々が雪に覆われているのが見える。

温帯低気圧システム

スペースシャトルでの作業中に撮られた低気圧の写真。通常このような写真は気象予報には用いられないが、気候系（気象システム）の発達と衰弱に関する有益な情報を提供している。この低気圧はノースカロライナ州ハッテラス岬付近のメキシコ湾流の上空に形成されたものである。雲の渦のほとんどは閉塞前線からなり、寒冷前線（写真下、カメラに近い部分）が温暖前線（最上部右のせばまった部分）に追いつき、暖気が地表から上空に持ち上げられている。

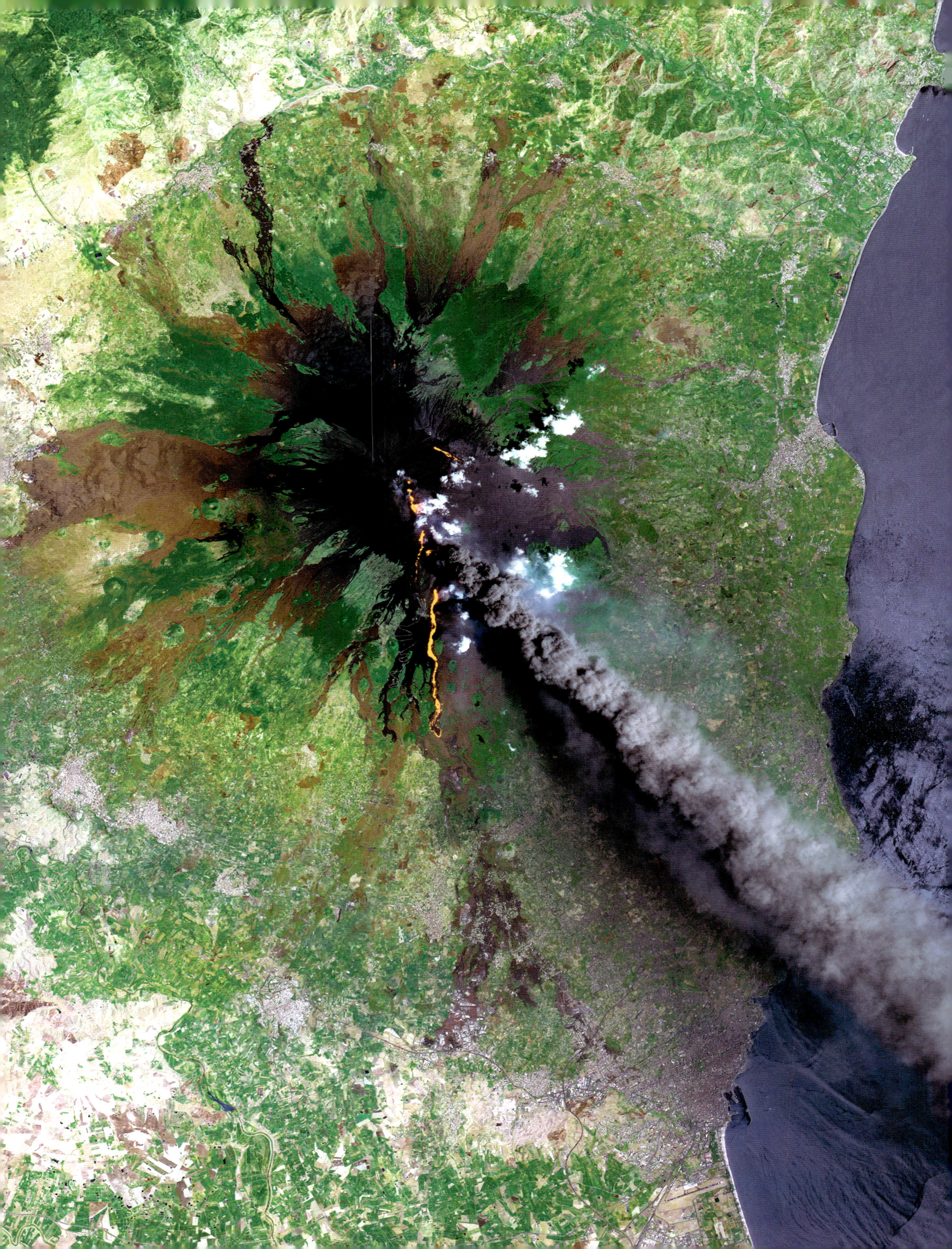

エトナ火山からの噴煙プリューム

噴煙プリュームは航空機にとって非常に危険である。シシリー島エトナ火山（3,323m）はヨーロッパで最大かつ最も活動的な活火山である。クレーターから噴出した溶岩が南に向かって流れ出しているのが見える。画像は、地球資源観測衛星SPOTから入手したものである。この画像のように晴れた日には、噴煙プリュームの追跡は容易であるが、雲が厚く、複雑な気象状況の場合、それによる危険空域を決定するのは非常に困難な作業となる。

大気水蒸気量

アクア衛星からの画像。南北アメリカ大陸上空の水蒸気量が示されている。明るい青色は湿度の低い領域、カリブ海付近に見られる暗い青色の部分は湿度の高い領域を示す。北の方では、雪と氷が黄色で示されている。また熱帯に見られる小さな黄色の断片は、激しい降水をともなうサンダーストームである。黒い帯（右）は、大西洋上のデータが消えている箇所。

気象大図鑑

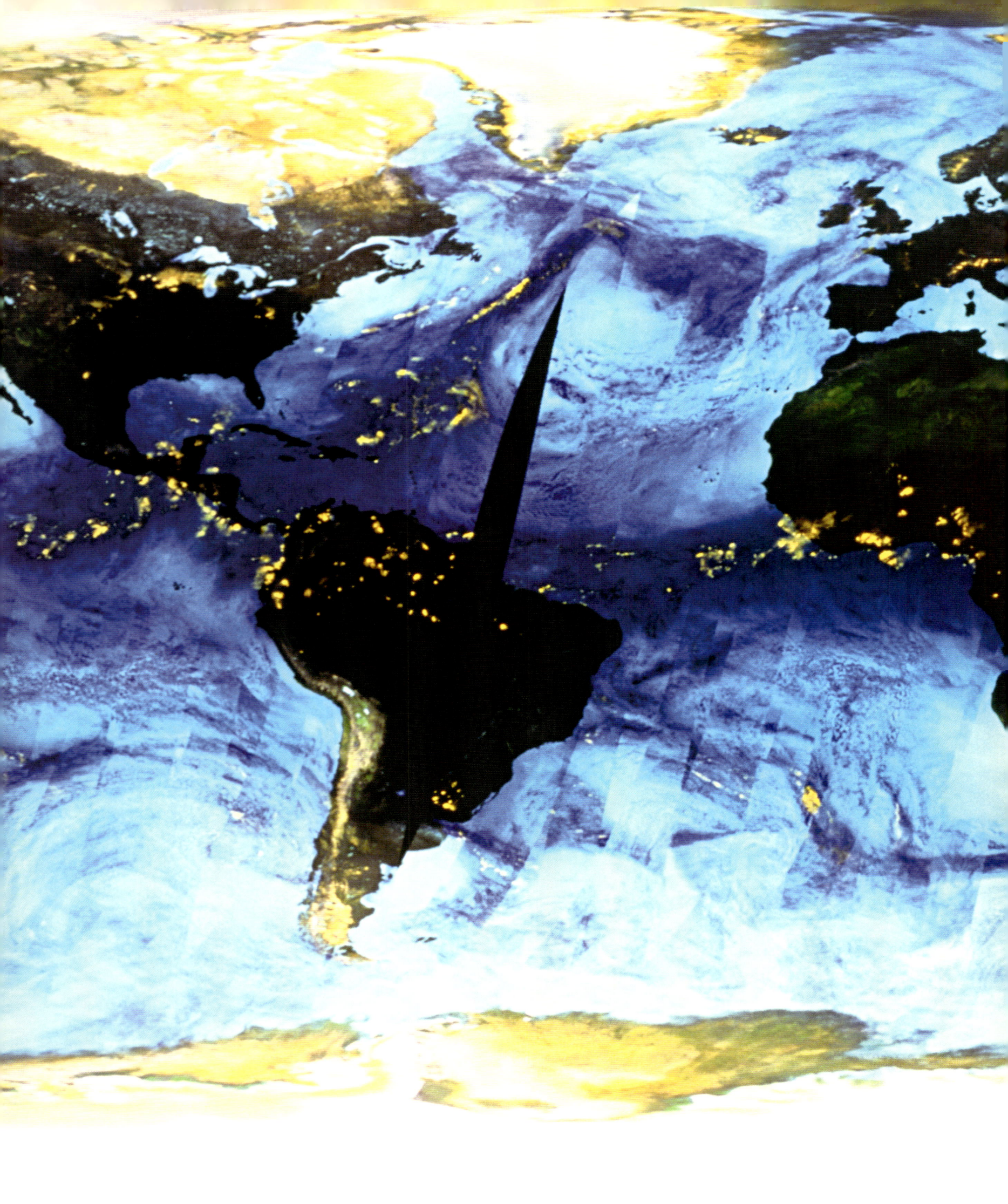

世界の海洋上の水蒸気量画像

前ページの画像同様に、明るい青色は湿度の低い領域、暗い青色が湿度の高い領域（おもに熱帯）を表している。北極と南極の雪と氷は黄色で示され、いくつかの砂漠地帯（特に南米のアタカマ砂漠、中央アジアの砂漠地帯）は薄い黄緑色になっている。名前が示すように、アクア衛星は地球の水循環を観測するために特化された衛星である。

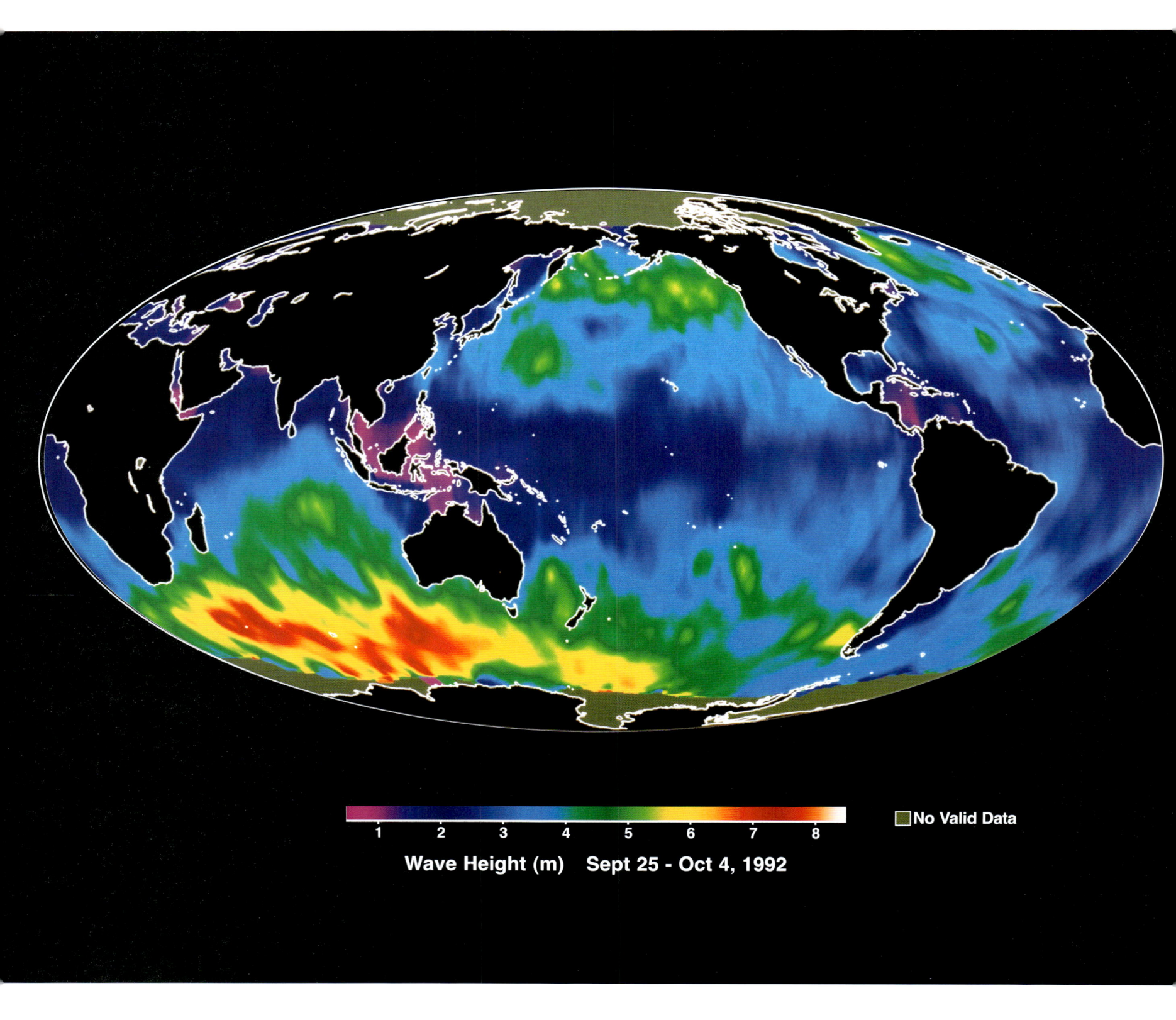

全球地図／平均波高

高度1,336kmの軌道をまわるトペックス/ポセイドン衛星には、世界の海洋の平均波高を測定するレーダー高度計が搭載されている。深紅色（1m以下）から、青、緑、黄、赤（7～8m）の順に高くなっている。データは1992年の9月末から10月始めの間に収集されたもの。波高の最も高い海域は、南インド洋と南極付近の南大洋となっているが、これはこの時期（南半球の冬/春）の特徴である。

太平洋上の風速・風向

矢印の向きで風向を、色で風速を表示してある。青は風速0〜14km/時、紫とピンクは15〜43km/時、赤とオレンジが44〜72km/時である。南太平洋の低気圧（渦がはっきりと示されている）付近とアラスカの南が最も高い風速を示している。赤道のすぐ北側、太平洋を横断するように風速の低い部分（青）が細く連なっているのがみえるが、そこが熱帯収束帯にあたる。

全球観測

メキシコ湾流の源

フロリダ半島付近の海面温度の分布。灰色および暗い青（0〜2℃）から、明るい青、緑、黄、オレンジ、赤（22〜26℃）の順に高くなっている。左下、メキシコ湾内に大規模な渦が見える。非常に温度の高いフロリダ海流がフロリダ半島とバハマ諸島の間を通り抜け、非常に大きく暖かいアンチール海流と合流し、バハマ諸島の東を通ってメキシコ湾流となる。この力強い海流は北アメリカの東部海岸にそって北上し、ハッテラス岬の東で向きを変え、北大西洋海流となる。

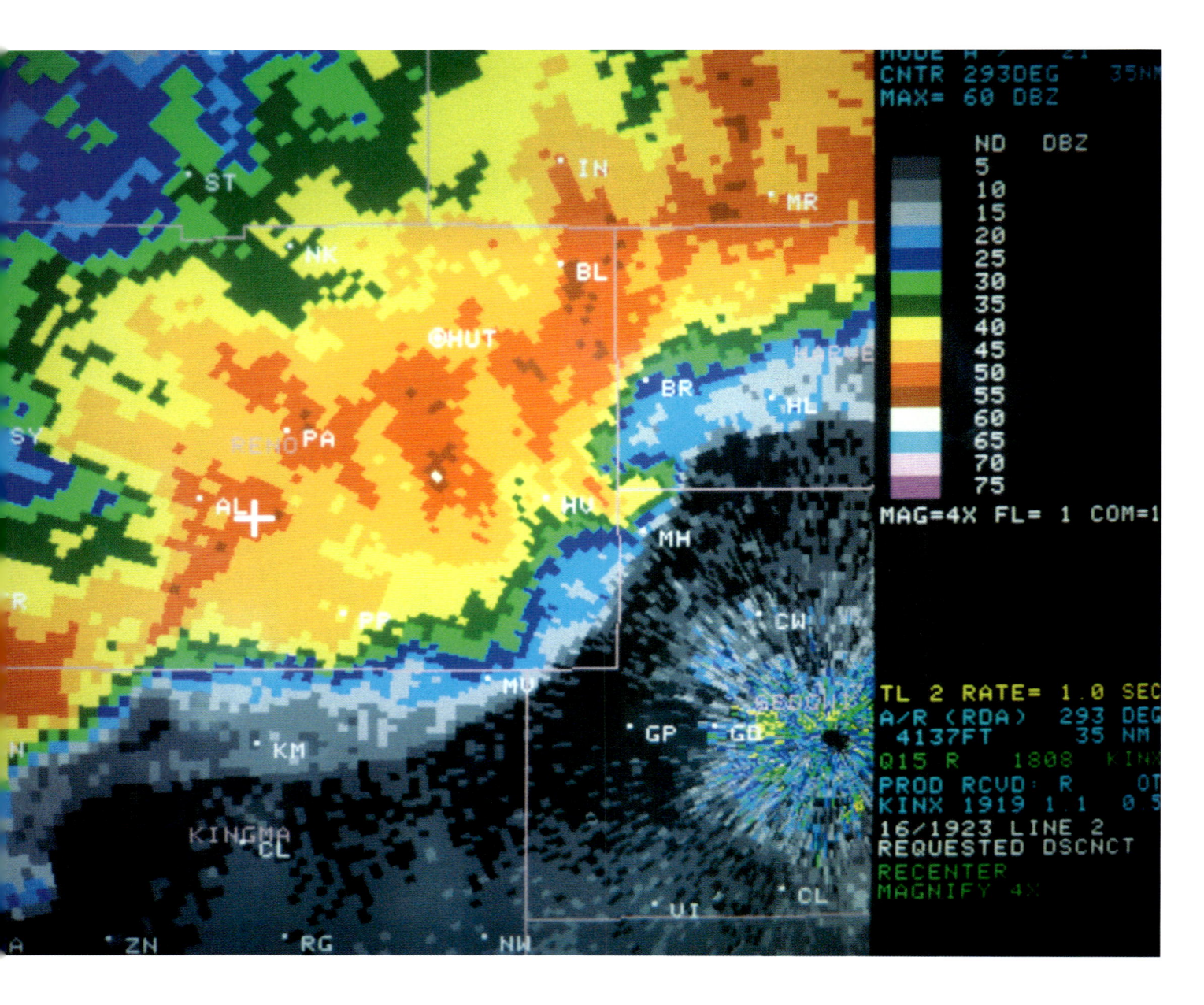

スコールラインのレーダー画像

陸上の気象レーダーからもたらされる降雨強度の情報は、しばしば「ナウキャスティング」（先行時間6時間を超えない短時間の予報）に用いられる。最新の機器（ドップラーレーダー）は降雨強度と同時に風向・風速の情報も提供する。このような情報は、激しい降雹、竜巻など、重大で局地的な現象の予報にとって非常に高い価値を持つ。

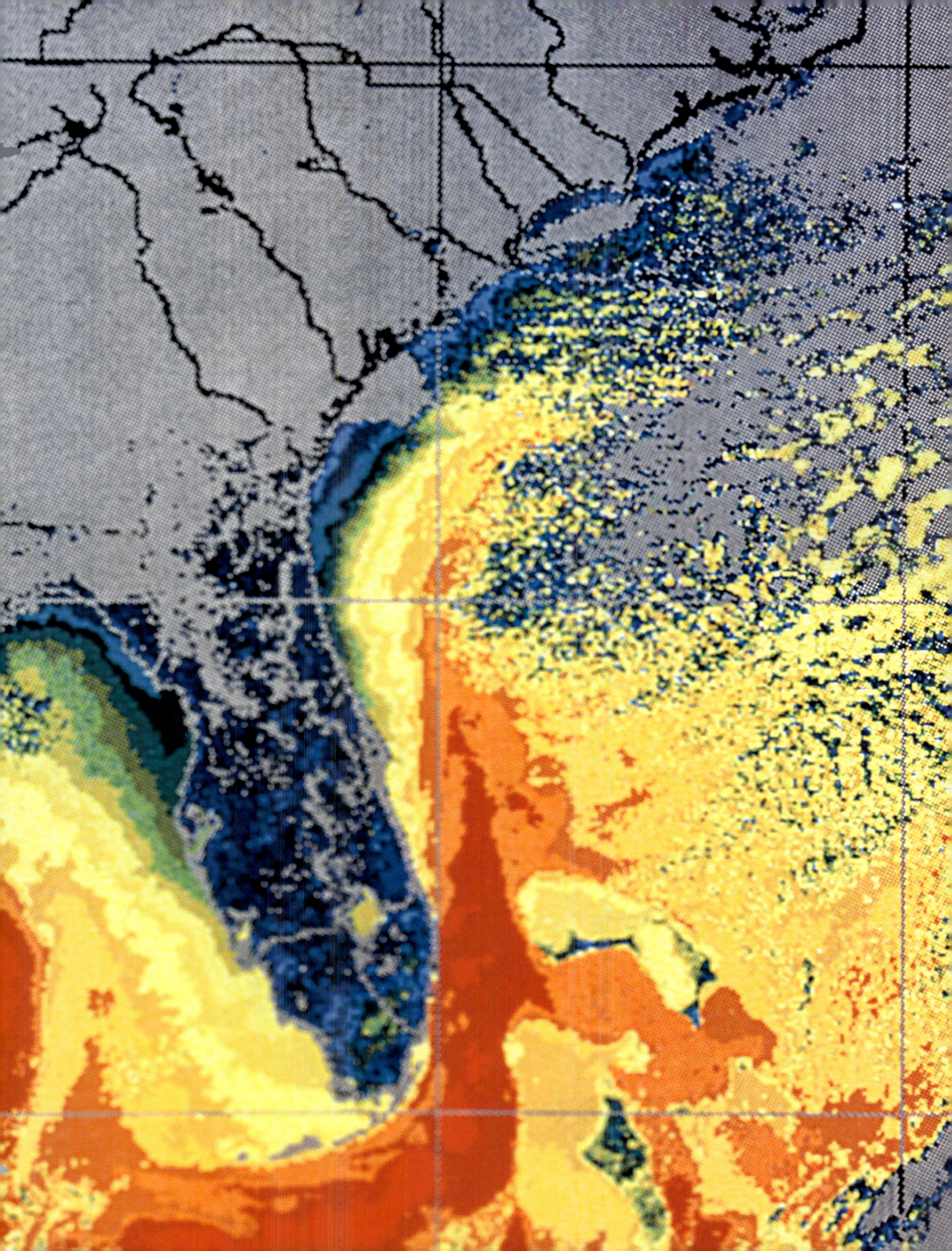

大空に放たれる気象気球

大気の種々のパラメータを測定する衛星技術の驚異的な進歩にもかかわらず、データを無線で送信するだけの比較的単純な機器である気球も、依然として気象予報に欠くことのできないものである。写真の種類の気球（発明者のジム・スコッギンズの名前を取って「ジム気球」として知られている）は、飛行中驚くほど安定している。かすかに与圧されていて、400個の円錐状突起が安定性を確保している。毎日世界中で何百個という気象気球が大空に放たれている。写真は仏領ギアナ、クールーのヨーロッパ宇宙機関ロケット発射場。

雲量測定

雲量（写真は低層の積雲）測定のための、魚眼レンズによる全天空画像。レンズは正射投影法のために特別に設計されており、全天空の画像を得るために用いられる。このレンズを用いると、画像に表れた雲被覆度は、正確に実際の雲量を表している。この情報はそのまま気象報告に用いられると同時に、気象予報にも利用される。

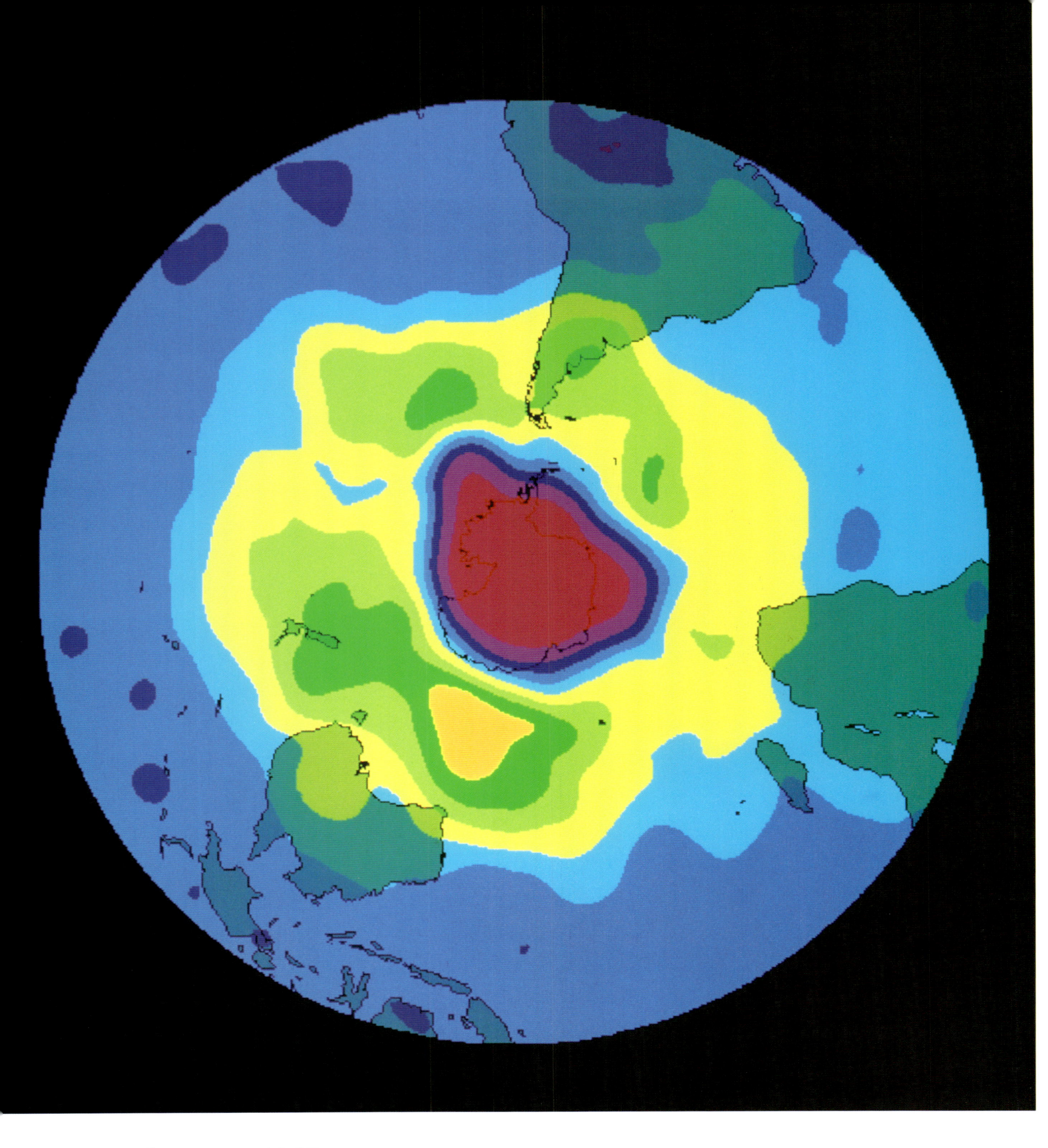

オゾンホール／南極

オゾンの破壊は、暗く閉ざされた真冬が過ぎ、極域に再び強い日光が戻ってくる春（南極では10月）に最大となる。南極オゾンホールが特に大きくなるのは、強い風をともなう極渦が何の障害物もなしに極域を循環することによって、極域が大気大循環から隔離され、それよりも北からのオゾンの補給が断たれるからである。

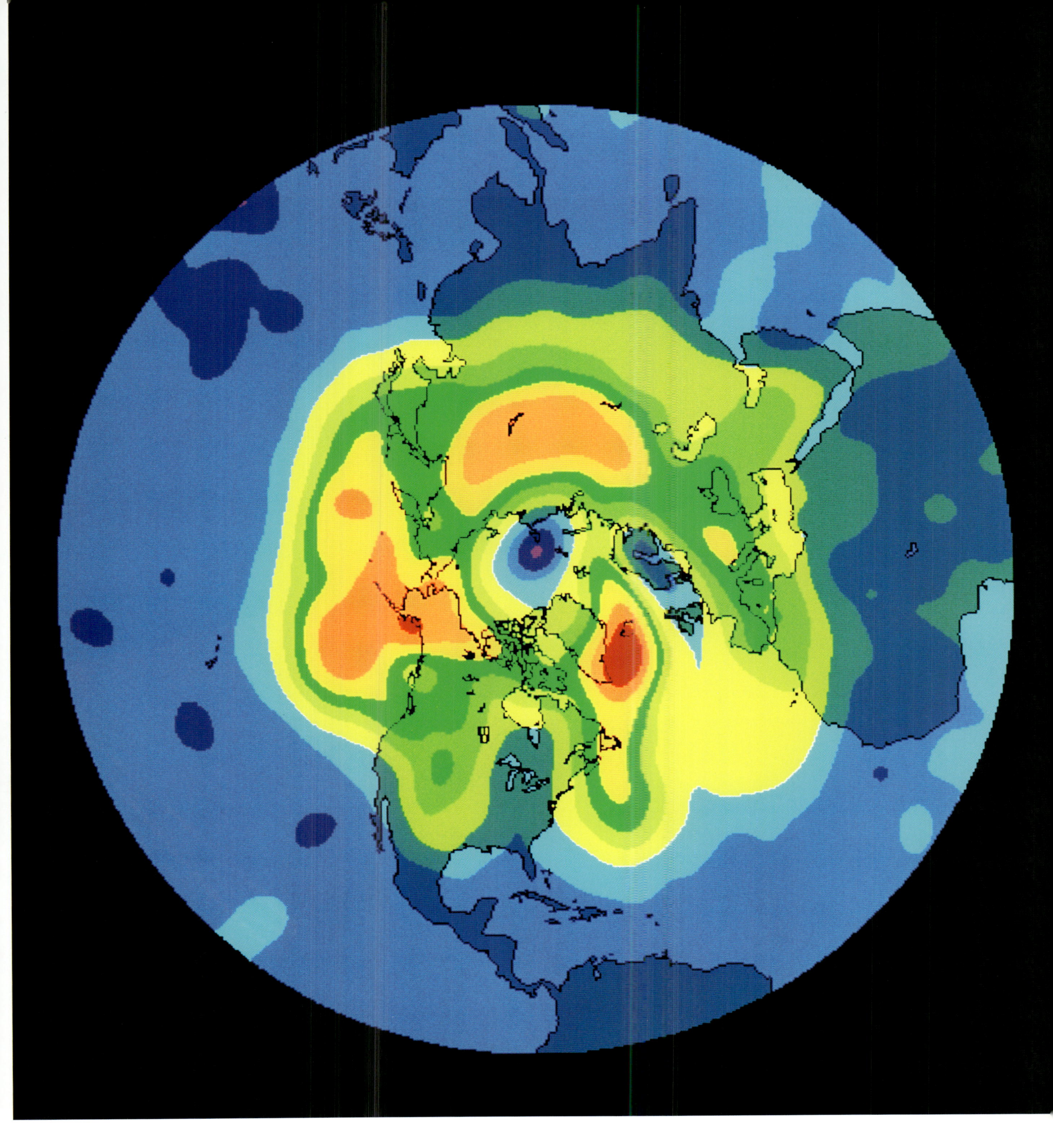

オゾンホール／北極

北極のオゾンホールは、南極のものにくらべればかなり小さい。これはおもに北極の極渦が南極よりもずっと弱いからである。つまり北半球の陸塊（特に北米ロッキー山脈のような山脈）が極渦の循環を阻害し、極域の空気とそれよりも低い緯度の空気を南極にくらべはるかに多く混合させるからである。

全球観測

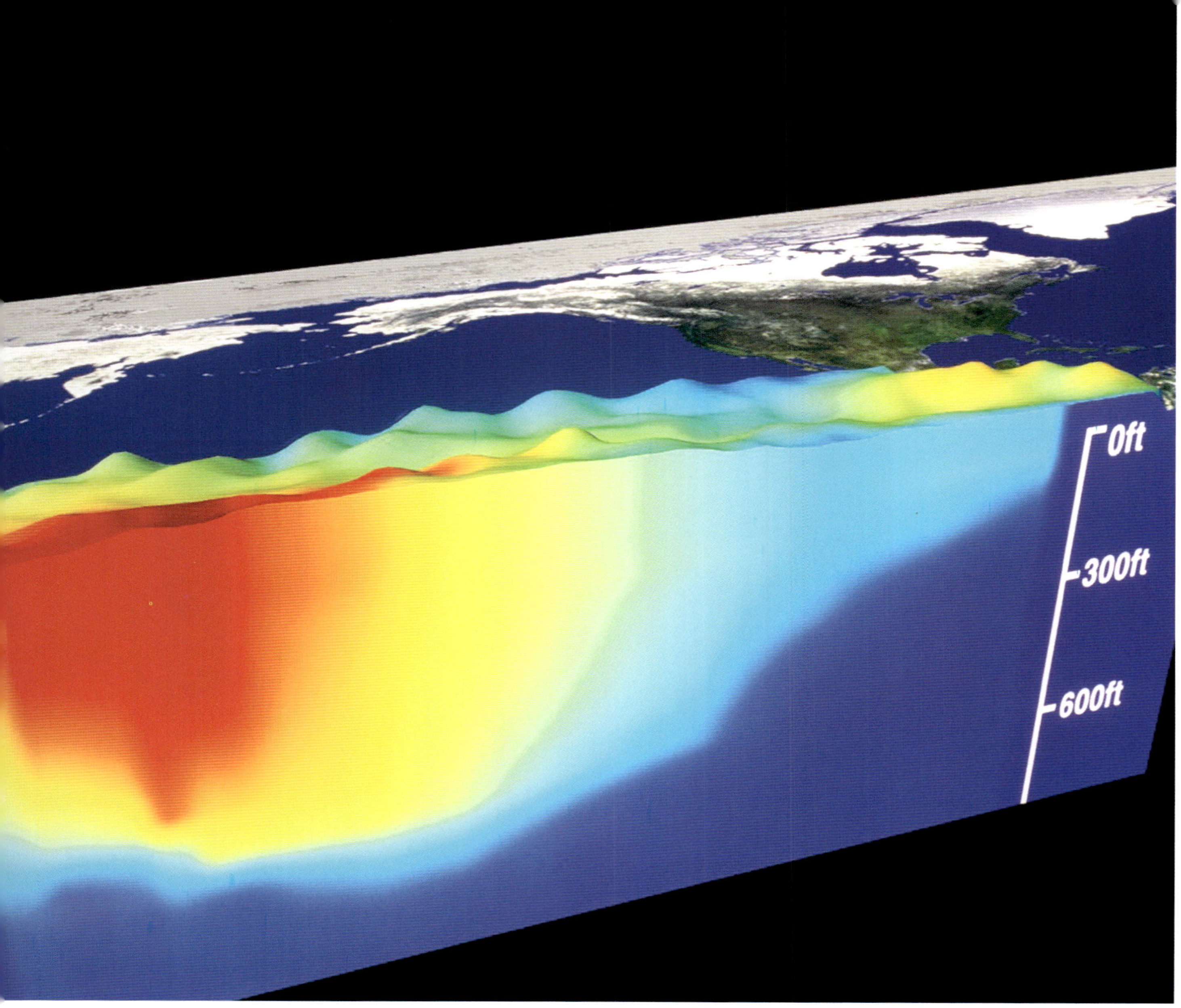
0ft
300ft
600ft
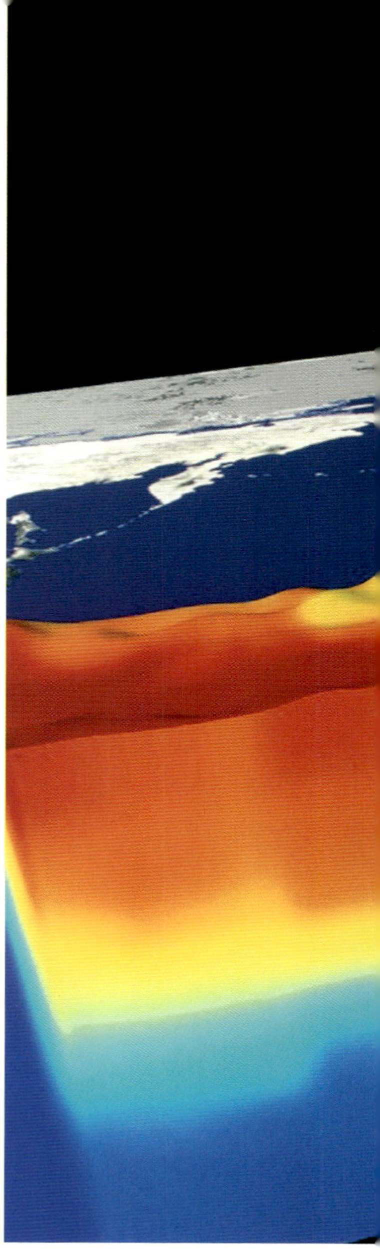
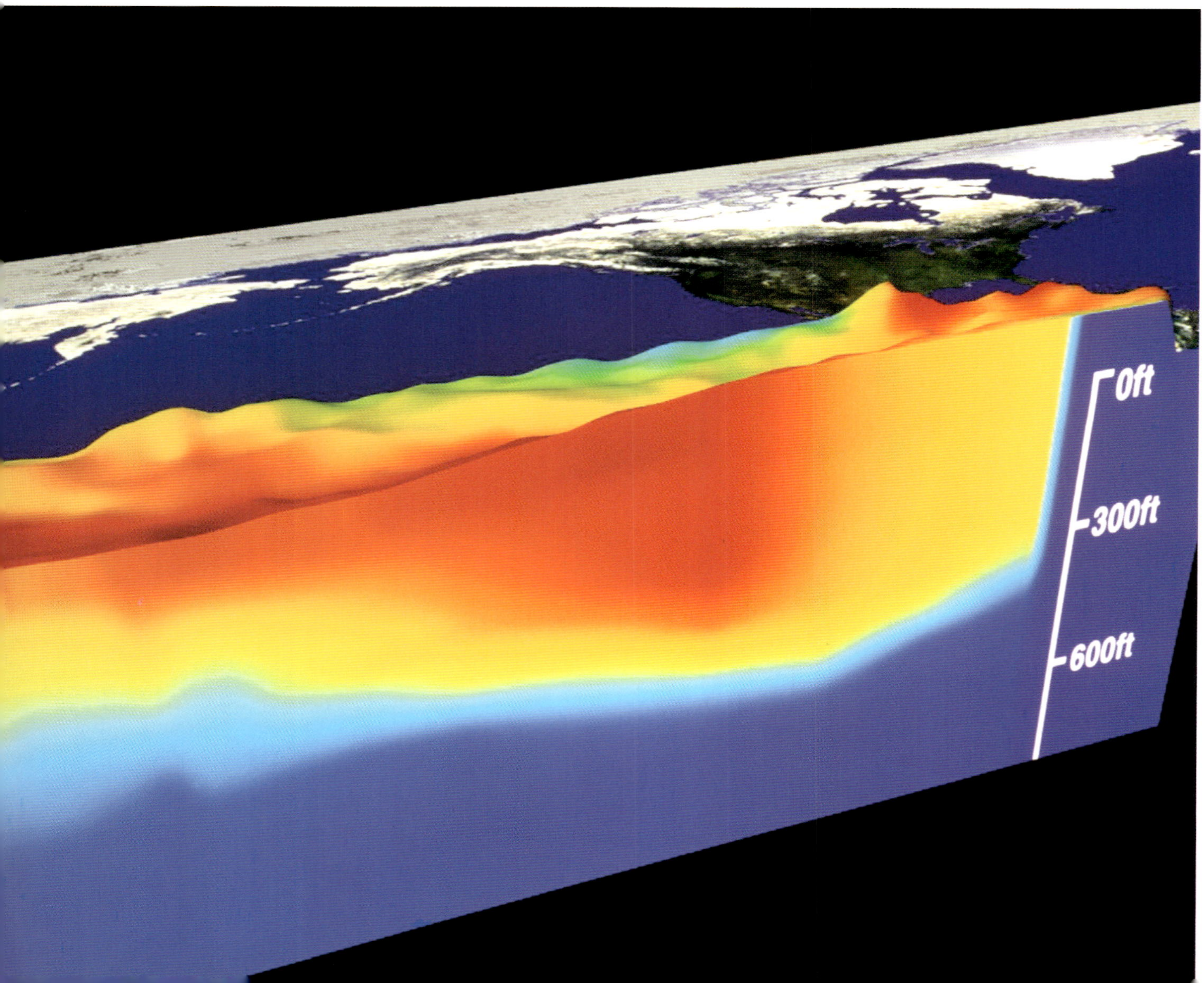
0ft
300ft
600ft
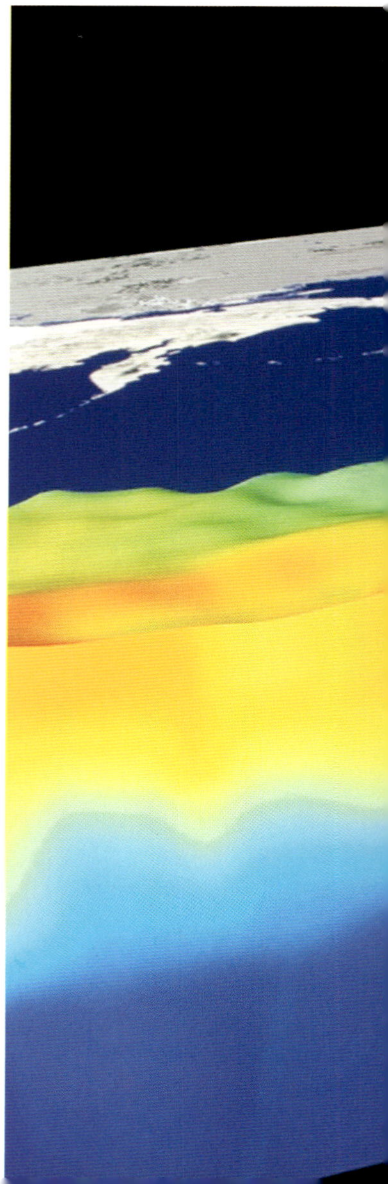

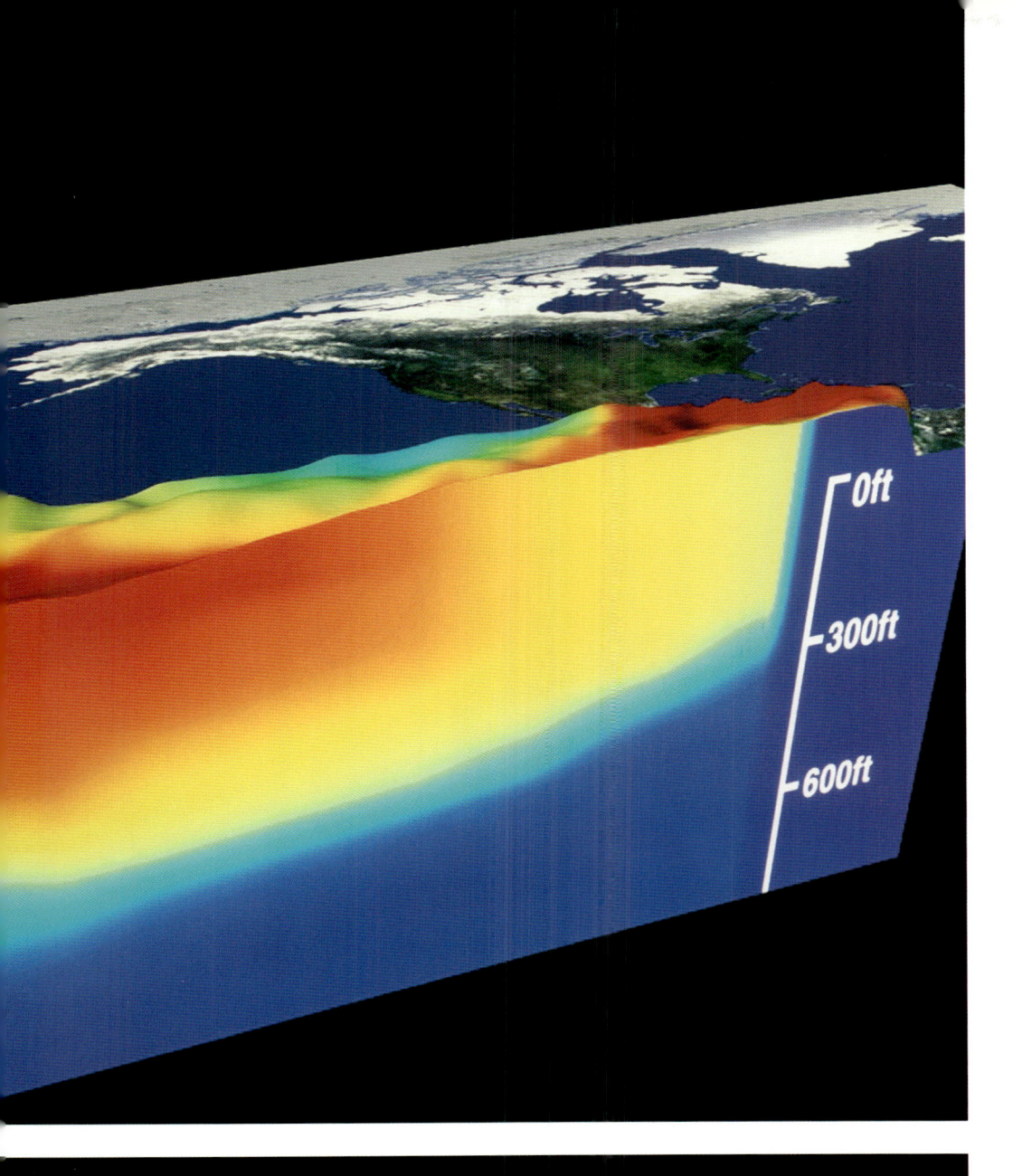

エルニーニョ現象の発達

エルニーニョの4段階を示したコンピュータ模式図。赤道太平洋の状態を示している。画面上方の地図は、断面図に対する南米・北米（右上）とアジア（左上）の位置関係を概念的に示したものである。海水温は赤（30℃）から暗青色（8℃）まで変化している。海面の高さはレリーフ状にかなり誇張して示している。

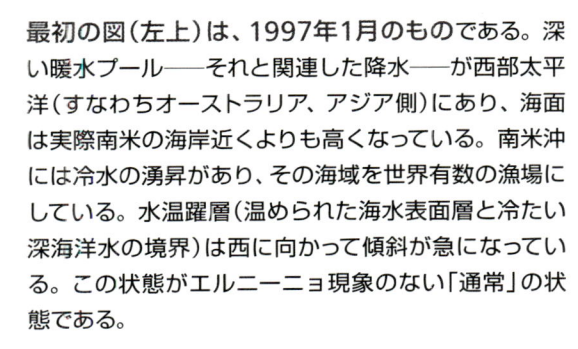

最初の図（左上）は、1997年1月のものである。深い暖水プール――それと関連した降水――が西部太平洋（すなわちオーストラリア、アジア側）にあり、海面は実際南米の海岸近くよりも高くなっている。南米沖には冷水の湧昇があり、その海域を世界有数の漁場にしている。水温躍層（温められた海水表面層と冷たい深海洋水の境界）は西に向かって傾斜が急になっている。この状態がエルニーニョ現象のない「通常」の状態である。

2番目の図（右上）は、1997年6月のもので、暖水を西へと運ぶ海面上の風は弱まり、暖水プールは太平洋を横断して東へと広がっている。南米の海岸線に沿う湧昇は止み、非常に薄い暖水表面層が持ち上がっている。水温躍層の傾度は劇的に減少している。

3番目の図（左下）は、1997年11月のもので、エルニーニョ現象が顕在化している。深い暖水プールとそれに付随する強い降水域が南米大陸に迫っている。海面の高さはこの時期、西よりも東が高くなっている。西部太平洋では乾燥した状態（オーストラリア渇水など）が続き、ペルー沖の漁業は大打撃を受けた。

1998年3月（右下）、暖水プールは南米海岸線に到達する。それと関連して、この地域ではかつてない激しい降雨が大洪水、土砂崩れを引き起こし、多数の犠牲者を出した。そこからはるか遠くに離れた地域、特に北部太平洋とインド洋でもエルニーニョ現象に連動した現象が生起した。

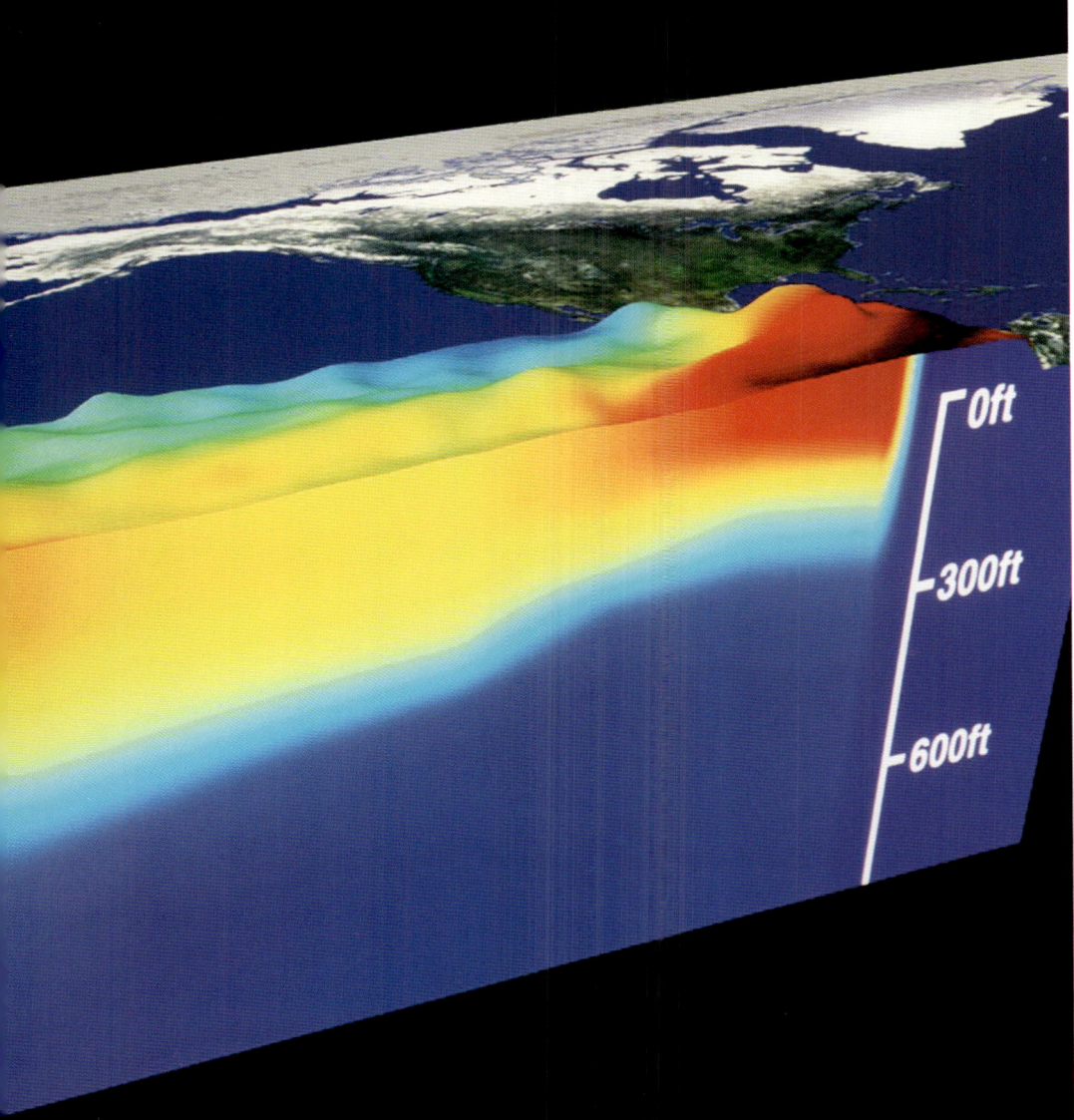

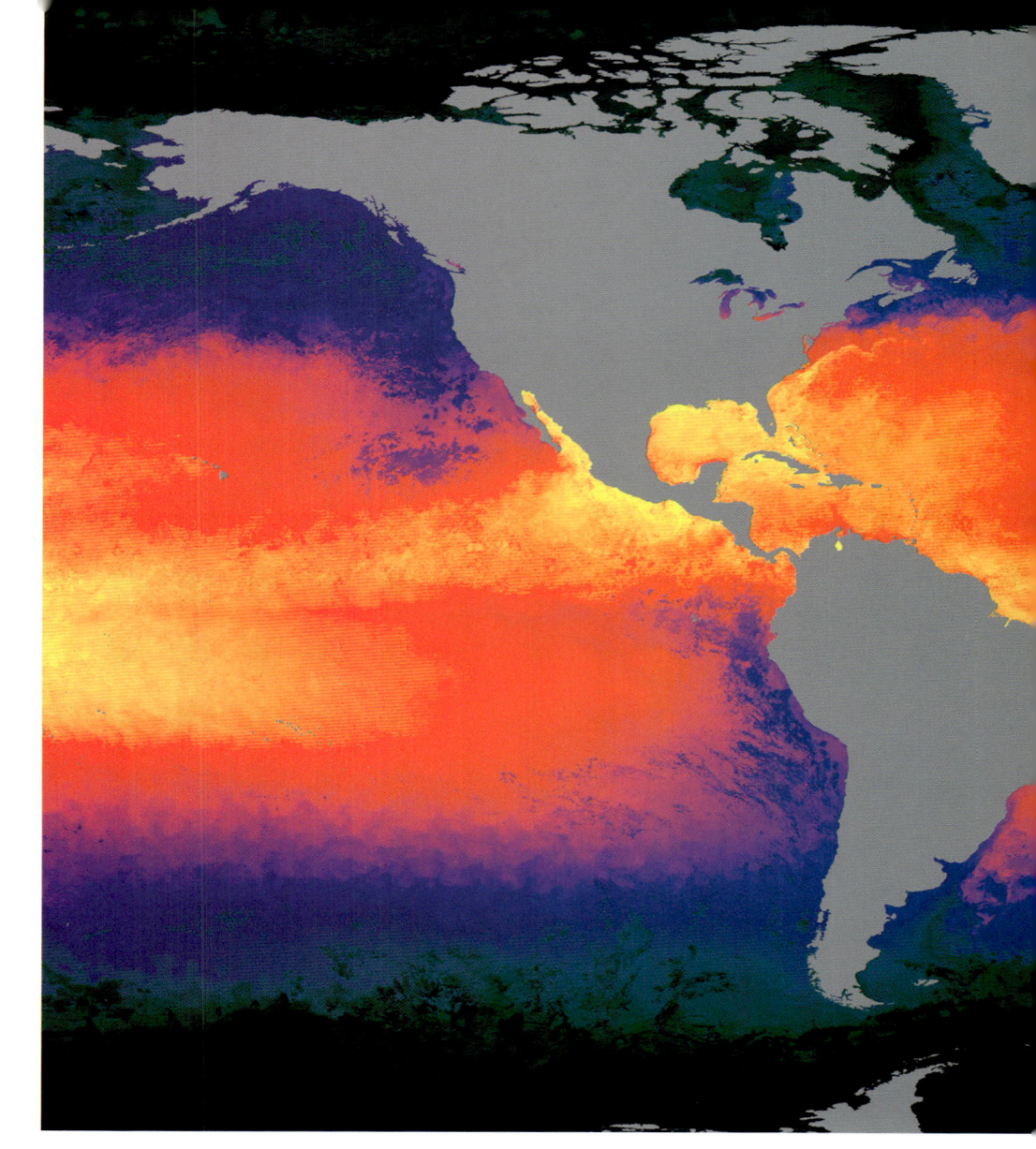

世界の海面水温／7月

すべての地域の気象・気候の大きな決定要因である海洋への近接度および海面水温を示した図。海流は大気循環が運ぶよりも多くの熱を熱帯から極域へと運ぶ。この海面水温のコンピュータモデル図は気象衛星からのデータをもとにしている。海面水温は熱帯の35℃（黄）が一番高く、赤、青、紫、そして極域の緑（−2℃）の順に低くなっている。陸地は灰色にしてある。

世界の海面水温／12月

12月（南半球の夏）の気象衛星からのデータをもとに作成したコンピュータ処理画像。最も高温の海面水温を示す黄色の部分が上の図にくらべ南に移動しているのがわかる。しかし注目すべきは、北アフリカ沖の北大西洋の一部の領域の海面水温が7月時点よりも高くなっていることである。北半球の夏の間に温められた海水が大西洋全体に広がっている。

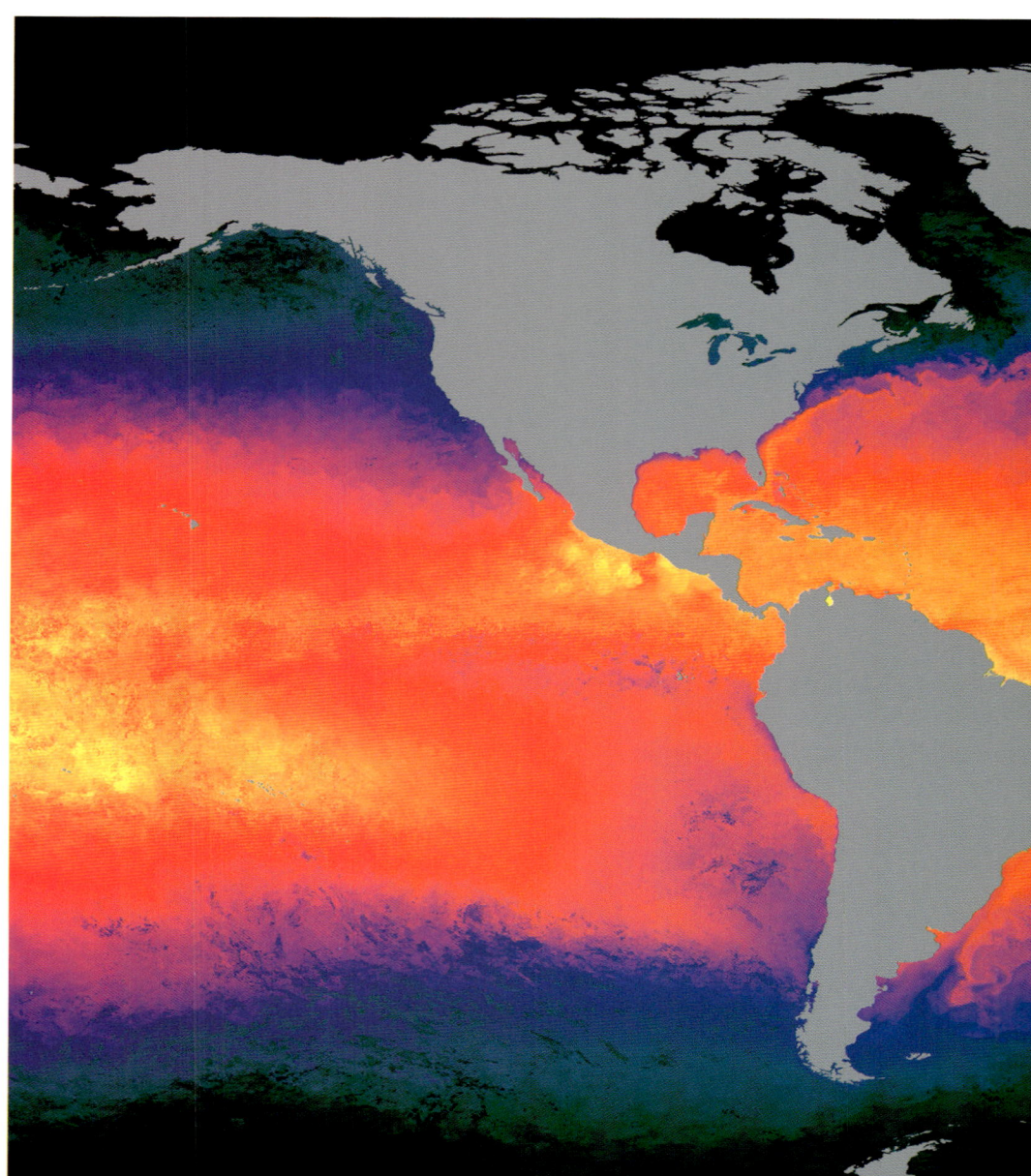

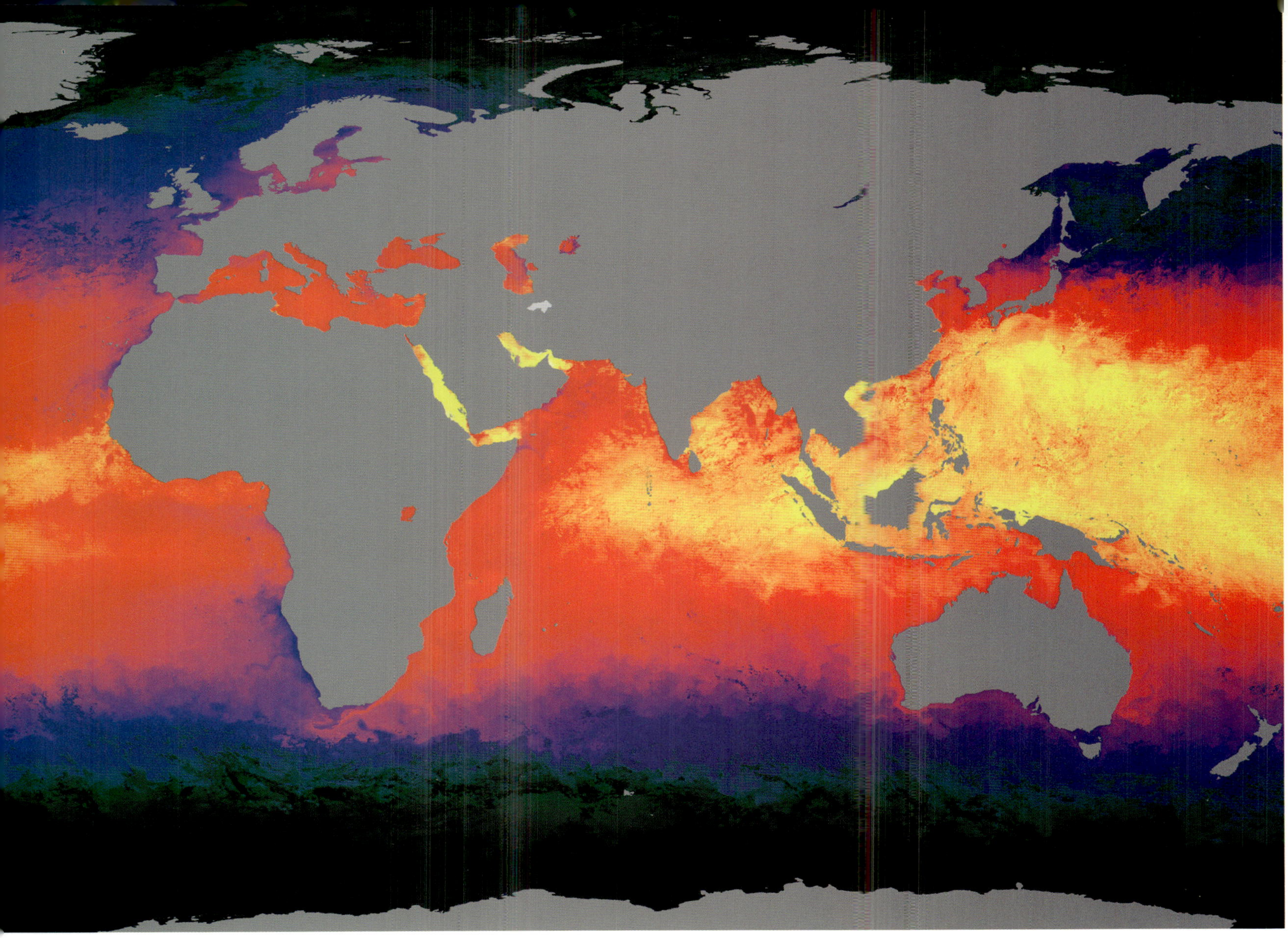

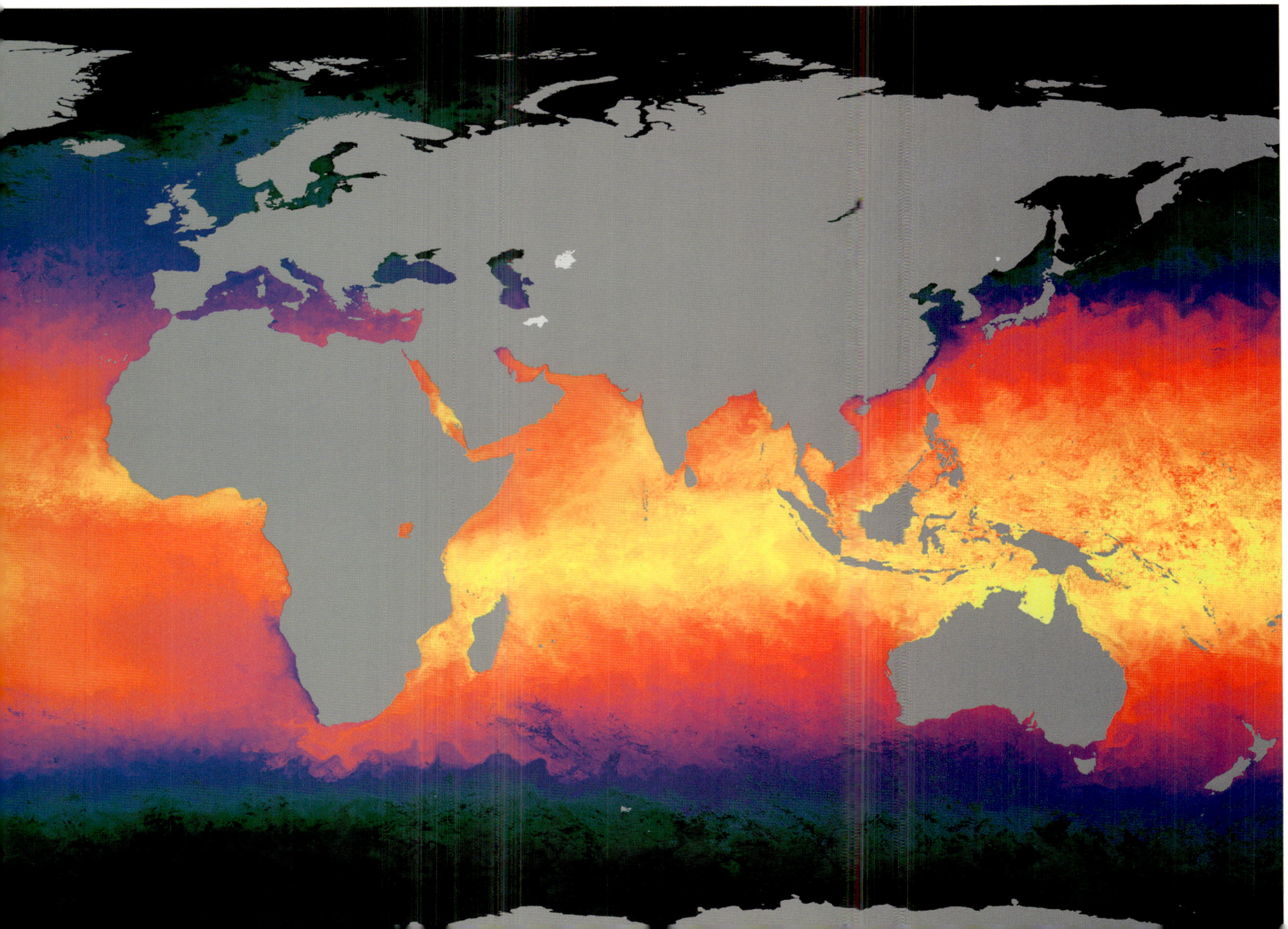

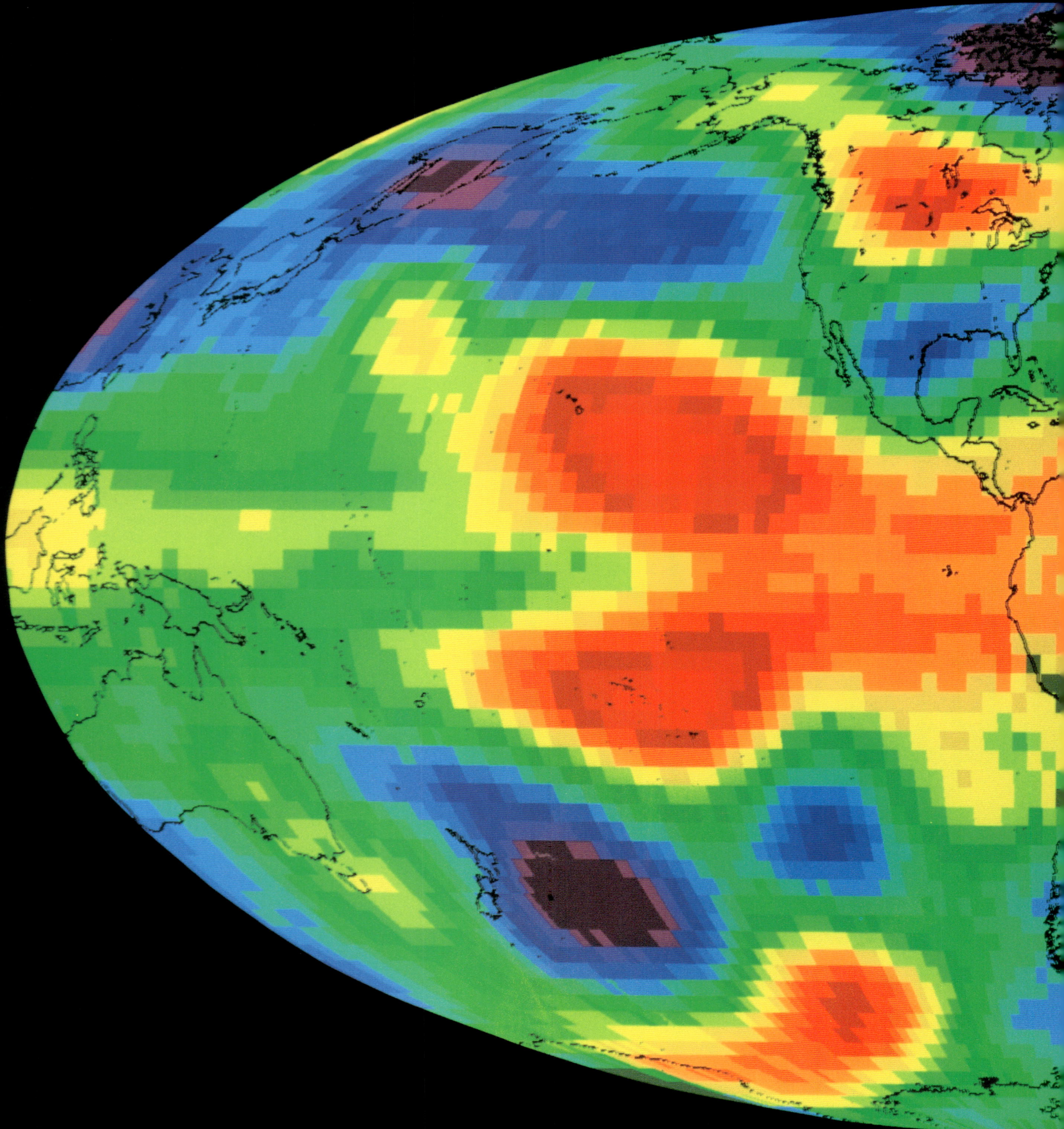

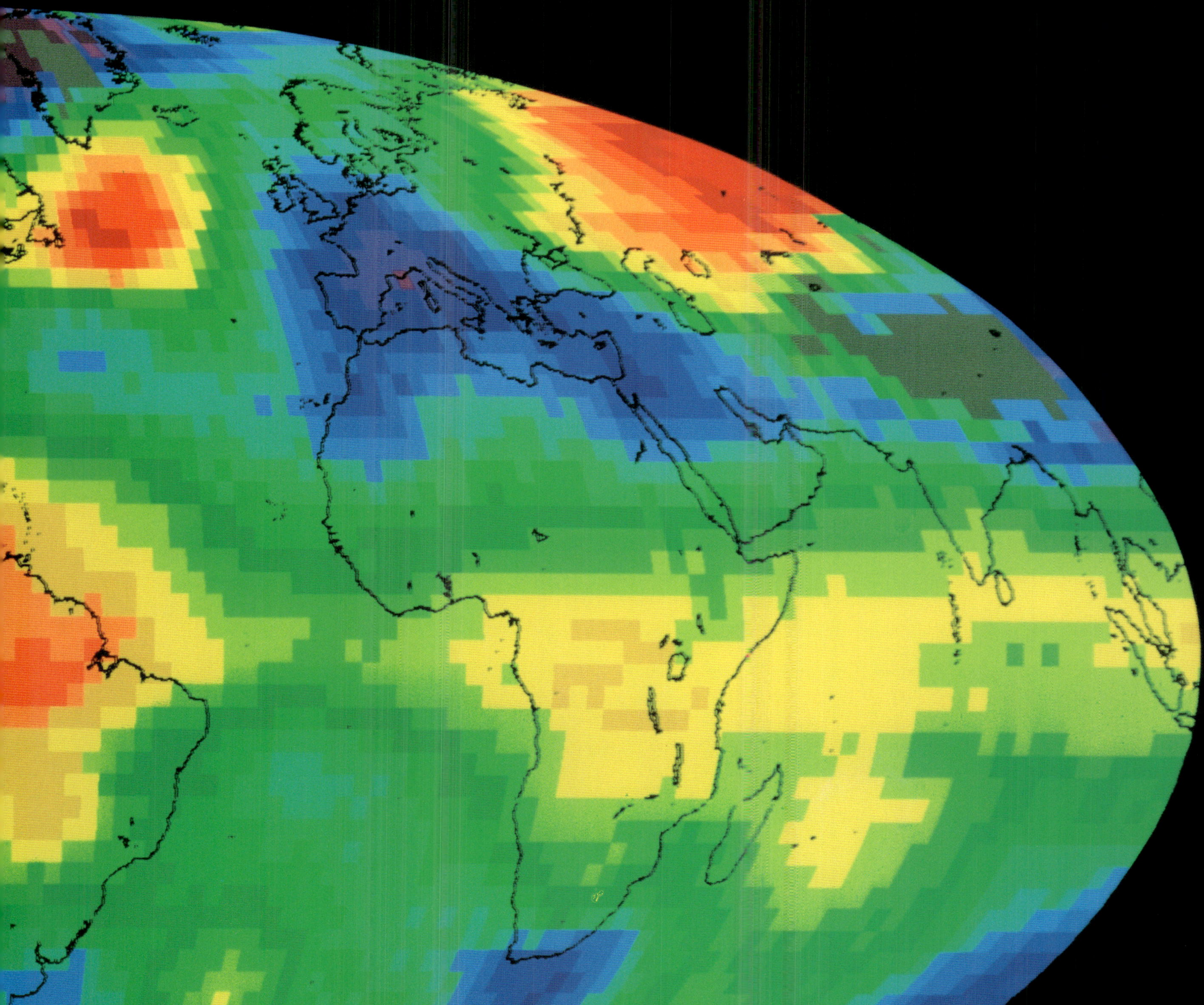

前ページ／気温偏差

偏差とは、大気のある特性（ここでは気温）の長期間平均値からの差である。図の赤い部分は、気温が長期間平均値よりも高い領域を、そして青い部分が低い領域を示す。南米沖の太平洋上の赤い部分は、エルニーニョ現象が現れたときに示される特有のパターンである。エルニーニョ現象は数年ごとに現れ、海洋循環に先述したような大きな変化を引き起こし、気候と生物資源生産性に重大な影響を与える。エルニーニョ現象に連動する事象（「テレコネクション」として知られている）は、世界中のほとんどの地域の気象に影響を及ぼすが、特に南半球全体と北部太平洋に最も強い影響を与える。

バタフライ効果とカオス理論

コンピュータ上に気象システムのモデルを作成しているときの発見をもとに、気象学者エドワード・ローレンツは「予測可能性：ブラジルの蝶の羽ばたきが、テキサスのトルネードを誘発するか？」という論文を発表した。論文の標題は、カオス理論と関連させて、小さな事象がその延長線上に大きな擾乱を生じさせることがあるということを表したもので、「バタフライ効果」として広く知られるようになった。ローレンツの論文は、結局その問いは本質的に答えられないものであるとしていた。気象予報に関する誤差は、地球全体を完全にカバーすることが不可能であること、初期データの不備、基礎となる物理学の不完全な知識、さらにコンピュータで用いる予報方程式の不可避的近似性などの理由で避けられないものである。バタフライ効果が意味するものは、小さな事象が必ず大きな結果を導くというものではなく、予測の限界性ということである。写真は南米北部の熱帯雨林に生息するブルーモルフォ蝶の一種。

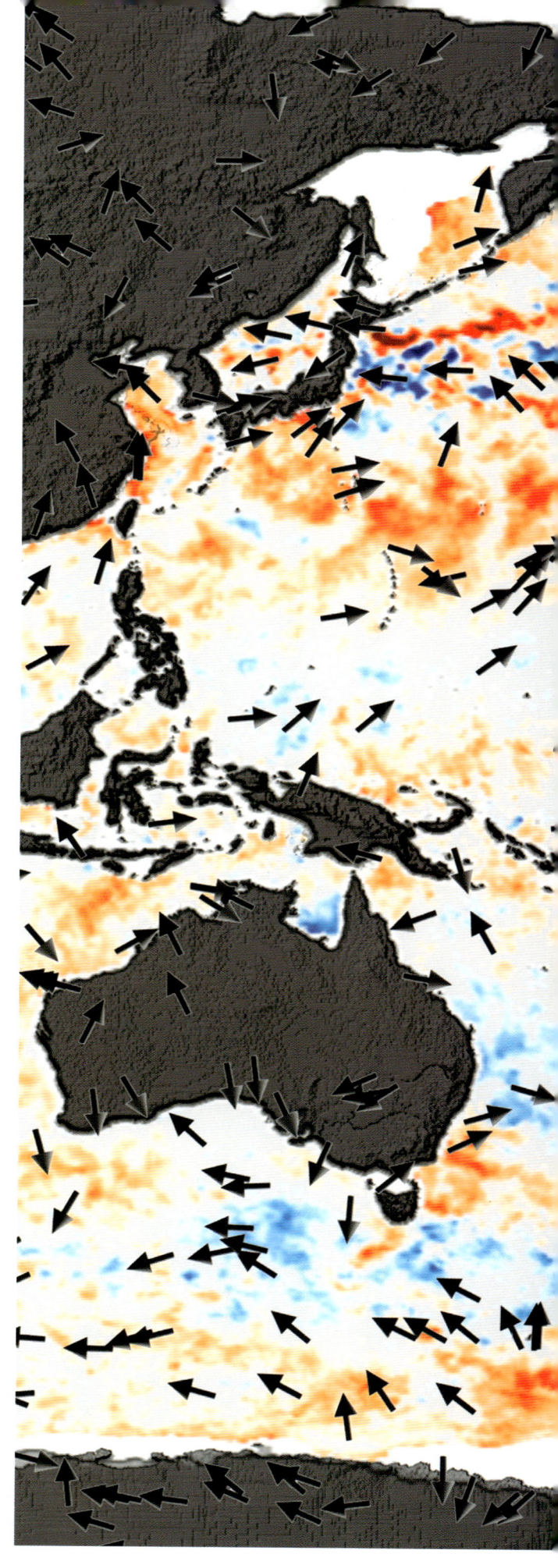

弱いエルニーニョ現象

気象衛星からのデータをもとに作成した2003年3月の海面水温と風向の相関図。オレンジ色の部分が海面水温が平年値よりも高い領域で、青色の部分が低い領域である。現在熱帯太平洋は、複数の気象衛星と熱帯大気海洋アレー(TAO)に配置されたおよそ70基の係留ブイによって継続的に監視されている。エルニーニョ現象は、エルニーニョ南方振動(ENSO)として知られる、より大きなシステムの一部である。南方振動は1923年に発見されたもので、中部太平洋のタヒチの気圧と、北オーストラリア・ダーウィンで計測されるインド洋上の気圧との間にある振動、すなわち一方の気圧が高いとき、他方の気圧が低いという関係である。現在このエルニーニョ南方振動についてはかなり研究が進み、それがどのように発達するか、またどのように南米だけでなく遠く離れた地域に影響を及ぼすかについて予測することが可能になってきている。強いエルニーニョ現象は南カリフォルニアに激しい降雨をもたらす。本図を見ると、中部太平洋にある暖水プールは南米に近づいておらず、エルニーニョ現象は比較的弱いものであることがわかる。

全球観測

北大西洋低気圧

北大西洋上空の前線システムの偽色画像。右下にイギリスとフランス、上中央にグリーンランドの氷床が見える。雲の渦の線は低気圧に関係した前線を示しており、渦の中心が最も気圧の低い場所である。温暖前線がちょうどアイルランドを覆ったところで、部分的にすきまのある雲が、アイルランドとその北の寒冷前線の間を覆っている。寒冷前線と温暖前線が合併して閉塞前線となり、画面中心に向かって走っている。局地的な驟雨をもたらす雲が、寒冷前線の後方に入り込んでいる寒気のなかに斑点となって示されている。低層の雲は黄色く、上層の雲は白く示されている。

南半球低気圧

気象衛星からのオーストラリア南方の低気圧画像。バース海峡は見えるが、タスマニアは雲の下に隠れて見えない。南半球と北半球では、低気圧の中心をまわる風の向きが逆で、北半球では反時計回り、南半球では時計回りである。北半球の低気圧画像とは異なり、温暖前線（下）は不明瞭で、主要な特徴は長く明瞭に現れる寒冷前線である。それは低気圧の中心をしっかりと巻きながら覆う閉塞前線へと変わっている。

全球観測

氷に覆われた極域砂漠から高温多湿の熱帯雨林まで、地球は驚くほど多様な気候を見せる。各地の気候は多くの要因によって決定されるが、最も重要な要因は、緯度、海洋への近接度、その海洋の海面水温、卓越風の風向き・風の強さ、標高である。

　赤道域から上昇した暖かく湿潤な空気は、上空で南北へと流れ出し、緯度30度付近で下降し、亜熱帯高圧帯を形成する。ここは気温が高く降水量は少なく、北半球にはサハラ砂漠、アラビア砂漠、南半球にはオーストラリア内陸砂漠のような世界の主要な砂漠が位置している。陸塊の分布により、南半球の高圧帯の大部分は海洋上にあり、降水量の少ない大きな領域をなしている。

　亜熱帯高圧帯から流れ出した気流は、一部は貿易風となって赤道方向へ戻り、一部は極域へと向かう。地球の自転の影響で、それらの気流は北半球では右方向に、南半球では左方向に転向させられる。こうして2つの偏西風帯が形成される。南半球では陸塊が小さいため、南極を取り巻く南大洋上空には強い持続的な風の広い帯が形成される。

　北半球では陸塊が大きいため、特に北米ロッキー山脈やチベット高原などの大きな山脈の存在により、南から来る暖気と北極から南に向かって流れ出す寒気が出合う寒帯前線の位置は変動が激しい。しかしこの変動の激しさにもか

かわらず、ある種の高圧域、低圧域は頻繁に現れ、各地の短期の気象および長期の気候を決定づける。中緯度高圧帯（大西洋上のアゾレス―バーミューダ高気圧など）のほかに、シベリア、カナダ北極圏、グリーンランド上空の高気圧が冬の気候を支配している。これらの高圧帯ほどの持続性はないが、アリューシャン低気圧、アイスランド低気圧などの低気圧も重要な役割を果たす。

　大きな陸塊の内陸部は、少ない降水量、冬の極度の低温、夏の高温を特徴とする大陸性気候となる。反対に海洋に近接する地域は、降水量の多い、寒暖の差の少ない海洋性気候となる。この気候は特に、西ヨーロッパ、北米西岸、南米南端など大陸の西側で顕著である。

　季節風に影響される地域は季節的変動が激しく、季節ごとに卓越風の風向が大きく変わる。特に冬、シベリア高気圧から流れ出す寒気は、北および北東の風となり、大陸では乾燥した気候をつくりだし、月下の海岸に面した地域に多量の降水をもたらす。夏が近づくにつれ大陸の高気圧帯は崩壊し、ジェット気流がヒマラヤおよびチベット高原の北側に移動することによって、南西および南東の季節風が湿潤な空気と多量の降雨を南アジアにもたらす。

8 世界の気候

南極氷床

南極の赤外画像。大陸のほとんどが雪と氷で覆われているのがわかる。南半球の気候に大きな影響を与える南極は、南極横断山脈によって、巨大なひと続きの高原である東南極（右側）と西南極（左側）という大きな2つの地域に分断されている。南極は内陸部の降雨量が極端に少なく、学術的には砂漠に分類される。しかしそれにもかかわらず、東南極の中央高原の氷は、地盤がほぼ海面と同じ高さの場所でさえ標高4,270mに達している。西南極は全般に低地で、大部分の地盤は海面より下の高さであるが、南極大陸の最高峰であるヴィンソンマッシフ山（5,140m）をいただいている。

マクマードドライバレー

南極横断山脈のなかに位置し、ロス棚氷との境界の一部をなすマクマードドライバレーは、岩の防壁によって東南極（上）の主要部から切り離されており、独特の生態系を有している。降水量はゼロに近く、氷河が高原から氷をロス棚氷に排出している他の谷（右）と異なり、雪や氷に覆われていない。夏には湖の氷が融けるほどに気温が上がる。

気象大図鑑

前ページ／南極の月の出

氷床から孤立した山々の頂き（ヌナタクと呼ばれる）が突き出している南極の風景を背景に、月が出ている。夏の終わりに撮影したもので、月は南極半島の傍に横たわる島々のなかで最大の島、アレキサンダー島の上に昇っている。

南極氷床の末端部

氷山が分離（カービング）してウェッデル海に流れ出している様子。個々の氷河を通じて南極から流れ出す氷は、隣接する流れと合流し、広大な浮かぶ棚氷を形成する。南極で2番目に大きい棚氷であるロンネ棚氷（最大はロス棚氷）から氷山が分離している。氷の平均的厚さは、約150mである。

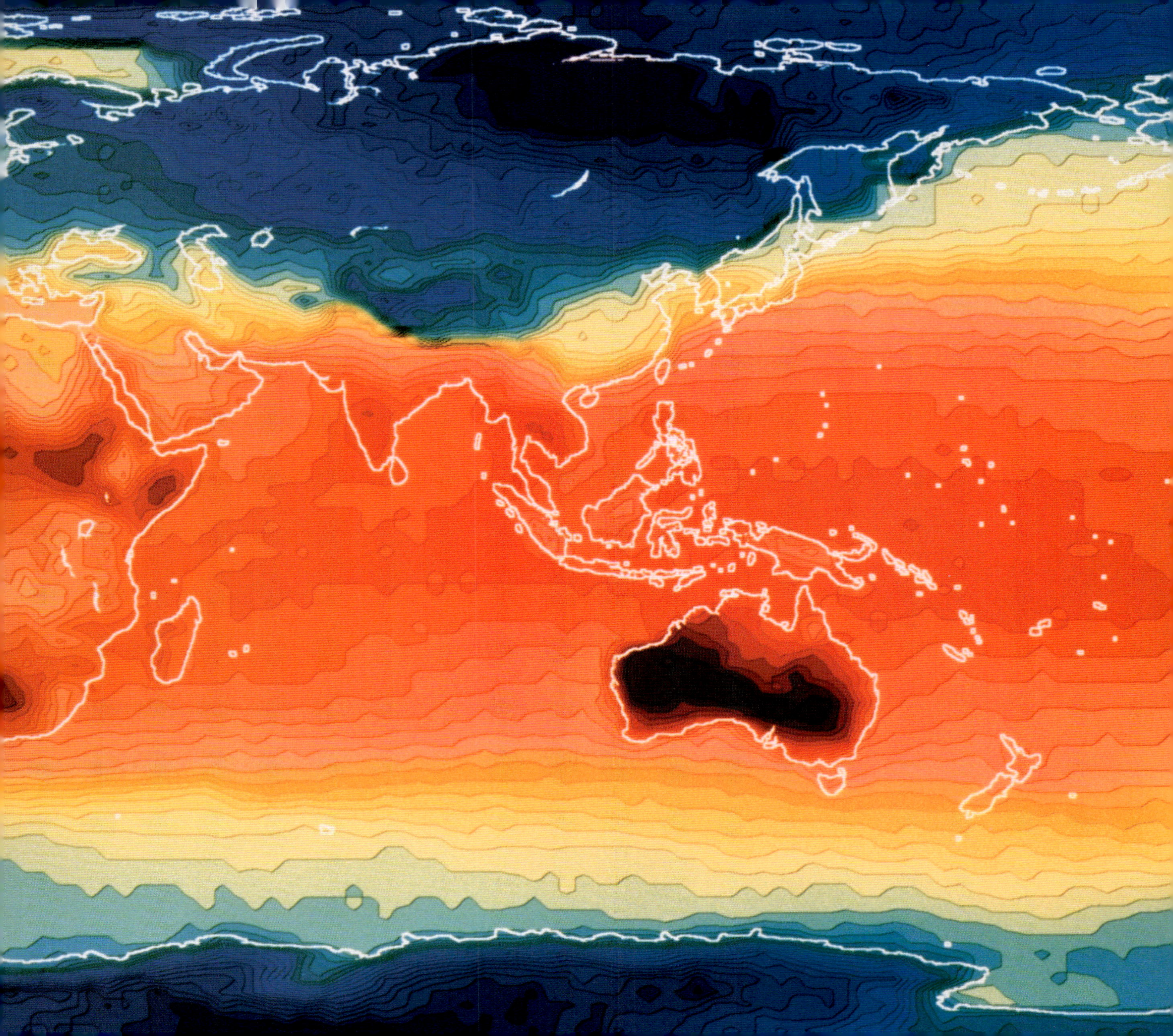

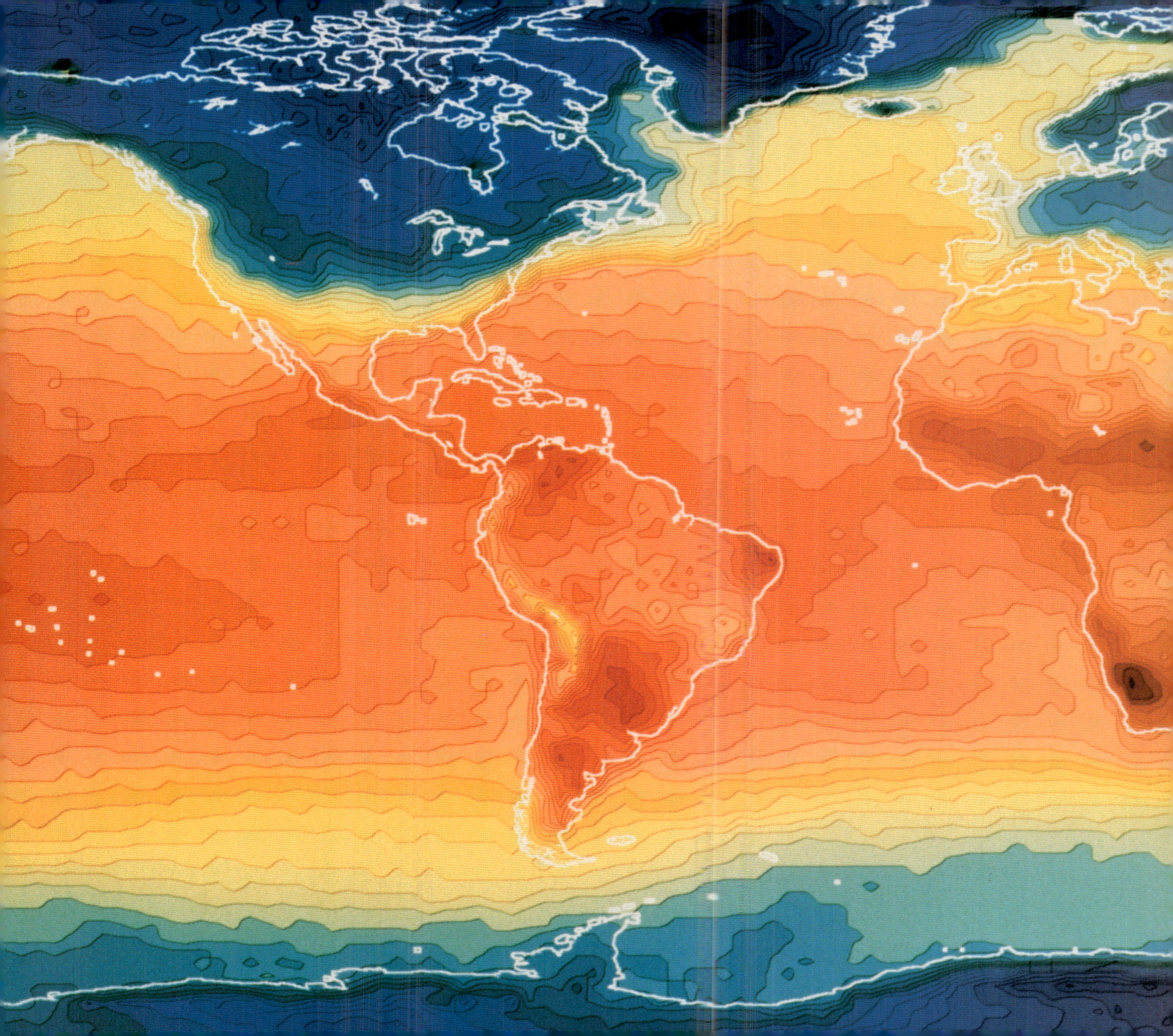

前ページ／世界の気温

平均地上気温の典型的衛星画像（1月）。熱帯と極域の極端な対照性が示されている。各色は以下の気温を表す。紫（北半球では黒に近い色になっている）は－38℃以下、青－36℃～－12℃、緑－10℃～0℃、黄2℃～14℃、ピンクと赤16～34℃、深紅および黒（オーストラリア）36～40℃。

北極の氷被覆

北極の氷が最大になったとき（冬）の赤外画像。北極の氷は南極の氷床と異なり海氷から構成されており、北極海の全部、バルチック海・オホーツク海（右上）などの半閉鎖海、カナダ・アラスカの沿岸部が含まれる。永久氷冠（夏も存在する）は南極にくらべはるかに少なく、グリーンランドの北端、カナダ諸島の一部で陸地と接しているだけである。それとは別の陸上の氷床がグリーンランドを覆っており、北部ヨーロッパの気象・気候に大きな影響を及ぼしている。

不毛の地・北極圏ツンドラ

ツンドラとして知られている気候帯は、北極圏の比較的平坦で木のない地域をさし、氷冠と北の樹木限界の間の領域を占める。樹木限界から南は森林に覆われたタイガとなる。ここグリーンランド北東部のように、少ない降水量、短い夏、氷結する気温、猛烈な風などのため、いかなる植生も存在しない不毛の大地が地球上には多くある。岩石は凍結・解氷のサイクルが繰り返されるなかで、砕片になっている。南半球にはこれに相当する部分はないが、同様の気候状況(アルプスツンドラとして知られている)はチベット高原、アンデス高地の一部にも見られる。

グリーンランド氷床末端部

グリーンランド氷床は南極氷床に次ぐ2番目に大きな氷床で、総面積は約183万4,000㎢でグリーンランドのおよそ80%を占める。地盤はほぼ海面に等しいにもかかわらず、北側ドームは標高3,000m以上、南側ドームは約2,500mに達する。氷床の大部分は沿岸山岳地帯によって閉じ込められているが、その隙間から氷河が個々に流れ出し海に達している。冬、グリーンランドの氷床はグリーンランド高気圧の中心を形成し、そこから極寒の気流が周辺地域に流れ出す。

ツンドラのアースハンモック

ツンドラは全体が無樹木地帯であるが、短い夏、暖かくなったときだけ、苔類、地衣類、低木類の生息を許す場所がある。アースハンモックはツンドラの多くの場所に見られる特徴的な地形で、永久凍土の地域に現れる。それは(そしてそれと関連する、石が正多角形の模様にふるい分けられる「構造土」として知られる地形は)、凍結・解氷のサイクルが繰り返されるなかで形成されるもので、その時大きな石は正多角形の辺へと移動させられる。すべての植生は、凍るような冷たい風に対するわずかな避難場所として、ハンモックの間にできた窪地にしがみつくように生える。写真は北緯約74度のグリーンランド北東部、クレイヴァリング島。遠くに写っているように、夏には海氷も融け、氷のない入り江が現れる。

気象大図鑑

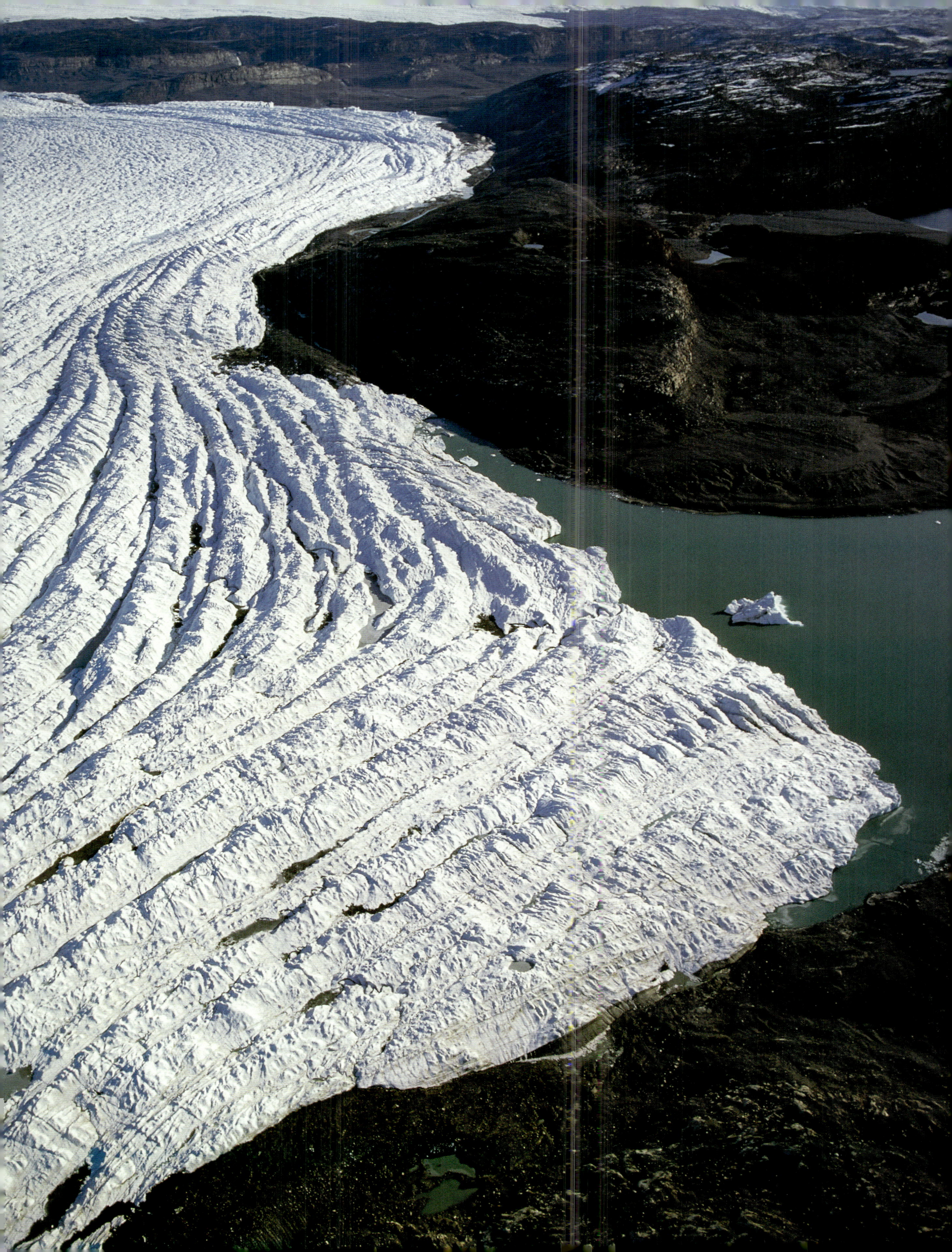

ピンゴ／カナダ北部

カナダ北部永久凍土地帯のピンゴ。ピンゴは永久凍土地帯に見られる非常に特異な地形で、凍土の上の沼沢性の表面層に出現する。レンズ型の氷核が長い年月をかけて徐々に成長し、上にかぶさっている土または砂礫を持ち上げたもので、大きいものになると高さ65m、直径800mほどの本物の丘のようになる。

マツ森林／タイガ

タイガは、北半球をぐるっとひと巻きする巨大な包帯状の亜寒帯気候に属し、無樹木のツンドラとユーラシア大陸冷帯の草原地帯およびカナディアンプレーリーの間に横たわる。全体として適度な降水があり、冬は寒さが厳しく、真夏でも気温は15℃以下である。おもに広大な針葉樹林によって占められ（ここカナダ、ブリティッシュコロンビアのように）いるが、まれに落葉樹種も見られ、そのなかではバーチ（カバ）が最も多い。山岳にはそれよりも高い部分には木が生えない樹木限界の線が明瞭に示されているが、それは一般に高度とともに気温が下がるためである。

カナディアンプレーリー

大陸内部冷帯の雪の多い気候区分で、年間降水量は適度、冬は寒さが厳しく、夏は涼しい。カナダ、アルバータ州エドモントンの南の一部の地域だけは、半乾燥ステップ気候といえるかもしれない。ユーラシア大陸では、同様の気候区分は、西はポーランドとベラルーシの国境から東はシベリア、クラスノヤルスクの傍を流れるエニセイ川までの広い地域にまたがる。写真はアルバータ州メディスンハットで撮影されたもの。一軒の農家が草原の茫洋とした広がりを強調している。それは際限なく広がる空と草原のなかの目立たない小さな点でしかない。

雪に覆われたシベリア・ステップ

北は濃密な冷帯森林、東は亜寒帯タイガに接し、半乾燥ステップ地帯が南に広がっている。右側、南から北（写真下から上）へと流れているのはシベリアの大河、オビ川。右端の川の湾曲部、ほぼ円形になっている暗緑色の部分はバルナウル市。ゆるやかにうねる草原地帯はいま雪に覆われているが、木の繁るきわめて直線的な谷間がそれを引き裂くように刻まれている。雪が木から落ちてそこだけが暗緑色に写っているのである。谷は何百キロも続き、あるものは東のオビ川に、またあるものはもう1つのシベリアの大河、写真左の先にあるイルティシ川に流れ込んでいる。中緯度ステップは大陸性の気候で、年間降水量は少なく、夏は高温である。

温帯雨林

西岸海洋性気候（温帯降雨気候としても知られている）のなかで最も豊かな生物多様性（本質的に調和の取れた植物共同体）を誇るのが温帯雨林で、ここワシントン州のオリンピックナショナルパークもそれに属する。この気候区分は一般に、年間を通じて降雨があり、冬温暖で、夏は適度に涼しい。この気候区分は、北米西海岸では比較的限られた狭い帯状の地域にしか見られないが、西ヨーロッパの大半が属し、多くが針葉樹ではなく、落葉樹が最大の植生となっている。同様の気候区分は、チリ南部、南アフリカ・ヨハネスブルグ周辺の狭い地域、オーストラリア南東部、ニュージーランドに見られる。

地中海のオリーブ園

地中海気候は温帯冬雨気候に属し、温暖で湿潤な冬、暑く乾燥した夏が特徴である。地中海周辺そのものは、夏の気温は全般に22℃以上であるが、同じタイプの気候であるカリフォルニア、南アフリカ、オーストラリア南部ではそれよりもわずかに低い。このような気候は、オリーブ、ブドウ、柑橘類の生産に適している。

世界の気候

フロリダ・エバグレーズ湿地

地中海性気候と似た気候をもつ地域に、湿潤な亜熱帯気候があるが、こちらは年間を通じて降雨が多い。アメリカの広い地域（エバグレーズを含む）、アルゼンチン、ブラジル、中国、南日本、オーストラリア・ニューサウスウェールズの狭い地域では降雨量は年間を通じて非常に多く、インド北部、ミャンマー、ベトナム北部は冬の降雨量は少ない。

サバナのヒト科動物の足跡

タンザニア、ラエトリの火山灰の中から発見された化石化した足跡。今から360万年前の初期人類、アウストラロピテクス・アファレンシスのものと推定されている。(右端の足跡は、3本指の蹄を持つ絶滅馬種ヒッパリオン。) 初期人類は、東アフリカに気候変化が生じたとき、すでに直立二足歩行へと進化していたと推定される。熱帯雨林はサバナという湿潤な開けた草原地帯に変わり、そこでは二足歩行が優位性を得ることができたのであろう。サバナは年間を通じて気温が高く、通常年1度の主要な雨季を持つ。中央アフリカ、南アメリカ(特にブラジル)、インドの一部、インドシナ、オーストラリア北部、中央アメリカに帯状に分布している。

世界の気候

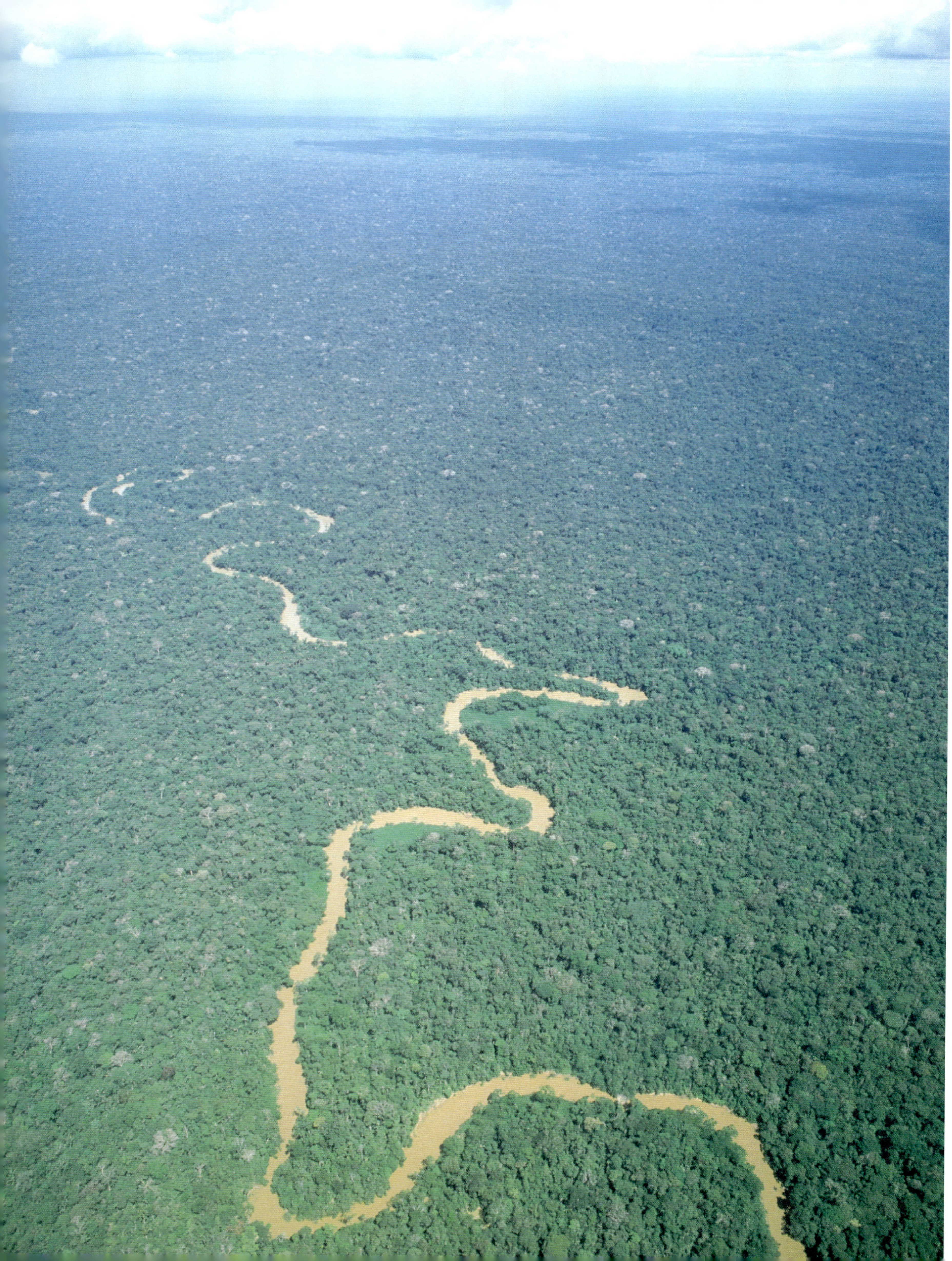

熱帯雨林／エクアドル（左）

エクアドル東部（左）、アンデス山脈の東側に位置する熱帯雨林。広大なアマゾン川流域熱帯雨林の一部を構成する。主としてここアマゾン川流域、中央アフリカ、インドネシア、ニューギニアに見られる熱帯雨林は、1年中多雨で、多くが特に降水量の多い雨季を有しているにもかかわらず、それ以外のときでも月の降雨量が60mmを下ることは決してない。高温多湿な気候は、年間を通して植物が成長しつづけることを可能にし、きわめて濃密で生産性の高い生態系を育んでいる。植物、昆虫、鳥類、動物の種の多様性は想像をはるかに超えている。

雲霧林（右）

雲霧林（右）は、熱帯の特殊な地域にのみ見られる高高度地帯に発達した植生である。高度のため気温は低く、卓越風が山岳にそって上昇するなかで、1年中ほとんど止むことなく雨または霧をもたらす。その結果森林は、高木の樹冠の下に低木と林床植物が濃密に繁る形となる。状態はランやブロメリアなどの着性植物の生育に適し、それらが上部の樹冠のなかに繁茂している。写真はエクアドルアンデスの東側斜面、標高2,200mの雲霧林。この場所でも、地球温暖化によって雲霧林が縮小し始め、その高度の低い方の境界線が徐々に高い位置に後退している徴候が現れている。

キリマンジャロのジャイアントグランドセル

アフリカ赤道直下の山岳地帯の、比較的孤立した高峰（キリマンジャロ、エルゴン、ケニヤなどの山々）には高高度荒地帯があり、ジャイアントグランドセルやジャイアントロベリアが自生していることでよく知られている。これらの種は、高高度の夜間気温が低くなる場所に適応して存続してきた。（グランドセルは夜間バラ状の葉が中央の蕾を中心にして閉じ、霜の害を防ぐ。）写真はタンザニア、キリマンジャロ山の標高3,700mの地点で撮影したもの。

北インドの平野部を襲ったモンスーン洪水

モンスーン気候は、季節ごとに顕著に風向を変える卓越風、冬の短い乾季、そしてそれ以外の時期の非常に激しい降雨を特徴とする。最も顕著なモンスーン気候はアジア全体に及び、特にインド、バングラデシュ、ミャンマー、タイ、フィリピンには夏に激しい降雨をもたらす。いくぶん似た気候が西アフリカ（シエラレオネ、リベリア）、南アメリカの狭い地域（ガイアナ、スリナム、仏領ギアナ）、オーストラリア北部に見られる。

風の彫刻

風蝕嶺は、ほとんど雨が降らず、常に強い風が吹いている砂漠地帯および半砂漠地帯に特徴的な地形で、あまり硬く凝結していない軟らかい岩石が、卓越風に平行に、細長い尾根や溝の形に浸蝕されるものである。かなりの高低差ができ、数mに達しているものある。風蝕嶺は風が単独で生起させる数少ない地形の1つであるが、地球上の多くの場所に見られる。写真はエジプト西サハラ砂漠で撮影したもの。最も大規模な風蝕嶺は、中国新疆ウイグル自治区の乾燥塩湖地層ロブノール周辺など、中央アジアで見られる。

セネガル川とサヘル

衛星からの偽色画像。西アフリカのセネガル川と広大な氾濫原（灰色）が、モーリタニアの乾燥砂漠地帯の線状砂丘（上）と、より湿度の高いセネガルのサバナ（下）の間の境界を印している。この境界域はサヘルとして知られている。数年前、この半乾燥のステップに似た地域が広がり、サバナを南へと押し下げているのではないか、そしてそれはおそらくサヘルにおける過度の放牧と森林破壊が原因なのではないかという議論が起こり、大きな関心を呼んだ。しかし現在、長期にわたる自然的気候循環があることが明らかになった。サヘルの南北の境界線は数10年間隔で前進、後退を繰り返しており、それゆえサヘルの広さも拡大縮小を繰り返している。

ウェスタン砂漠／エジプト

赤外および可視帯による合成画像。広大なサハラ砂漠の端、ダクラオアシスの北東部のエジプト・ウェスタン砂漠の一部。線状砂丘が卓越風に平行に、筋状に並んでいるのがはっきりわかる。剥きだしになった岩山（褐色）にワジ（涸れ谷）が刻まれている。まれに長い間隔をおいて起こり、周囲に大きな影響を及ぼす射流洪水のときに削られたものである。

世界の気候

大砂丘／ナミブ砂漠

ナミブ砂漠は世界でも有数の乾燥地帯である。海岸線にそって流れるベンゲラ海流が極度に冷たく、海水の蒸発を抑制するため、雨が全くといってよいほど降らないからである。わずかに生じる降水は、冷たい海水面によって暖気が冷やされるときにできる霧が、内陸部に移流してきたときだけもたらされる。ナミブ砂漠の砂丘は世界最大級で、350mもの高さに達するものもある。

イエメン、沿岸砂漠地帯の長いワジ

すべての砂漠がそうであるように、ここイエメンの沿岸砂漠も、剥きだしになった岩石は常に昼と夜の激しい温度差にさらされている。膨張と収縮の繰り返しのなかで、岩石は砕かれ散乱し、砂漠の特徴である砂と岩、砂礫の広漠とした空間をつくりだす。少しの雨も射流洪水となって猛烈な速さで流れ、植生のない地面を深く浸蝕して、独特のワジ（涸れ谷）を形成し、さらに岩屑を運び扇状地をつくりだす。

裏ページ／ボリビア高原のウユニ塩地

ボリビア高原（アルティプラノまたはプーノとして知られている）は、ペルー、ボリビアのアンデス山脈にある高高度砂漠地帯で、山岳の尾根に仕切られた一連の構造盆地からなる。北にはチチカカ湖があり、南にはポーポー湖、コイパサ塩地、そして広大なウユニ塩地がある。ウユニ塩地は標高3,656mに位置し、広さは1万500km²の巨大な天然塩田で、かつては湖だった場所である。正多角形の模様は、ツンドラや極域砂漠で見られるハンモックおよび構造土の跡である。

世界の気候

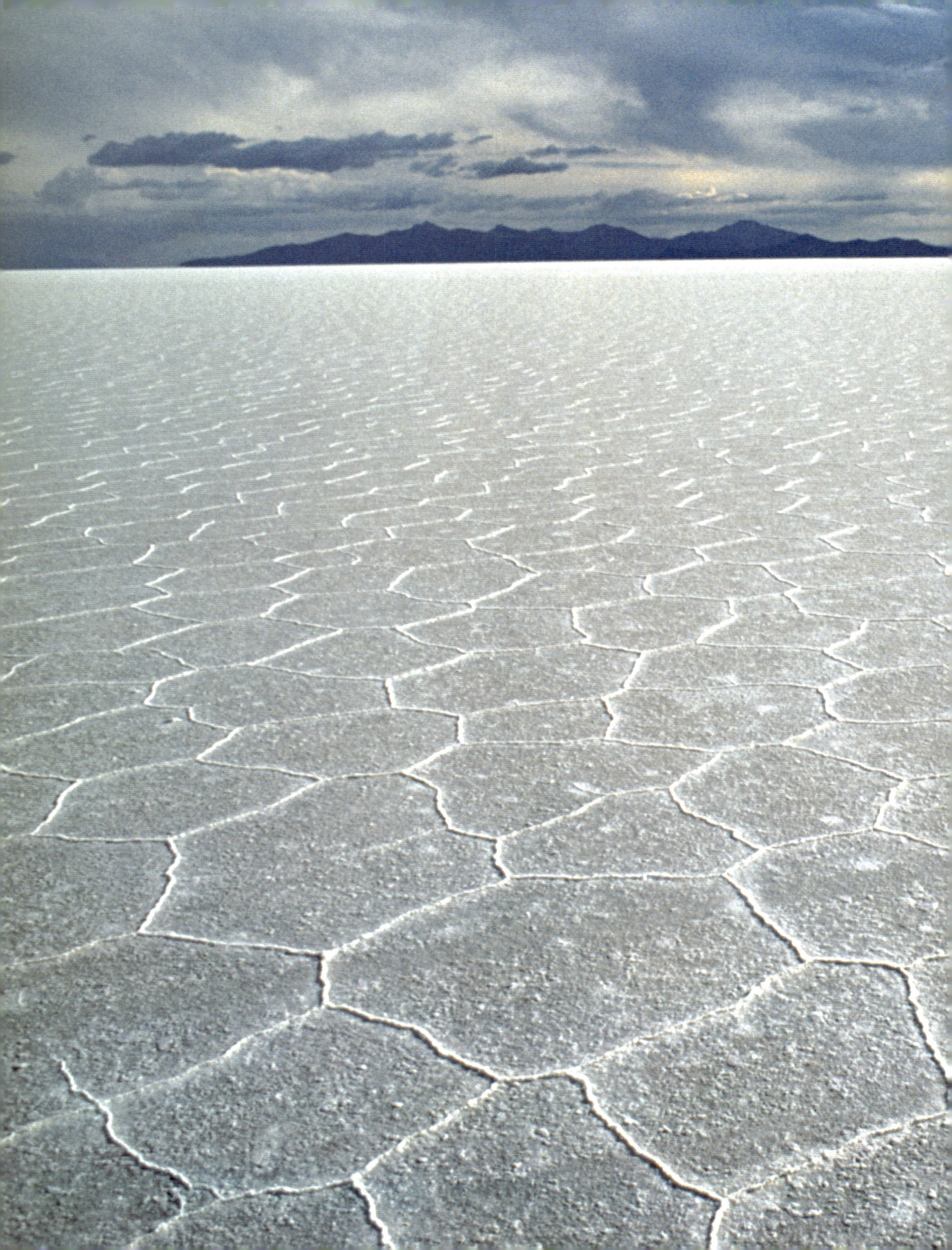

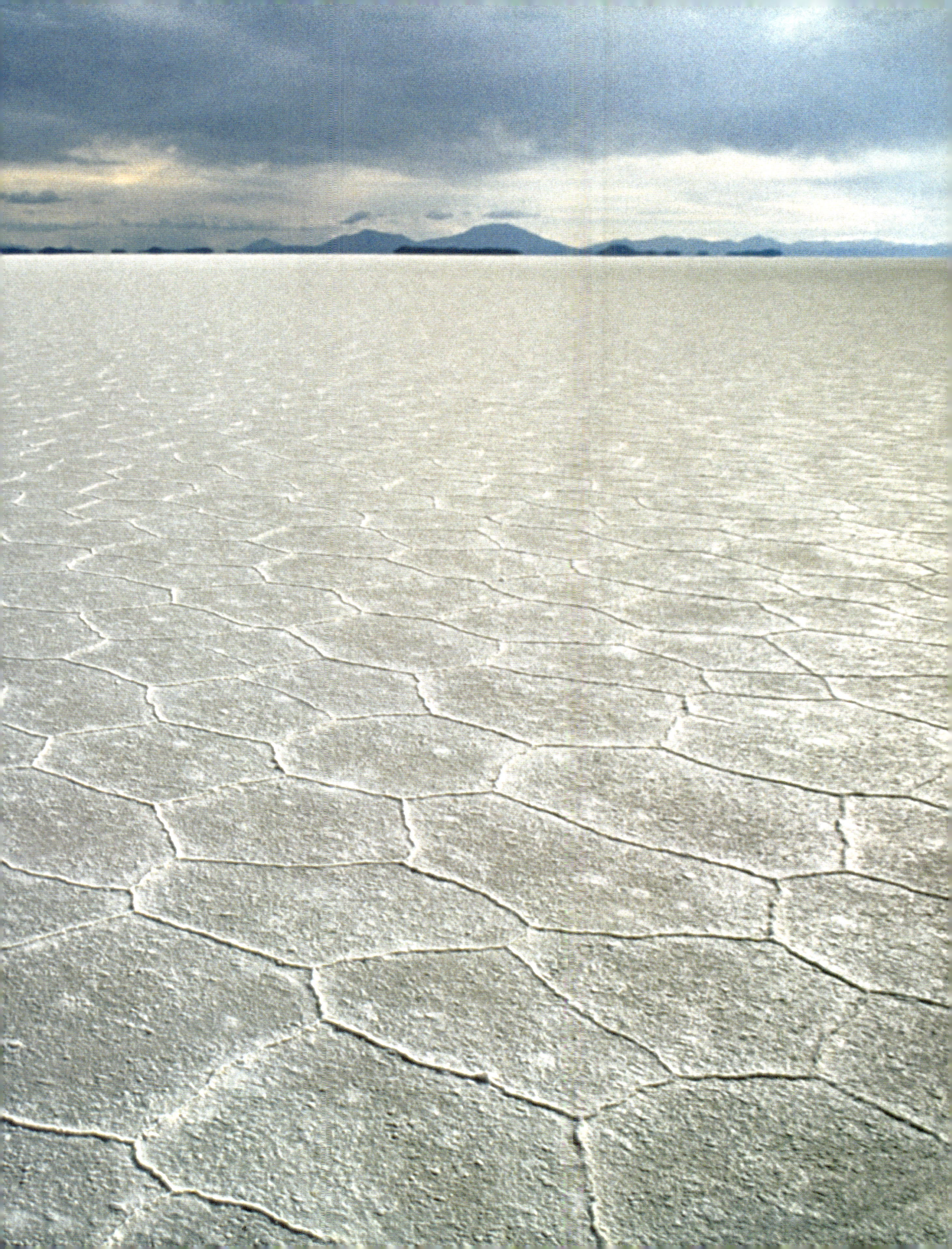

ほとんどすべての気象・気候学者が、地球温暖化が進行していることを認めている。そしてその主要な原因が、大気中の二酸化炭素濃度の増加にあるということでも一致している。今後生起するであろう一連の事象、および温暖化のスピードを予測する最適モデルを構築することはきわめて困難である。それに対して数日先の天気を予測することは、それがおもに現在の大気の状態と関係しているため、比較的容易である。

　未来の気候を予測することは、はるかに複雑である。多くの追加的要因を考慮に入れなければならない。気候変動の予測において、膨大な熱量を熱帯から極域へと輸送する海洋循環はきわめて重要なファクターである。1つの懸念は、温暖化によってグリーンランドの氷床の相当な部分が融解、あるいは氷山となって分離（カービング）するのではないかということである。それは莫大な量の真水を北大西洋に注入することにつながる。北大西洋では強い蒸発が海水の塩分濃度を高め、密度の高い海水の沈降が低層流をつくりだしている。その底層水は海底にそって南へと流れ、世界の海洋を包含する大きな循環を構築している。南大洋では、この底層水はウェッデル海で沈降している南極底層水と合流し、さらに勢力を強め、インド洋および太平洋へと流れ出し、最後に表層へと抜け出してさまざまな海流を通じて北大西洋へと還流する。この循環（大海洋コンベアベルトとして知られている）は、温度と塩分

の変化で駆動されるため、熱塩循環ともよばれている。もしこの流れが阻害されるようなことがあると、それは地球の多くの場所に、特に北ヨーロッパの気候に多大な影響を及ぼす。

　大気それ自体においては、雲の役割はきわめて重要である。雲量が多ければ多いほど、太陽エネルギーの多くが反射されて宇宙へ戻される。しかし同時に雲は覆いの役割も果たし、地表の熱が逃げるのを妨げる。このように雲の影響は複雑である。気温が上昇すれば蒸発量が多くなり、さらに雲量を増大させる。最近、気温の上昇が南極東部の降水量を増加させ、それが海面上昇を一時的に抑える役割を果たしているという事実が発見された。しかし結局は南極の氷はより急速に海中に融け出し、不可逆的に海面を上昇させる。またこれまで理論的に考えられていただけであったが、融解水がグリーンランド氷床の底に浸入し、その結果、夏には大部分の氷床が地盤まで凍らず、より速い速度で海に流れ出しているということも最近の調査で明らかになった。これはさらに切迫した懸念をもたらす。

　大気中に排出された汚染物質が地球の大部分の上空に煙霧をつくりだし、その煙霧が地球温暖化を抑制しているということも明らかになった。この「地球暗化」現象も地表に届く太陽エネルギーの量を減らしている。しかしその効果も減少しており、深刻化する地球温暖化に対する一時的気休めでしかないことも明らかとなっている。

9｜気候変動

グレンキャニオンダム

このダムはアリゾナ州とユタ州の州境となっているコロラド川にかかり、パウエル湖に水を満たしている。高さは216mで、コンクリートダムとしては世界最大級である。セメント生産は二酸化炭素の主要な排出源の1つであり、それゆえ地球温暖化の主要な原因の1つである。生産されるセメント1トンにつき、同量の1トンの二酸化炭素が排出される。アメリカ合衆国単独で毎年50億トンのコンクリートが使用されているが、その10〜15%はセメントである。それゆえこの国の、この単一の排出源からだけで、毎年5,000万〜7,500万トンの二酸化炭素が大気中に排出されている。

前ページ／ハバード氷河から分離（カービング）する氷山

氷山はその多くが、カービング（氷山分離）として知られている海中への氷河崩壊によってつくりだされる。氷河の先端が海に到達し、氷が海面に浮かび始めると、先端の氷壁に巨大な変形歪力が加わり分離する。北半球の大きな氷山の大部分がこのようにして氷河から分離したものであり、それに対して海氷に由来する氷山はかなり薄い。北半球では、グリーンランド、カナダ北部の諸島、スピッツベルゲン島、ノバヤゼムリヤ島、そして写真のアラスカが、カービングによる氷山のおもな供給源である。南半球では、パタゴニアおよび南極半島がカービングによる氷山のおもな供給源であるが、巨大なテーブル型の氷山も南極周縁部の多くの棚氷からつくりだされている。

コンクリート

セメントによる地球温暖化は、その生産過程だけにとどまらない。それを遠方に輸送することから生じる間接的影響は別にしても、それが硬化するときの化学反応で、はるかに多くの二酸化炭素が放出される。画像は環境制御型走査型電子顕微鏡（ESEM）による、コンクリート（青）が硬化するときに形成される石膏の結晶（茶）。コンクリートはセメント、水、そして砂や砂利などの骨材からできている。水を加えることによって複雑な化学反応が起こり、骨材のまわりにセメントが凝固していくが、二酸化炭素が放出されるのはまさにこの時である。

気候変動

水田とメタン生成

驚くべきことに、水田も地球温暖化の1要因である。写真は抽象画ではなく、カリフォルニア、リッチベールに広がる棚田の空中写真。水田に見られる嫌気性（貧酸素）状態はメタン生成のための大きな源となる。（その他の大きな排出源としては、反芻動物、シロアリなどがある。）メタンは大気中にごく微量にしか存在しないが、その温室効果ガスとしての影響は、同量の二酸化炭素にくらべはるかに大きい。それゆえ、メタン濃度のわずかな上昇も非常に深刻な結果をまねく。

シロアリとメタン排出

ザンビア、モシオトウニャのシロアリの家。シロアリは社会性昆虫で、大きなコロニーを形成して生活し、高さ7m、直径30mに達する塚を築造することもある。シロアリは、その消化管内の特殊な細菌の活動により、枯死植物のセルロースやリグニンを分解することができる数少ない生物の1つである。そうすることによってシロアリは、栄養素を土中に還元する（そのことによって地域生態系の維持に大きく貢献している）が、残念なことにその過程を通じて多量のメタンを大気中に放出する。

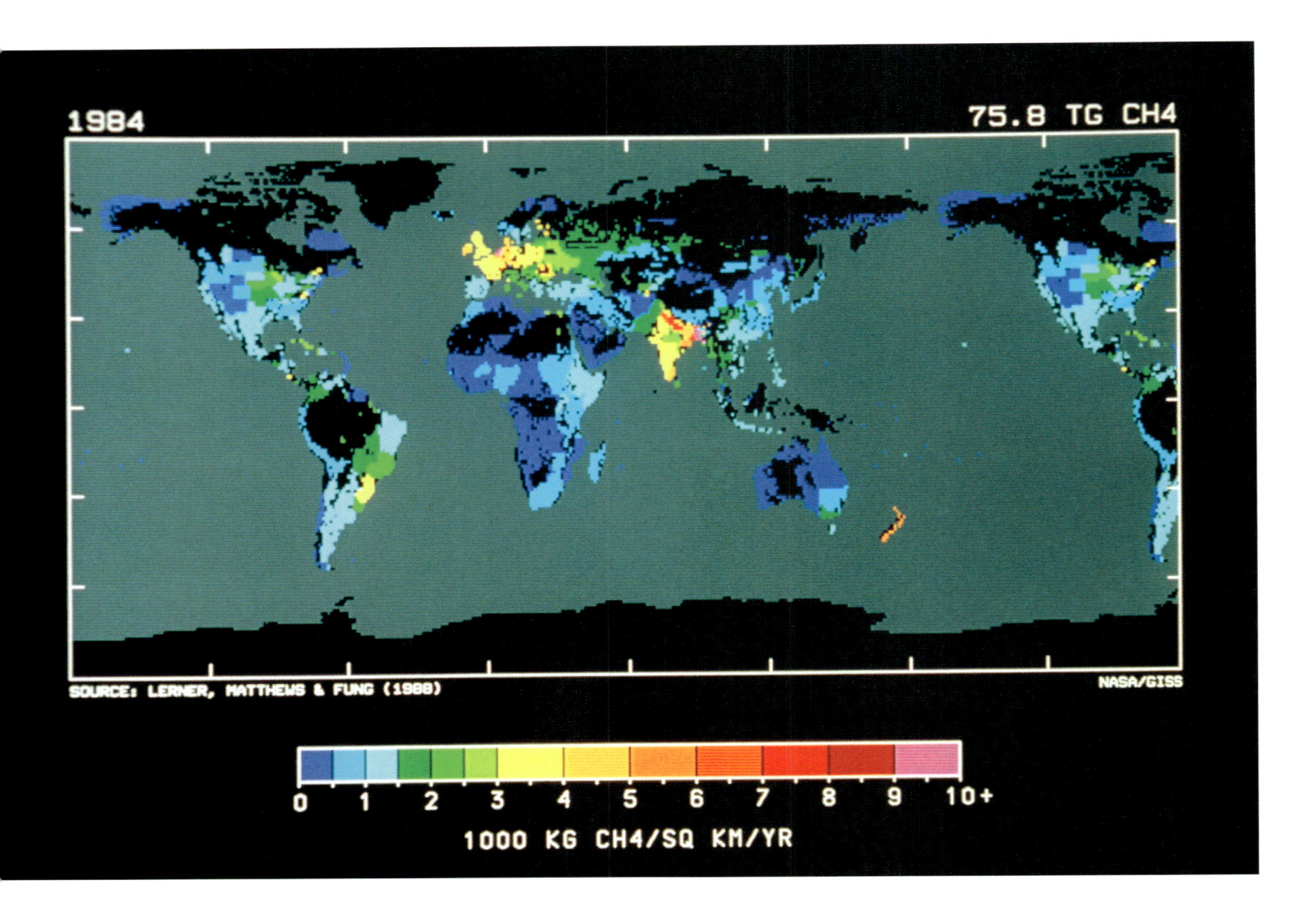

動物によるメタン排出

世界の家畜によるメタン生成量を示したコンピュータ画像。生成量は特定動物(肉牛、乳牛、水牛、羊、ラクダ、ヤギ、豚、馬、カリブー)1頭あたりの年間推定メタン生成量に個体数をかけて算出。色区分は、1k㎡あたり1年間のメタン生成量をトン数で表したもの(黒の部分はデータがなく不明)。

メタンと古細菌

二酸化炭素が地球温暖化の主因であることに変わりはないが、メタン(CH_4)は潜在的な温室効果ガスであるだけでなく、オゾン層破壊の原因ともなる。すでに見たようにメタン生成の地理学的要因はいくつかあるが、その大半は非常に原始的な生物——細菌よりもさらに原始的——である古細菌によって生成される(写真はメタン生成古細菌*Methanospirillum hungatii*)。この古細菌は無酸素の環境に存在し、二酸化炭素と水素からメタンを生成する。残念なことに、この化学変化による大気中の二酸化炭素の削減という貢献よりも、それが新しく生成するメタンによる温室効果増大の方が、はるかに大きな負荷を大気に与えている。

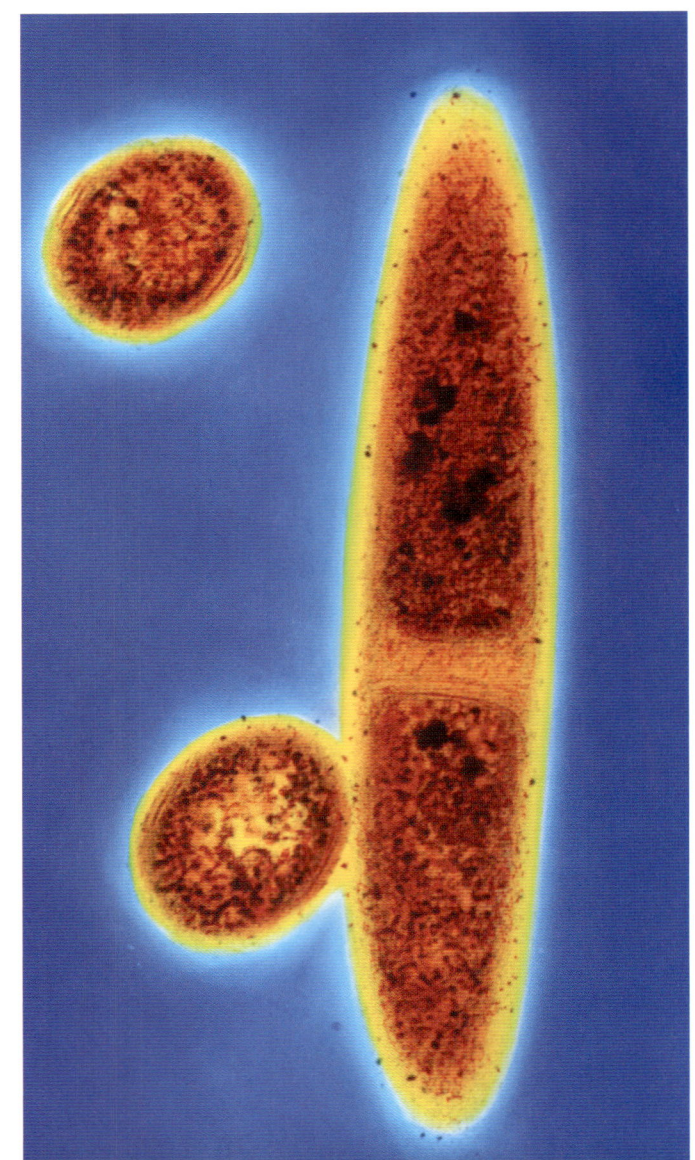

気象大図鑑

水力発電と地球温暖化

一般に持たれているイメージとは異なり、水力発電はそれほど環境に優しい（グリーンな）ものではない。ダム建設にともなう環境的、人的負荷は別にしても、水力発電用貯水池はメタンガスの大きな排出源である。底層水は多くの場合嫌気性（貧酸素状態）となり、メタン生成生物に適した環境となる。さらに乾季における水の排水、雨季における水の貯留の繰り返しによって、湖岸もメタン生成生物に最適な生息域となる。ここアンゴラのカテテにあるような熱帯の貯水池は、気温の低い温帯にある貯水池よりもはるかに多くメタンを生成する。それが及ぼす地球温暖化への総体的影響は、多くの場合、同量の電気を発電する化石燃料発電に比べ大きい。

メタンハイドレートとアイスワーム

メタンハイドレートは水分子の結晶構造のなかにメタン分子が取り込まれているもので、低温、高圧の海底に非常に大量に存在している。確認されている化石燃料埋蔵量よりも、はるかに多くのエネルギーを産出できる資源と見られている。ところが、海水温のわずかな上昇でもハイドレートからのメタンガスの突発的な放出をまねき、破滅的な温室効果を引き起こす怖れがあることが指摘されている。写真はメキシコ湾の水深700mの海底で撮影したもの。メタンハイドレートが多毛類（アイスワーム）の大きなコロニーになっている。アイスワームとハイドレートの間に密接な食物連鎖の関係があるのかもしれない。

氷含有物

過去の大気中のメタン濃度を調査するため、234mの深さまで掘削して得られた南極氷床コアサンプルの偏光顕微鏡写真。メタンなどのガスが氷中の気泡に閉じ込められている。サンプルの各層は、放射性同位体を用いた年代測定法によって年代が測定されるが、このサンプルは1819年のものとされた。こうした調査の結果、メタン濃度は1800年代初期の823ppb（10億分の1）から1978年の1,481ppbへと顕著に上昇していることが明らかになった。しかし1978年以降、上昇率は低下しているようだ。

南極氷床コアサンプル中の堆積物

南極ドライバレーの1つに横たわるボニー湖の上を覆う永久凍結表面から採取した、比較的浅い層からのコアサンプル。氷の底が数1000年もの間融解と再凍結を繰り返すなかで、表面の堆積物がゆっくりとその下のボニー湖へと輸送されている。南極東部氷床のはるか下、深さ3,600mのところにヴォストーク湖は存在する。その湖は数10万年以上もの間、大気と接触していず、貴重な微生物生態系を含んでいる可能性がある。グリーンランド氷床から採取したコアサンプル同様に、南極で採取した深い層からのコアサンプルから数1000年前の過去の気候が現れる。

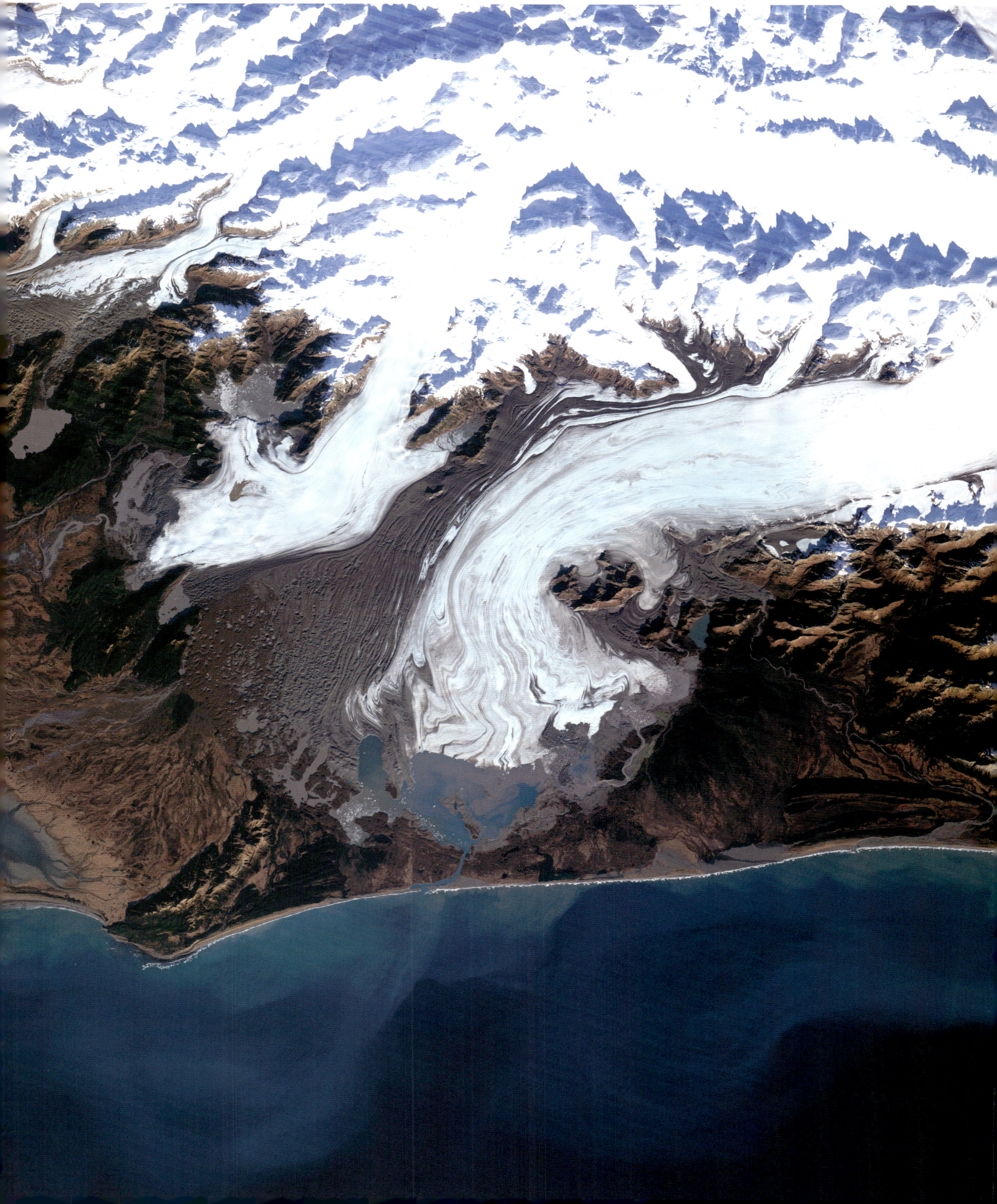

ベーリング氷河の後退

氷河は集水域の降雪状況により前進したり後退したりするが、近年世界中の氷河が継続的に後退していることが示されている。アラスカ、ベーリング氷河を撮影した2枚の写真(左：1986年、右2002年)には、一見したところほとんど違いがないように見える。氷河の先端はほとんど同じ位置にとどまっているが、大きな違いは、右側の写真の氷河の氷がかなり薄くなっており、氷河谷両側の岩がより多く見えるようになってきていることである。これはベーリング氷河(右上)、さらにはより小さい氷河(左上)の源流に向かうほど顕著になっている。

気象大図鑑

山岳氷河の後退

氷河は谷の両側と底の岩を浸食することによって、特徴的なU字谷をつくりだす。その時に削りだされる岩屑（デブリ）は、氷河の流れにそって運ばれ、氷河両岸に側方モレーン（ラテラルモレーン）、先端に末端堆積（ターミナルモレーン）を形成する。これらのモレーンは氷河が後退した後も残っている。スイスアルプスにあるこの氷河はかなりの後退を示し、大きな側方モレーンが現れている。また谷の両岸には、かつてはずっと厚かった氷に削られた痕跡が見られる。

氷河サージ／マラスピナ氷河（右）

カナダ―アラスカ国境に位置するヤクタット湾の西に横たわる広大な氷河。後景の最も高い山頂はカナダ2番目の高峰セントエリアス山（5,489m）。この地には25以上の氷河が集結し、幅40km以上、被覆面積3,000km²の、世界で最も大きな「山麓地帯氷河」を形成している。このマラスピナ氷河は、融解水がその底に溜まり、氷が底から離れると、突発的な氷河サージ（高速氷流）を起こす傾向がある。氷は前方に向かって高速で流れ出し、急激に薄くなる。こうした氷河サージは最近頻繁に起こるようになり、地球温暖化のあらわれではないかと考えられている。

氷山分離（上）

氷河が海に、特に氷河サージの結果到達したとき、それは非常に不安定になる。氷河舌端の海に浮かんだ部分が潮の干満により上下し撓曲を繰り返すと、それまでにクレバスが生じていなくてもひび割れが生じ、非常にもろくなる。こうして大きな氷塊が氷山分離（カービング）とよばれる過程を通して頻繁に海中に崩落する。写真は南アルゼンチン、パタゴニアのペリトモレノ氷河の氷山分離。こうして生まれる氷山は、南極棚氷の崩壊によって時々つくられる大型のテーブル型氷山にくらべ型は小さいが、氷山の大多数を占めている。

気象大図鑑

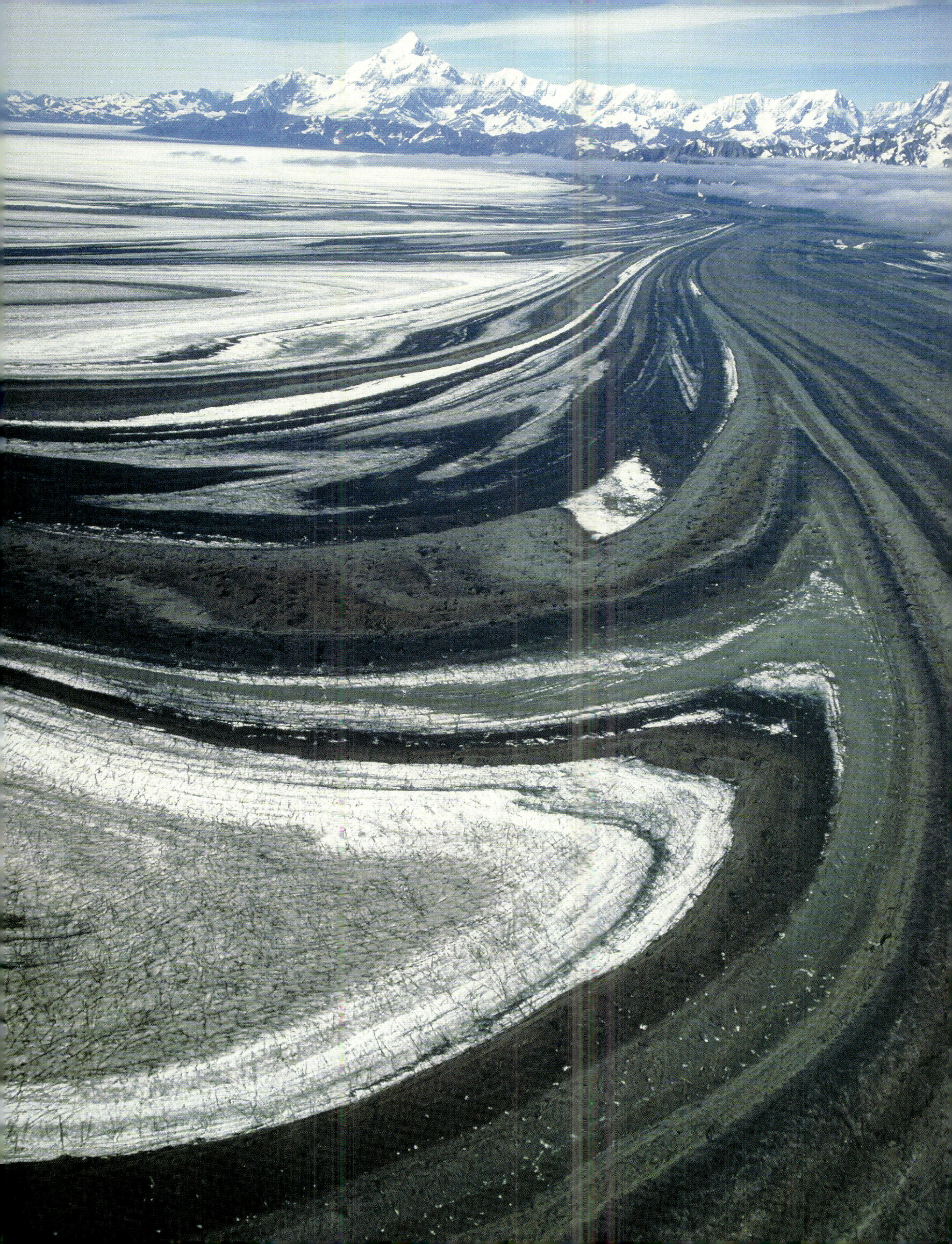

不安定氷床／ペルッツ氷河

この氷河は南極西部に見られる多くの氷河の1つで、全長16km、幅3.2kmである。現在、南極西部の氷床に世界的関心が集まっている。南極半島の氷河の多くがあきらかに後退しており、なかには不安定性を示し、大規模な氷河サージを起こすものもある。南極西部の氷床の地盤は、広い面積にわたって海面以下（南極東部とは異なり）である。地球温暖化の進行はこの氷床を全面的な崩壊にみちびく可能性がある。そうなった場合、海面の急激な上昇が起こり、世界中の多くの人口密集地、大都市が水没してしまう。

巨大テーブル型氷山B-15

衛星からの画像が、2000年3月、南極ルーズベルト島近くのロス棚氷から巨大氷山B-15が分離する瞬間を捉えている。長さは約300km、幅40km、面積は1万2,000km²あり、これまで知られているなかで最大級のものである。しかしそれでも、1956年11月、南大洋スコット島沖で発見されたものにくらべるとかなり小さい。後者の面積は約3万3,000km²あったと推測されている。その大きさにもかかわらず、このような氷山および南極周辺の浮き棚氷が融解したとしても、海面の高さへの直接的影響はない。

モルジブ

環礁は沈水した火山の上に成長したサンゴ礁からなる。環礁のなかにはサンゴ砂でできた島があり、環礁がそれを浸蝕から守っている。インド洋に浮かぶモルジブ環礁は26の環礁と1,190の島々から構成されており、最新の測量ではすべてが海面から2m以内の高さにある。2004年11月26日に起こった津波の被害から立ち直ったとしても、このモルジブを始め、西太平洋のキリバス、ツバルの群島は、地球温暖化に不可避的に付随する海面上昇の最初の犠牲となると予測されている。

チリのフィヨルド

最終氷期の間、氷河はノルウェー、ニュージーランド南島、そしてここチリ南部など、世界のいたるところにU字谷を彫り込んだ。海面が上昇すると、そのU字谷は沈水し、切り立った側壁、時には海に面した場所で水中に明確な段差(ステップ)、横段(バー)を持つ深いフィヨルドとなる。これらの特徴は水による浸蝕でできたリアス式海岸にはない。こちらは断面がV字型で、谷側壁はもう少しなだらかである。

サンゴ白化現象

サンゴは何100万という微小なポリープの集合体で、ある種の共生藻（褐虫藻：zoox-anthellae）の存在のもとで初めて生存することができる。共生藻が死ぬとサンゴも死に、あとに炭酸カルシウムの殻だけが残り、色は急速に失われていく（白化現象）。海洋汚染、特に海水温の上昇がサンゴの死と白化の主要な原因ということはわかっているが、その正確な機序はまだ不明である。死んだサンゴは当然、暴風雨や津波によって受けた傷を再生することはできない。地球温暖化は、これまでその周囲の海岸線を防護してきたサンゴ礁の広範な消失という事態をもたらしている。

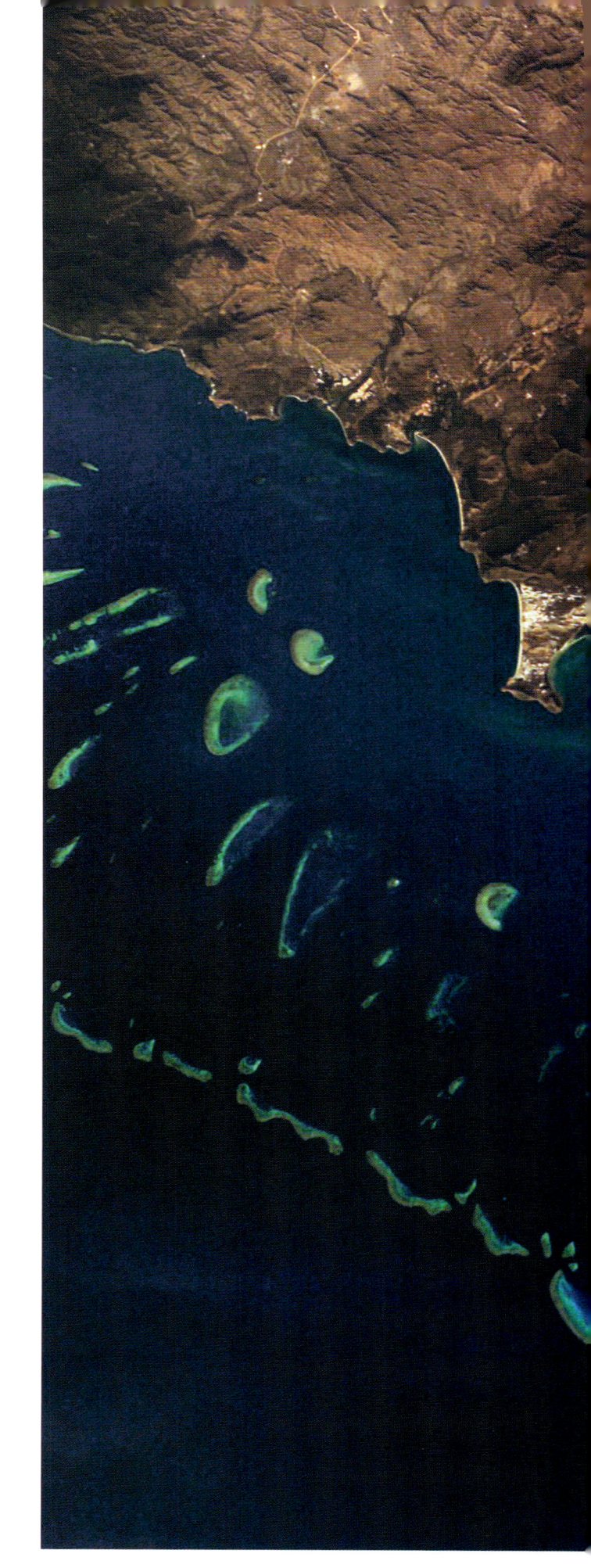

健康なサンゴ礁のファンコーラル

サンゴは地球温暖化や海水温上昇に対してまったく無防備というわけではない、ということが最近の研究で明らかになった。サンゴは恒常的な代謝の一部として、硫化ジメチル（DMS）という気体を放出する。その気体は大気中に抜けていき、そこで雲粒のための非常に効率のよい凝結核となる。海水温の上昇がDMSの生成を促進し、それが熱帯海洋上の雲の生成を増進する、そしてその結果海水面温度を下げるということは実際非常にありそうなことである。地球温暖化が生みだす最悪の結果に対して、サンゴがある程度自衛している、といえるのかもしれない。

気象大図鑑

グレートバリアリーフとオーストラリア海岸

クィーンズランド北部、プリンセスシャーロット湾（右上）の画像。右下が北。サンゴ礁が、深い海（群青色）に囲まれた浅い海と小さな島々（白／緑）の群落を形成している。陸地（褐色）は大部分が乾燥または半乾燥地帯である。外礁（リボンリーフ）は海岸線から40〜80km離れた沖合い、大陸と深い海洋の間の大陸棚の端にそって鎖状に連なっている。地球温暖化によってこのような裾礁（フリンジングリーフ）が破壊されると、陸地近くの暖水が海洋の冷水に置き換えられ、気候変化が引き起こされるのは確実である。地域の状態や卓越風によるが、降水量は減少し、陸地のさらなる乾燥化が進行する可能性がある。

全球大気標本研究所

気象学者が直面している問題の1つに、大気中の各気体および汚染物質の濃度の記録が、あまり過去にさかのぼって存在していないということがある。この状態を改善するため——少なくとも未来に向かって——、タスマニアの北西端にあるグリム岬大気汚染基準線観測所で採取された大気標本が、ここオーストラリア、メルボルンの全球大気標本研究所（GASLAB）の圧縮ガスシリンダー内に保管されている。これらの保管標本は、いままで測定されたことのない気体の濃度を再調査するとき、あるいは分析手法の改良にともなって既存の測定値をより精密化するときに用いられる。

ヴォストーク湖からの深深度アイスコア標本

アイスコアは南極の深度3,350mの氷から採取され、40万年前のものと推定されている。そこに存在する酸素同位体の比率を測定することによって、その頃卓越していた気温についての重要な情報を得ることができる。軽い同位体O^{16}を含む水分子（H_2O）は蒸発しやすく、後に残る海水は重い同位体O^{18}の比率が高くなる。一方南極とグリーンランドの氷床には軽い同位体の比率が高い雪が降るのでO^{16}が多く含まれ、O^{18}の割合が少ない。このように2つの酸素同位体の比率は気温に依存しており、そこから過去の気温を推測することができる。不安なことにアイスコアが示していることは、急激で大規模な気候変動が、過去数世紀にわたって進行してきたのではなくむしろここ数10年に起こっているという事実である。日本のドームふじ基地で掘削された3,000m以上の氷床コアから過去100万年前にさかのぼる気候変動が研究されている。

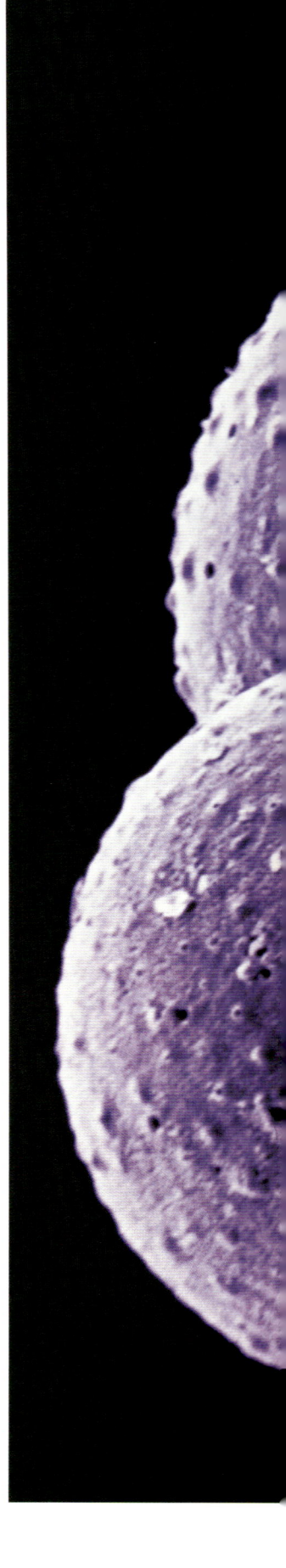

海洋有孔虫

有孔虫は海洋に広く生息している単細胞生物で、過去の気候の貴重な指標となる。複数の"test"と呼ばれる空所の殻を持つ種においては、その空所の殻の巻き方が程度の差こそあれ、直近の気温と密接に関係している。これにより、それが生息していたときの卓越した気温に関する情報が得られるが、単にそれだけではない。海底コアから採取された有孔虫の殻の炭酸カルシウム（$CaCO_3$）における酸素同位体（O^{16}とO^{18}）の比率を調べると、そこからさらに貴重な情報が得られる。氷期の間、極地の氷床は特に高い比率でO^{16}を含んでいるのに対して、海水から形成された有孔虫の殻ではO^{18}の比率がかなり高い値を示している。

大気汚染／北インド・バングラデシュ・ベンガル湾（右）

画像の煙霧は、工場や自動車からの排出ガス、および家庭用燃料の燃焼により発生する液体粒子と固体粒子の混合物からなる。このような大気汚染は、焼き畑農業などから発生するその他の煙霧とあいまって世界的に拡大しており、「地球暗化」──最近数10年間に顕著になった地表に到達する日射量の減少──の主要な原因になっている。煙霧は地球温暖化の進行をいくぶん食い止める役割を果たしてきたが、現在それによる暗化現象は収まりつつあるように見える。もちろんこうした大気汚染はさらに減らしていかなければならないが、それが皮肉にも地球温暖化の進行（劇的に進行させるおそれもある）につながる可能性もある。この2つの課題は、緊急に、しかも同時に取り組んでいく必要がある。

航跡雲／フランス・ローヌ渓谷上空（上）

画像は、気候変動モデリング作成において考慮しなければならないもう1つの要素を示している。西（画像左）にはいくらか巻雲が見られるが、画像の雲の大半は大気が湿潤なときに生成する（湿度の低いときは、すぐに蒸発する）航跡雲である。長く存続する航跡雲は日光を反射して宇宙に戻し、その下の地表面の温度を下げる。気候モデリング作成においては、この航跡雲（とすべての雲の）の現実に近い数値を織り込むことはもちろん、将来の航空機旅行についての信頼性の高い予測数値を入力する必要がある。上中央に見えるのはジュネーブとレマン湖。右上の雲のない渓谷の間がスイスとイタリアの国境になっている（北のローヌ渓谷、南のバレダアオスタ渓谷の源流）。

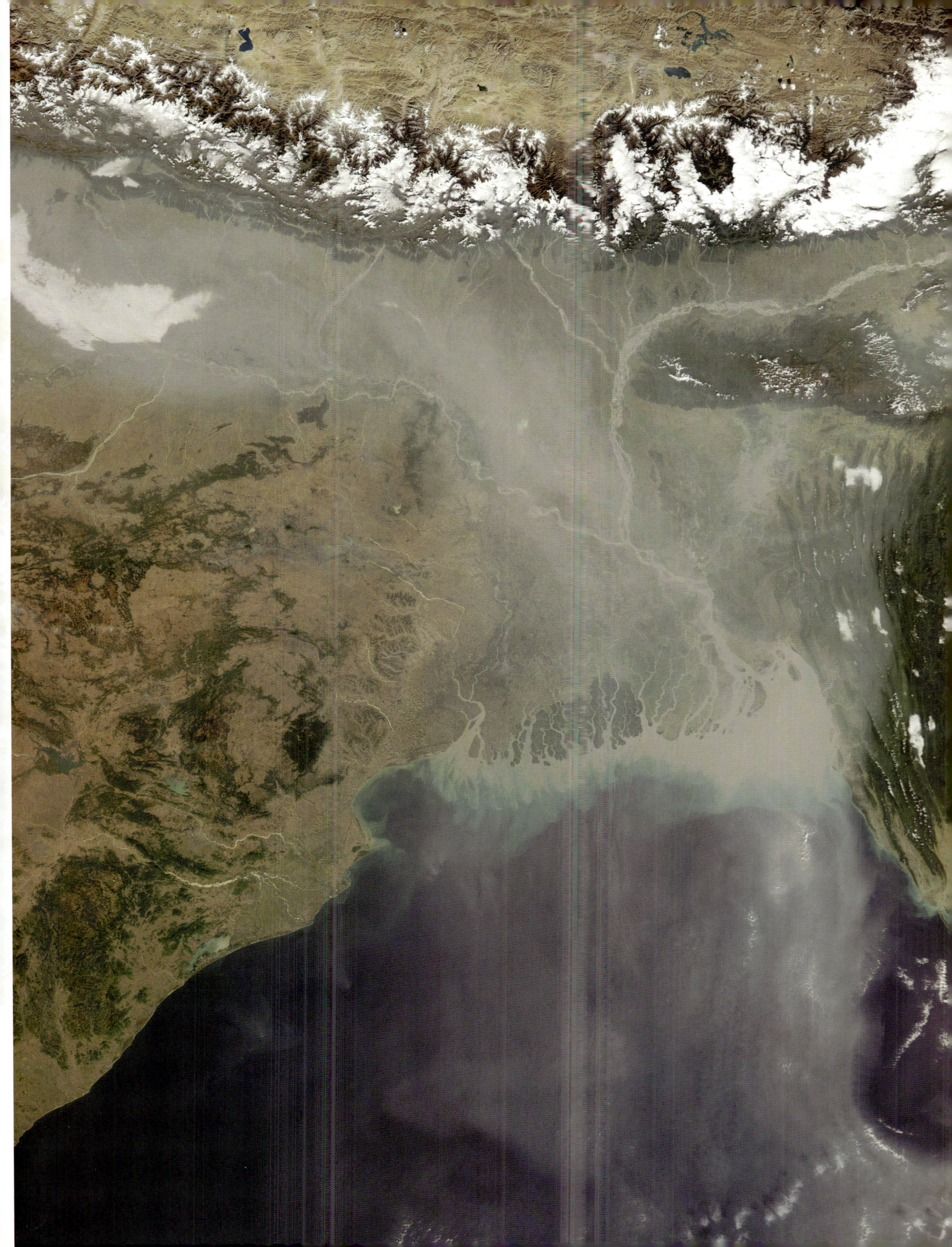

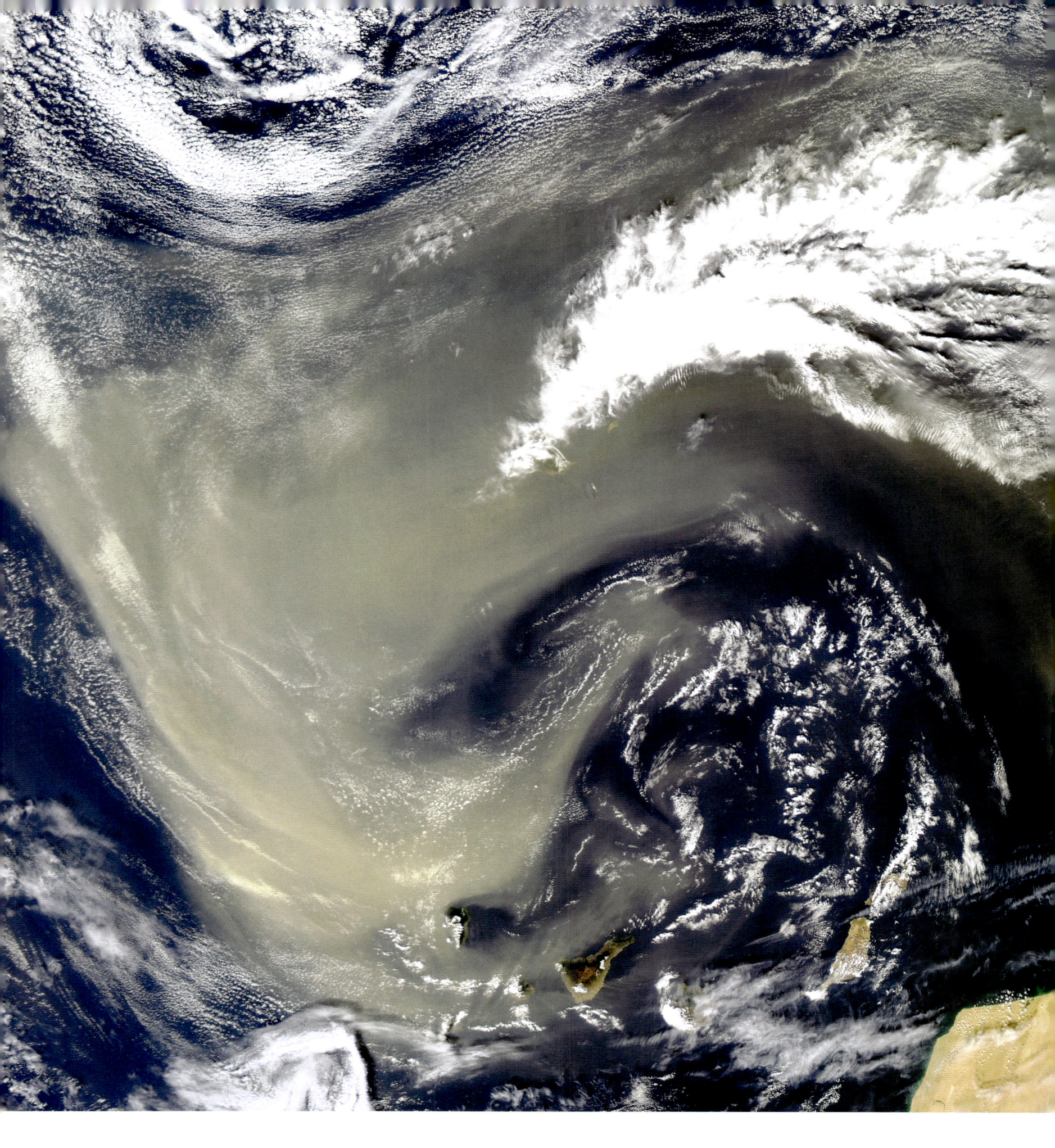

大西洋を覆うサハラ砂塵

サハラ砂漠からの砂塵が地上風により低気圧の北側を回るように運ばれ、カナリア諸島（下中央）を襲っている。この微細な砂塵は大西洋を横断し、北米、南米の煙霧および高い粉塵濃度の大きな原因となっているが、実はアマゾン熱帯雨林に貴重な栄養素を運んでいる。地球温暖化がさらに進行し、サハラ砂漠の降雨量が増加するようなことがあると、一方ではこの砂漠の地にかつてのような広大な植生を蘇らせるが、他方では砂塵を減少させ、あるいは完全になくし、その結果大西洋の反対側の熱帯雨林の衰退に拍車をかける怖れがある。

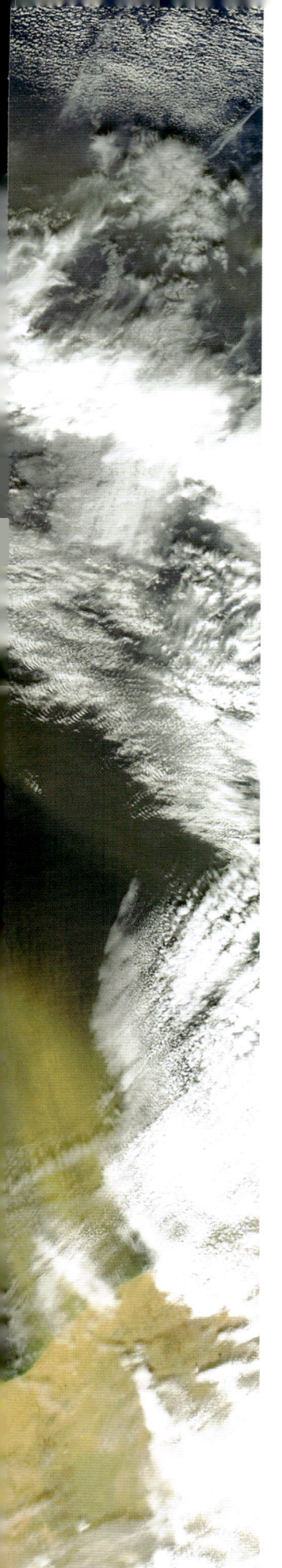

砂漠の砂の下にあるもの

白黒の帯はエジプト南東部のサハラ砂漠のレーダー画像の一部。可視光によって得られた画像と重ね合わせている。レーダーパルスは風によって飛ばされる乾燥した砂の堆積物を貫通し、その下の岩床の状態を明らかにすることができる。その結果、かつてもっと湿潤であった頃に削られた排水の溝が見える。こうした手法は乾燥した地域においてのみ可能である。なぜなら、土壌中の水分は電波が侵入できる深さを制限するからである。

火山灰プリューム／ピナツボ火山

フィリピン、ルソン島のピナツボ火山から出た火山灰プリューム。1991年6月11日に撮影。黄色く写っている部分は普通の雲。噴火は、火山灰の降下、溶岩流、火砕流雲の影響はもちろんのこと、しばしば周辺の気候に大きな影響を与える。プリュームの下の地域では気温が低下し、エーロゾルは凝結核となって頻繁な大量降雨をもたらす。その降雨はまだ凝固していない火山灰を押し流し、きわめて破壊的な泥流（ラハールとして知られている）を引き起こすことがある。熱帯低気圧とそれに伴う奔流のような雨が太平洋から移動してきたとき、ピナツボ火山周辺の地域はラハールによって激しい被害を被った。

プリニアン噴煙柱／セントヘレナ火山

プリニアンタイプの噴火を繰り返す火山は大量の物質を噴出するが、その大部分は、垂直に上昇するガス柱、溶岩の砕片、粉砕された岩石である。この1980年7月22日の噴火（5月18日の最初の大爆発に続く）では、噴煙柱は約12kmの高度まで到達した。その他フィリピン、ピナツボ火山の1991年の噴火の時のように、噴煙柱が20km以上の高度に達し、エーロゾル（微細な液滴または固体粒子）を成層圏まで送り込む噴火もある。

気候変動

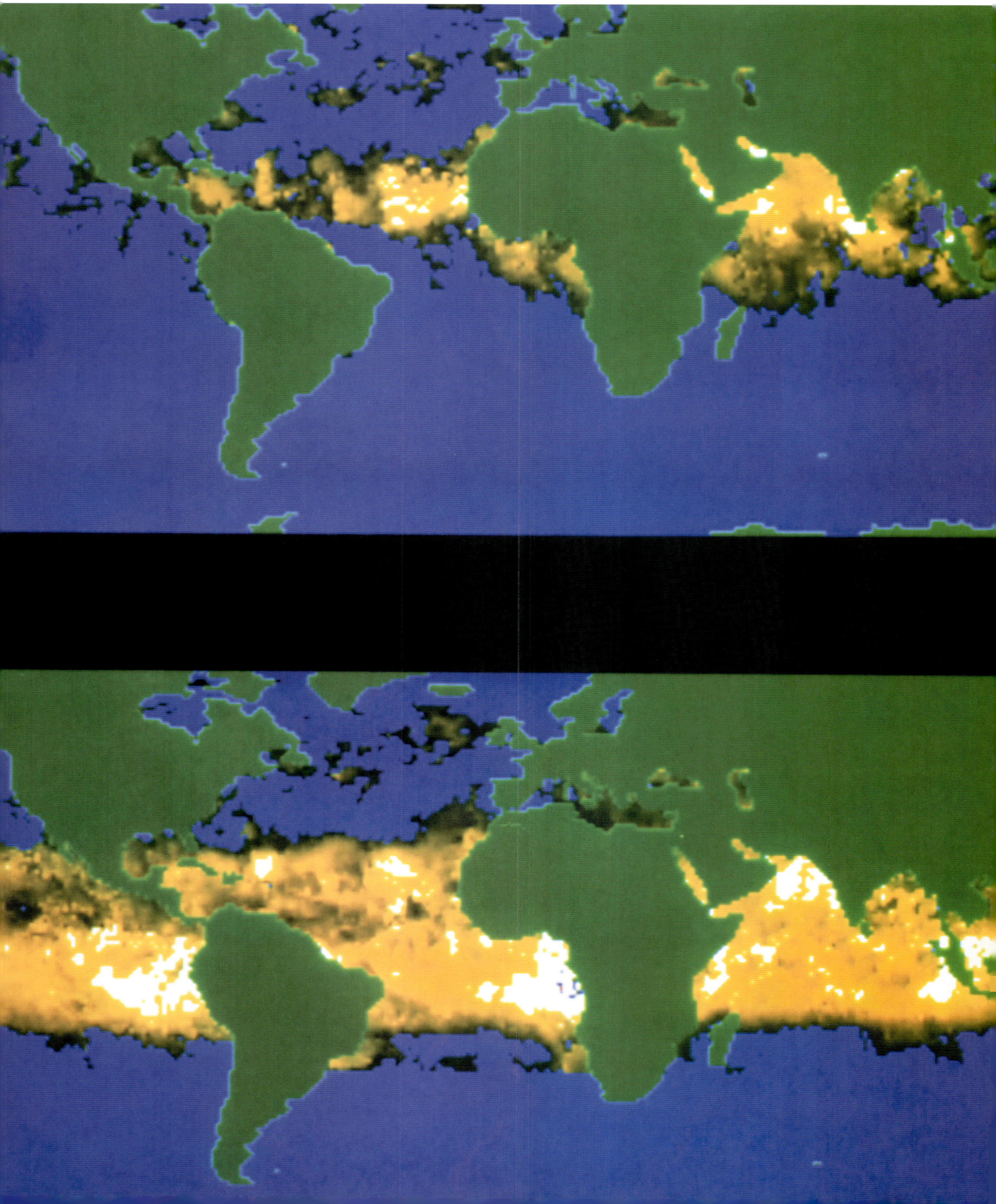

噴火の全球的影響／ピナツボ火山

大気中の火山性エーロゾルの分布を示した偽色画像地図。上がピナツボ火山噴火直後、下がその2ヵ月後。エーロゾルの濃度は褐色（低い）から白（最高）まで、黄色の明度で示している。フィリピン、ピナツボ火山の1991年6月の噴火は15〜16日に最高潮に達した。上の画像（6月19〜27日）は、ほとんど普段と変わらないエーロゾル分布を示しており、わずかにインド洋上で高くなっている程度であるが、下の画像（8月8〜14日）では、エーロゾルプルームが赤道を1周しているのがはっきりわかる。

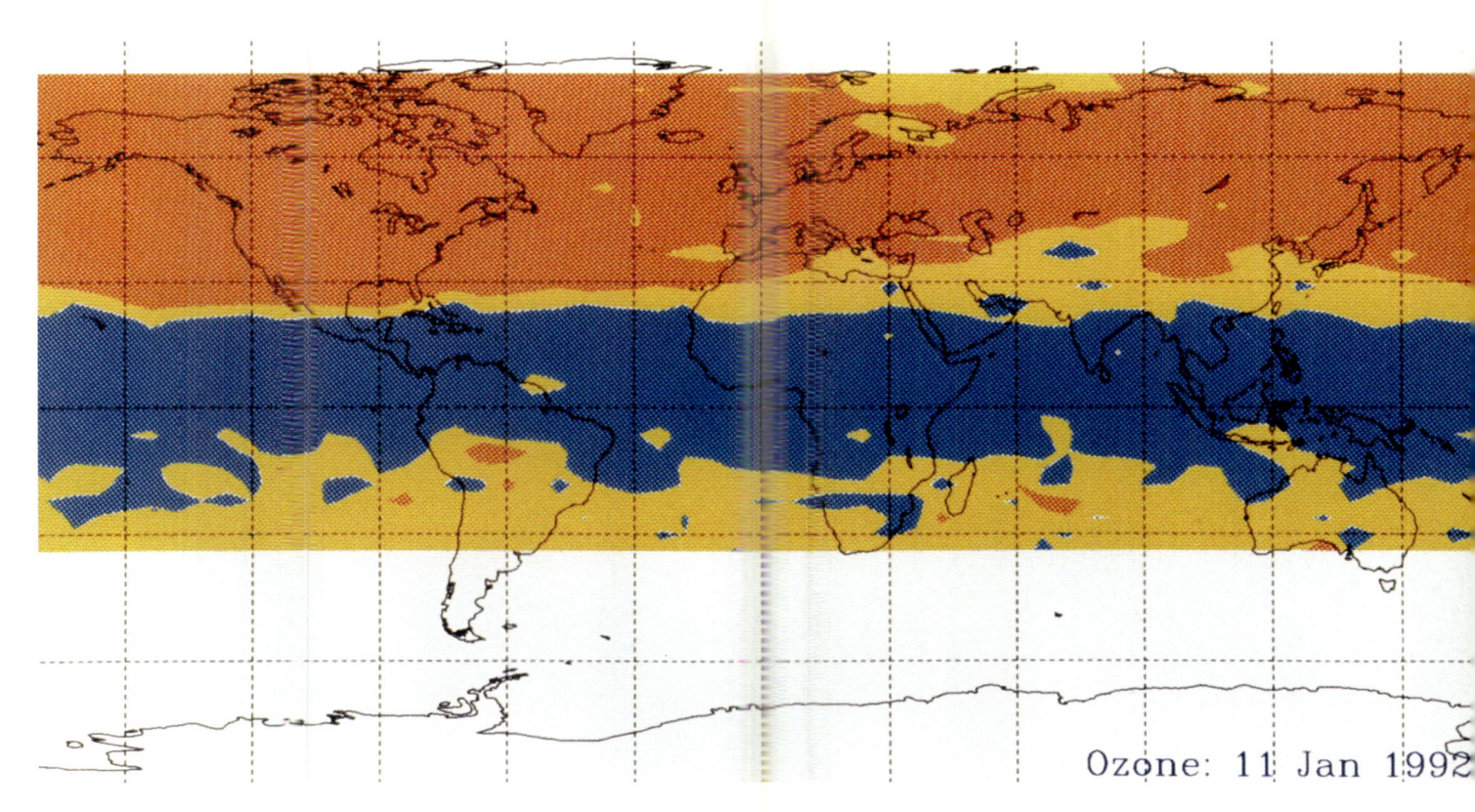

Ozone: 11 Jan 1992

噴火後のオゾン減少

上の地図は1991年6月のピナツボ火山噴火後の、1992年1月11日の北半球および熱帯の成層圏オゾンの分布状況を示したもの。オゾン濃度は青（最低）から赤（最高）まで色分けされている。熱帯のオゾンが最も多く失われている地域は、ピナツボ火山のプルームの分布とほぼ一致しており、火山性エーロゾルの硫化化合物がオゾン破壊の触媒として作用していることを示している。熱帯におけるオゾン減少は低高度でも約10％あり、高度20kmでは50％にも達した。

タンボラ山のカルデラ／インドネシア・スンバワ島

このカルデラ（直径6km、深さ650m）は、1815年に起こった有史以後最大規模の噴火によって形成されたもので、その規模は、よく知られている1883年のクラカタウ火山をはるかにしのぐものであった。噴火によって噴きあげられたエーロゾルは成層圏まで達し、その量は単に熱帯だけにとどまらず、地球全体を覆うほどであった。その結果、地表に到達する日射量が劇的に減少し、気候に即時的影響が現れた。1815～1816年の冬はこれまでになく寒冷で長く、1816年の春と夏は異常なほど寒く、そのため1816年は「夏のない1年」といわれるほどであった。作物は枯れ、飢饉が世界的に広がった。

過去最大の火山噴火

画像はスマトラ島トバ山の巨大カルデラ。火山学者によって過去最大規模といわれている噴火によって形成されたもの。トバ湖の総面積は1,300km²あり、そのなかにサモシール島（全長30km、全幅10km）を有する。その巨大噴火は有史以前、今から7万4000年前と推定される。噴出物は信じられないほどの量で、3,000km³と推定されているが、タンボラ山の50km³、セントヘレナ山のただの3km³とくらべると、その量の莫大さがわかる。このような噴火が地球の気候に壊滅的な影響を与えたのはいうまでもない。

気候変動

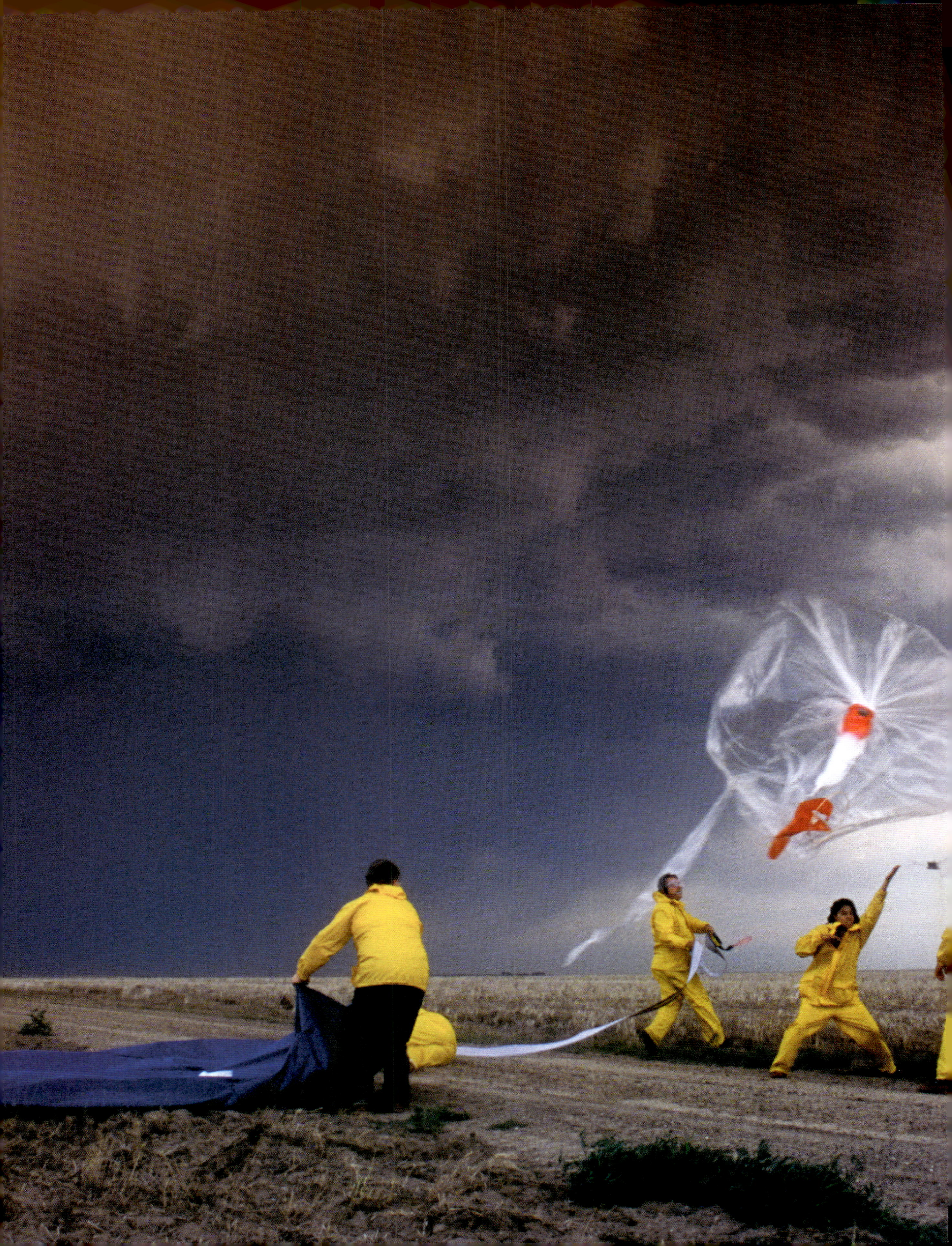

用語解説
索引

強い雷雨誘電降雨調査(STEPS)の気象予報官がカンザス州の雷雨に向けて気球を上げている。このスーパーセル雷雨は非常に大型で、トルネードへと発達する過程にある。気球には、雷雨内の気温、気圧、風速、電場のデータを入手するための機器が搭載されている。

用語解説

安定性
空気塊が強制的に上昇あるいは下降させられるとき、その運動を続けるよりも、元の状態に戻ろうとするならば、大気は安定しているという。

ウインドシア
大気中の位置の違いによって生じる風の方向や強さの変化。もっとも普通にみられるのは高度の上昇につれて風力が増大するときである。

オゾン
酸素原子3個からなる反応性の高い無色の気体。成層圏で光化学反応で生成されて自然に存在し、人体に有害な紫外線を吸収するとともに、成層圏の気温を上昇させる。飛行機排出ガスによる対流圏上部のオゾン濃度の上昇は、地球温暖化の原因の1つとなっている。高度の低い場所では主に自動車排ガスによって人為的に生成され、公害の原因物質となっている。

オゾンホール
成層圏のオゾンが極度に減少している場所で、そこから有害な紫外線が地表に到達する。成層圏オゾンは主として、フロンガスとして知られているクロロフルオロカーボン（CFC）との化学反応によって破壊される。現在その使用は世界的に禁止されている。オゾンホールは極域に春の日照（化学反応を促進する）が戻って来るとともに発達する。

海洋性気候
海洋に近接しているということに強く影響されている気候。年間を通して降水量が多いのが特徴だが、冬は概して過ごしやすく、夏も極端に高温になることはめったにない。

過冷却
気温が0度以下に下がっているにもかかわらず、水が凍結せず液体のままにとどまっている状態。大気中に凍結に必要な凍結核が存在しないときにしばしば生じる。気温がさらに−40℃まで下がると、過冷却水は核なしでも凍結する。

逆転層
上空にいくほど気温が高くなる大気の層。

凝結高度
水蒸気が凝結を起こし、雲粒となる高度をいう。その高度は、空気の湿度（水蒸気量）と周囲の気温による。

幻日
モックサンの気象学専門用語。

高気圧
天気図上で閉じた等圧線が描かれ、中心の気圧が周囲の気圧より高い場合、これを高気圧という。空気は高高度から下降し、周囲に向って流れ出す。北半球では時計回りの風系ができる。

降水
大気中から落下して地表、海面に到達する液体および固体の水物質。雲粒、もや、霧、露、霜、霧氷は含まない。また尾流雲（地表に達しない雨や雪、氷晶が尾を引いたように見えるもの）も含まない。

サーマル
地表面が熱せられると、そのすぐ上の空気が熱気泡となり上昇する。この暖かい空気の塊をサーマルという。場合によっては、サーマルは凝結点まで上昇し、水蒸気が凝結して水滴となり、雲が生じることがある。

サイクロン
中心の低い気圧のまわりを空気が循環する風系は、大きく2つに区別される。1）トロピカル・サイクロン（熱帯低気圧）。独立した熱帯性暴風雨で、強く発達するとハリケーン、台風とも呼ばれる。2）エクストラトロピカル・サイクロン（温帯低気圧）。こちらは温帯の気象に影響を及ぼす主要因の1つ。

ジェット気流
顕著に温度差のある2つの気団の主要な境界の上層に近接して横たわる狭い帯状の速い気流。南北両半球にそれぞれ2つの大きなジェット気流（寒帯前線ジェット気流と亜熱帯ジェット気流）がある。熱帯および高高度上空にも別のジェット気流がある。

水温躍層
水温が急激に変化する層をいう。特に海面近くの温かい表層と大洋性の深い場所の冷たい海水の境界をさす。

スーパーセル雷雨
巨大な積乱雲複合体で、数個の上昇域が単一の回転する上昇域に組織されたもの。逆に下降域と流れ出しは複数あり、さまざまな形態を取る。数時間も持続する長い寿命を持ち、激しい発雷活動、破壊的なひょう、滝のように降る雨、巨大竜巻などを伴う。

成層圏
地表の上2番目にある主要な大気の層で、下部ではほぼ等温であるが、一定の高さを過ぎると上空にいくほど気温が上昇する。その下の対流圏との圏界面は約8kmから20km（緯度により異なる）、上の中間圏との圏界面は高度約50kmである。

セル
一つの対流雲を構成する個々の空気の塊。セル内では、隣接するセルの活動からほぼ独立して対流が生じている。成長期、成熟期、衰弱期というライフサイクルを経過する。巨大な雲塊には、発達段階の異なった多くのセルが含まれており、そのなかでとくに発雷活動を有するいくつかのセルを含むものをマルチセル・サンダーストームという。大きな積乱雲の集合が、時に単一の巨大なセル、スーパーセルストームに組織化し、竜巻等の激しい事象を発生させることがある。

対日点
太陽と観測者の頭部を結んだ線を延長し、太陽と正反対の位置に達する天球上の点。

大陸性気候
大陸内部に特有の気候。冬と夏の極端な気温差が特徴。概して平均年間降水量は少ない。

対流圏
大気の最下層に位置し、雲や雨などほとんどの気象変化はこの圏内で生じる。圏内では一般に気温は高度につれて下がる。

対流圏界面
大気の鉛直構造において、対流圏とその上の成層圏を分かつ境界。高度は極地では約8km、赤道上では18〜20km。

地形性雲
山地や山脈を強制的に上昇させられる空気によって生じる持ち上げによって形成される雲の総称。

中間圏
成層圏の上に位置する高度領域を中間圏という。この領域では、大気温度は高度が増すにつれて減少し、高度86kmから100km（季節および緯度により異なる）の中間圏界面で極小となる。

低気圧
周囲より相対的に気圧の低い、閉じた等圧線で囲まれた領域。空気は周囲から流入し、中心で持ち上げられる。気象学用語では、エクストラトロピカル・サイクロン（温帯低気圧）としても知られている。低気圧周辺の風はサイクロンと同様に、北半球では反時計回り、南半球では時計回り。

天頂
地球の中心と観測者の頭を結んだ線が天球と交わる点。

等圧線
天気図上で気圧の等しいところを結んだ線。

トロピカルストーム（熱帯暴風）
熱帯低気圧のうち、サイクロンに発達する前（あるいはそれが減衰した後）の段階。低気圧を中心にしたよく発達した循環があり、風速はビューフォート風力階級で8〜11（時速62km〜117km）に達する。

波状雲
空気が波のように動くことによって生じる雲。通常空気が山地や山脈を通過するときにできる。雲は凝結点以上に持ち上げられた波頭の部分にでき、次の波の谷では消える。時には幾列も連なる波状雲の列が、山脈の風下側にできる。

ハリケーン
破壊的エネルギーを持つ熱帯低気圧のうち、北大西洋および太平洋東部で発生するもの。

不安定性
空気塊が強制的に上昇あるいは下降させられたとき、その運動を継続（または加速）するならば、大気は不安定性である。反対は「安定性」。

フィルン
積もった雪が長い年月のあいだ融解と再凍結を繰り返し、ザラメ状に変質していったもの。氷河の氷になる途中。

放射計
多くの気象衛星が搭載している基本的な装置。大部分が紫外線から熱赤外域までの、地球から放射される幅広い波長を計測できるが、普通は地表または大気の個々の属性についての情報を得るため、数種のフィルターで分光して狭い領域の波長を計測する。人間の目の可視領域に合わせたものがしばしば用いられる。

索引

あ
アーク
　オーロラアーク　174, 180
　ハロー(暈)現象　154-7
アーチ
　サンドストーン・ブリッジ　8-9, 11
　氷山アーチ　88-9, 91
アイスバーグ　105, 107
アイスランド低気圧　221
アイスワーム(多毛環形動物)　256
アイダホ　57
ITCZ(熱帯収束帯)　190-1, 203
アイルランド　196, 218
アウストラロピテクス・アファレンシス　237
アウターヘブリディーズ諸島　46
亜寒帯気候(タイガ)　149, 227, 231
アクア衛星　199-201
足跡、化石化した　237
アシニボイン山　167
アジア　201, 204, 221, 236, 240 (China等各地域も参照)
アゾレス・バーミューダ高気圧　220
アタカマ砂漠　48-9, 50, 66, 78, 200-1
穴、氷床融解の　102
アナクサゴラス　48
亜熱帯気候　236
アフリカ　190, 191, 192, 200-1, 237, 239, 240 (Chad等各地域も参照)
アペニン山脈　38-9
アマゾン熱帯雨林　238-9, 274
アムダリヤ(川)　64
雨　17, 30, 33, 34, 38, 48-53, 55, 62-4, 88, 204 (虹、にわか雨、タイガ等の各気候帯、生態系も参照)
アメリカ合衆国　193, 199, 200, 204-5, 236, 250 (カリフォルニア等各州も参照)
嵐(ストーム)
　サンダーストーム　38, 112-17, 124, 144-5, 199
　磁気あらし　147
　高潮　139-42
　塵および砂あらし　71, 82-6, 274
　つむじ風　123
　トロピカルストーム 67, 130-2 (スーパーセルストームも参照)
　ヘイルストーム　92
アラスカ　98-9, 101, 102, 179, 203, 226, 248-9, 251, 258-9, 262-3
アラビア砂漠　64, 220
アラル海　64
アリゾナ　84, 116, 168-9, 170, 250
アリューシャン低気圧　221
アルゼンチン　236, 262
アルティプラーノ(プーノ)　245, 246-7
アルナルフィヨルズル入り江　107
アルバータ、カナダ　232
アルプス　56, 77, 260-1, 272
アレキサンダー・セルカーク島　38
アレキサンダー島　220-1, 223
アレキサンダーの暗帯　148, 160, 161
アレン(ハリケーン)　63
アンゴラ共和国　255
アンチール海流　204-5
アンデス山脈　24, 66, 227, 239, 245, 246-7
アンドリュー(ハリケーン)　136
アンビルクロウラー(かなとこを這うもの)　116
イエメン沿岸砂漠　245
イギリス　76-7, 80, 140-3, 146-7, 158, 194, 196, 218
イザベル(ハリケーン)　139
イタリア　38-9, 74, 272
イニキ(ハリケーン／トロピカルストーム)　131
入り江、ムル　50-1
移流霧　70, 76-8
イルティシュ川　233

色(虹等各項目を参照)
インド　92, 236, 237, 240, 272
インドネシア　25, 81, 114, 239, 240
インド洋　62, 132, 202, 217, 240
ウールズソープ、リンカーンシャー　146-7, 148
ヴァンタヨークル氷冠　105
ウィットビー、イギリス　76-7
ヴィンソンマッシフ山　222
ウェストフィヨルド(ヴェストフィルター)半島　107
ウェッデル海　223, 249
ウォーターデビル(水竜巻)　120
ウォール氷河の穴　101
ウガンダ　114
渦
　カルマン　38
　吸引　128
　極　208-9
ウズベキスタン　64
宇宙、からの眺め　35, 81, 130, 135, 143-5, 182, 197
雨氷(ブラックアイス)　58, 89, 97
海(北海など各海を参照)
海霧・もや　70-1, 76-9
海の蜃気楼　170-2
ウユニ塩湖、ボリビア　245, 246
雲霧林　239
エーロゾル(浮遊粒子状物質)、火山性　276, 277, 278-9
永久凍土　88, 228, 230
衛星
　可視光(可視領域)画像　143, 190, 243, 275 (エトナ等各地域およびテラ等各衛星も参照)
　気温図　189-91, 204-5, 210-17, 224-5, 226
　極軌道気象衛星　181, 187, 188, 193, 194
　偽色画像　77, 142-3, 192-3, 218-19, 242, 276, 278-9
　静止衛星　135, 187, 188, 193
　赤外画像　68-9, 188, 191, 222, 226, 243
　全球気象システムモザイク図　186-8
　大気水蒸気量画像　135, 191, 199-201
　実色画像　196
　発雷分布　114
　ハリケーンおよび台風画像　128-9, 133, 135, 195
　メテオサット画像　135, 190-3
　予報の利用　186, 187
映日　147
エクアドル　24, 238-9
エジプト　84-5, 170-1, 241, 243, 275
エスカー　102
エタージュ　8-9
エトナ火山　198-9
エドモントン、アルベルタ州　232
エネディー大山脈　82
エバーグレード(沼地)　236
エベレスト　96-7
エミクーシ山　82
MSG(第二世代気象衛星)　193
エリダ(トロピカルストーム)　67
エルゴン山　239
エルニーニョ現象　187, 189, 210-11, 214, 216, 217
エルニーニョ南方振動　217
エレバス火山　28-9, 30
塩水湖　64, 241
煙霧(大気汚染を参照)
オーストラリア　160-1, 217, 219, 268-9, 270
　気候帯　220, 234, 235, 236, 240

オーバル、オーロラ　181
オーリオール(光冠)　148, 151
オーロラ　147, 174-83
オーロラアーク　174, 180
オーロラオーストレイリス(南極光)　174, 182
オーロラオーバル　181
オーロラコロナ　175
オーロラゾーン　147, 183
オーロラバンド　176-80
オーロラボレアリス(北極光)174, 176-81, 183
オアシス　64, 243
黄土　74, 86
オクラホマ市　125
オジーヴ(尖塔アーチ)　99
汚染
　光公害　74 (大気汚染も参照)
オゾン
　オゾンホール　11, 208-9
　火山噴火に伴う減少　279
　スモッグ(煙霧)　71, 87
オビ川　233
オホーツク海　226
オメガ型(変形太陽)　173
雄山、三宅島　86
オリーブ園　235
オリンピックナショナルパーク、ワシントン　158-9, 160, 234
オレゴン　67
温室効果ガス
　大気サンプル保管所　270
　二酸化炭素　249, 250, 251, 254
　メタン　252-6
温帯雨林　234
温帯気候　234-5
温暖前線　197, 218-19
温度
　海水温度　204-5, 210-13, 217, 249 (地球温暖化も参照)
　気温偏差　214-15, 216
　逆転　33, 34, 37, 80, 87, 144
　凝結点　54, 70, 74
　地球　189-91, 212-17, 224-5, 226, 249

か
海煙、北極　79
開墾および森林破壊　69, 71, 74, 81, 143, 242
下位蜃気楼　170-1
海水温　204-5, 210-13, 217, 249
海氷および流氷　88, 89, 108-9, 185, 223, 226, 228
海霧　76-7
海洋
　海流および循環　70-1, 89, 204-5, 213, 249
　海洋気象　221, 234-6
　高圧帯　220 (フンボルト海流等各海流、大西洋など各海洋も参照)
海洋深層循環　249
海洋有孔虫類　271
海流
　海洋　70-1, 89, 204-5, 213
　フンボルト海流等各海流を参照
カウアイ、ハワイ　131
カオス理論　216
かぎ状巻雲(メアーズテイル)　21
核、凝結と氷結の　10, 14, 49, 67, 276
影
　グローリー(御光)　146-7, 184
　薄明光線(表御光)および反薄明光線(裏御光)　42-3, 162-7
火災　35, 67
カザフスタン　64
火山
　雨　62, 66
　エーロゾル　276, 277, 278-9, 280
　火山性スモッグ　71
　カルデラ　27, 280, 281
　環礁　266
　雲　25, 27, 28-9, 30
　煙プルーム　198-9
　水蒸気スパウト　122
　火山性スモッグ　71

空の色　147, 285
塵雲　83
火山泥流(ラハール)　276
灰　276
噴火　122, 276-81
融解プール　105
ラハール(火山泥流)　276
エレバス等各火山も参照
可視光線(可視領域)画像　143, 190, 243, 275
過剰虹　160-1
化石化した足跡　237
風
　サンタアナの風　26
　ジェット気流　46-7, 221
　太平洋　203
　風速　46, 125, 128, 131, 133, 134, 142, 143, 195, 203
　ブリザード　95
　偏西風帯　220
　貿易風　132, 190, 220
　モンスーン　221
カタール　83
下端接弧　156-7
家畜、メタン放出　253, 254
滑昇霧　15
カテテ、アンゴラ　255
カナダ　46-7, 85, 102, 167, 178, 221, 226, 230-2, 251, 262-3
かなとこ　32-7, 10-1, 42, 116, 144-5
かなとこ雲　32-3, 40-1, 42, 116, 144-5
カナリア海流　70
カナリア諸島　27, 38, 71, 274
花粉　119
カミーユ(ハリケーン)　136
カリフォルニア　38-9, 11, 26, 67, 71, 87, 130, 235, 252
カリフォルニア海流　70-1
カリマンタン、インドネシア　81
カルデラ　27, 280, 281
カルマン渦　38
過冷却雲　57
過冷却水滴　49, 50, 56, 57
川　62, 64, 74, 84-5, 111
イエローリバー等各河川も参照
環　光環、グローリー、暈を参照
灌漑、の影響　64-5
カンザス　20, 112-13, 114, 126-7
環水平アーク　155
観測気球　206
観測、緊急気象予報　112
寒帯前線　191, 220-1
環天頂アーク　155
干ばつ　65, 67 (砂漠も参照)
カンパラ、ウガンダ　114
寒冷前線　197, 218-19
画像
　可視光線(可視領域)　143, 190, 243, 275
　偽色画像　77, 142-3, 192-3, 218-19, 242, 276, 278-9
　3-D　128-9, 139
　赤外　68-9, 188, 191, 222, 226, 243
　大気水蒸気　135, 191, 199-201
　実色　196
　ハリケーンおよび台風の　128-9, 133, 135
　メテオサットおよび第二世代気象衛星　135, 190-3
ガフィロ(熱帯低気圧)　143
岩石
　岩石圏　38
　凍結-融解サイクル　104, 227, 228, 229
気温偏差　214-15, 216
気候帯　220 (砂漠気候等各気候帯も参照)
気候変動
　アイスコア分析　256, 257, 270-1
　サヘル　244-5
　サバナ　237

サヘル　242
テラ衛星観測　196 (地球温暖化も参照)
気象機関, 気象台, 研究所　56, 118-19, 151, 186-7, 206, 270
気象記録　112
気象予測　天気予報を参照
気体
　海水中酸素同位体　270, 271
　オゾン、スモッグも参照
　大気サンプル保管所　270
　二酸化炭素　249, 250, 251, 254
　メタン　252-6
　硫化ジメチル(DMS)　268
北大西洋海流　204-5
北朝鮮　72-3, 74, 86
共生藻　268
極渦　208-9
極軌道気象衛星　181, 187, 188, 193, 194
極端な気象現象　112-13, 204 (ハリケーン等各現象を参照)
巨大植物　239
巨大水上竜巻　121
キラグア、チリ　50
霧　50, 70-1, 74-9, 244
　過冷却　57
　層雲　24
　霧虹　146, 158-9, 160
キリバス諸島　266
キリマンジャロ山　239
偽色画像　77, 142-3, 192-3, 218-19, 242, 276, 278-9
逆転　33, 34, 37, 80, 87, 144
凝結、ひょう　17
凝結核　10, 49, 67, 276
凝結点　54, 70, 74
魚類資源　64, 71
ギルキー氷河　92
クールー(仏領ギアナ)　118, 206
クイーンズランド、オーストラリア　269
草地およびサバナ　231, 232, 233, 237, 242
雲
　渦　38
　馬尾雲　21
　雲被覆率　189, 207, 249
　巻雲　8, 9, 20-1, 42, 46-7, 128-9, 148, 272
　巻積雲　9, 23, 30, 42, 44, 150-1
　巻層雲　9, 22
　降水の仕組み　17, 30, 33, 34, 48-53, 55
　高積雲　8, 9, 11, 23, 28-31, 42, 44
　高層雲　9, 18-19, 20
　サバ雲　23, 30, 31
　真珠雲(真珠母雲)9, 10, 11, 151
　頭巾雲　33
　積雲　8, 9, 14-17, 33, 38-9, 48, 207
　層雲　8, 9, 24-5, 42, 50
　層積雲　8, 9, 14, 26-7, 30, 38, 42, 44, 164-7
　地形性雲　38-9, 44-5
　乳房雲　42-3
　発雷放電　116-17
　氷晶雲　17, 33, 49
　分類法　8-9
　プリズム雲　45
　壁雲　126-7 (積乱雲、光学現象も参照)
　夜光雲　9, 12-13, 14, 151
　乱層雲　9, 18-19, 20, 49
　レンズ雲(波状雲)　8-9, 11, 44-5
　ろうと雲　121, 122, 126-7
クラカタウ火山　280
クレイヴァリング島　38-9, 228
クレバス　98, 100-1, 102
クロロフルオロカーボン　11
グランドキャニオン　70-1, 74
グランドセル、ジャイアント　239
グランドバンク、大西洋　70
グリーンランド
　高気圧部・低気圧部　218, 221, 228
　グリーンランド高気圧　228
　地球温暖化　89, 249

地形性雲 38-9
ツンドラ 227, 228
氷河 251
氷冠, 氷床 218, 226, 228-9, 249, 270
氷山 88-9, 91, 103
フィヨルド 106
ブリザード 95
グレートスモーキー山脈国立公園, テネシー州 75
グレートバリアリーフ 268-9
グレートブリテン島 76-7, 80, 140-3, 146-7, 148, 194, 196, 218
グレンキャニオンダム 250
グローリー 146-7, 184
ケープグリム大気汚染基準線観測所 270
ケープハテラス 139, 197, 204
ケープブレトン島 46-7
警報, 緊急時気象予報 112
結晶
　氷 88, 90-1, 94
　霜 58-9
　霧氷 56
ケニヤ山 239
煙
　煙プリュームおよびもや 67, 71, 72-3, 74, 81, 198-9, 272-3
　北極海煙 79
巻雲 8, 9, 20-1, 42, 46-7, 128-9, 148, 272
　房状雲 21
嫌気性生物と環境 252, 254, 255
巻状雲(巻層雲等各種類を参照)
巻積雲 9, 23, 30, 42, 44, 150-1
巻層雲 9, 22
幻日(サンドッグ) 154, 156
幻日環 154, 156-7
コーンウォール 140-1, 142
降雨のない雲底 127
光化学スモッグ 71, 87
光冠(コロナ) 146,
黄河 74
光学現象 146-7
　映日 147
　オーロラ 147, 174-83
　暈およびハロー現象 146, 154-7
　霧虹 146, 158-9, 160
　グローリー 146-7, 184
　光冠 146, 148-51, 175
　山頂光および残光 167
　蜃気楼 170-3
　空の色 147, 162-3, 185
　太陽柱 168-9, 170(虹色も参照)
　露虹 54, 146
　虹 146, 148, 156, 160-1
　薄明光線(表御光)および反薄明光線(裏御光) 42-3, 162-7
高気圧 80, 194
高気圧部
　高気圧帯 220-1(グリーンランド高気圧等各高気圧部参照)
　低気圧 80, 194
高山凍土帯 227
降水 17, 30, 33, 34, 38, 48-53, 55, 60-4, 95
　タイガ等の各気候帯および生態系も参照
洪水 68-9, 113
　射流洪水 38, 64, 113, 243, 245
　モンスーン洪水 240
高積雲 8, 9, 11, 23, 26-31, 42
　レンズ状高積雲 44
高層雲 9, 18-19, 20
構造土 228, 245
甲虫 78
高度計, レーダー 202
氷
　アイスコアサンプル 256, 257, 270-1
　アイスストーム 89
　アイスフォール 101
　雨氷(ブラックアイス) 58, 89, 97
　雲中の氷(ひょう, 上層雲参照)
　河氷 111
　クレバス 98, 100-1, 102
　光学現象(ハロー, 映日, 太陽柱参照)

サスツルギ 100 (霜, 氷河も参照)
懺悔者 101
雪氷圏 88
ダイアモンドダスト 146, 156
定着氷 109
氷の懺悔者 101
氷冠, 氷床, 棚氷 88-9, 100-5, 108, 220-3, 226, 228-9, 249, 262, 264-5, 270
氷山 88-9, 91, 98, 103, 185, 223, 248-9, 251, 262, 265
氷晶 88, 90-1, 94, 145-6, 147
氷盤 108-10, 172
ピンゴー 230
霧氷 56-7
メタンハイドレート埋蔵 256
流氷および海氷 88, 89, 108-10, 223, 226, 228
古細菌 254
コッリ・エウガネイ 74
湖南省(中国) 68-9
コロラド 70-1, 74, 113, 116-17
コロラド川 250
コロンビア 114
コンクリート 250, 251
ゴパルガンジ, バングラデシュ 93
ゴミムシダマシ科の甲虫 78

さ
サーマル 15, 34
彩雲現象 146, 150-3, 155
　真珠雲(真珠母雲) 9, 10, 11, 151
　夜光雲 9, 12-13, 14, 151
細菌 50, 253, 254, 257
サイクロン 112-13, 130, 132, 139, 143(ハリケーン, 台風も参照)
サウジアラビア 64, 83
サウスジョージア(島) 45
サウスダコタ 125, 128
砂丘 242-4
サスツルギ 100
サハラ砂漠 82, 170-1, 220, 241, 243, 274-5
砂漠
　雨 48-9, 50, 64, 66
　アルティプラーノ(プーノ) 245, 246-7
　涸れ谷 64, 243, 245
　気候帯 220
　霧 78, 244
　雲 38-9, 48-9, 50
　砂丘 242-4
　砂漠舗石 71, 84
　サヘル境界地帯 65, 242
　射流洪水 64, 243, 245
　蜃気楼 170-1
　砂あらし 71, 82-3, 274
　大気水蒸気画像 200-1
　風触嶺 100, 143 (アタカマ砂漠など各砂漠も参照)
　北極および南極 38-9, 222
サバ雲 23, 30, 31
サバナ 237, 242
サヘル 65, 242
サモシール湖 281
酸化窒素 87
山岳
　雨 38-9, 62
　気象への影響 220-1
　雲 24, 38-9, 44-5
　高緯度砂漠地帯 245, 246-7
　山頂光および残光 167
　樹林限界 231(アンデス等各山脈も参照)
　赤道山地植生 239
　ヌナタク 104, 220-1, 223
　霧氷 56
サンゴ 266, 268-9
サンゴ白化 268
酸素同位体 270, 271
サンタアナの風 26
サンダーストーム →雷雨の項参照
山頂光(アルプスの栄光) 167
サンドストーン・ブリッジ 8-9, 11
サンバーストピーク(山) 167
ザイール 35
懺悔者 101

ザンビア 253
CFC(クロロフルオロカーボン) 11
シーフレット(海の憂鬱) 76-7
塩および塩地 64, 66, 241, 245, 246-7
視界 70-1, 95
シシリー 198-9
湿雪雪崩 97
実色画像 196
湿度(大気水蒸気量)画像 135, 191, 199-201
シベリア 232, 233
シベリア高気圧 221
島
　雨 62(カナリー諸島など各島も参照)
　環礁 266
　雲 27, 38, 45
　蜃気楼 172
霜 58-9
　霜霧 79
　霜ざらめ雪 97
　白霜(ホアフロスト) 54, 56, 58(氷も参照)
射流洪水 38, 64, 113, 243, 245
驟雨(にわか雨) 34, 38, 50-3, 55 (雨も参照)
主虹 146-7, 148, 160-1
礁, サンゴ 266, 268-9
植生 62, 234-6, 238-9, 252(ツンドラ等各気候帯も参照)
植物と植生 62, 234-6, 238-9, 252(ツンドラ等各気候帯も参照)
シラオス, レユニオン島 62
シルダリヤ川 64
シロアリ 253
白霜 54 56, 58
蜃気楼 170-3
浸蝕 64 69, 84, 100, 143, 241
真珠雲(真珠母雲) 9, 10, 11, 151
真珠母雲(真珠雲) 9, 10, 11, 151
森林
　雲霧林 239
　森林火災 67
　森林破壊 69, 71, 74, 81, 143, 242
　タイガ 149, 227, 231
　熱帯雨林 234, 238-9, 274
　森林破壊および森林開墾 69, 71, 74, 81, 143, 242
GASLAE(全球大気標本研究所) 270
ジェット気流 46-7, 221
ジェネラ, 雲の 8
ジェリー(熱帯低気圧)132
磁気嵐 147
ジム気球 206
ジャワ 25, 81
樹木蒸気画像 200-1
樹木限界 231
樹林地帯ツンドラ 228
循環
　サヘル境界地帯 242
　凍結・融解サイクル 104, 227, 228, 245
　水循環 48-9, 201
上位蜃気楼 170-2
上層雲 9
　巻雲 8, 9, 20-1, 42, 46-7, 128-9, 148, 272
　巻積雲 9, 23, 30, 42, 44, 150-1
　巻層雲 9, 22
　真珠雲(真珠母雲) 9, 10, 11, 151
　夜光雲 9, 12-13, 14, 151
上部接線アーク 154
ジレット, ワイオミング 92
人工発雷 119
スーパーセルストーム 34, 50, 112-15
　トルネードの発生機構 124-7
スーパー台風 138
水温躍層 210-11
水温躍層循環 249
水圏 88
吸い込み渦 128
水蒸気画像, 大気 135, 191, 199-201
水上竜巻 121, 122
スイス 56, 260-1, 272

水滴
　過冷却 49, 50, 56, 57(雨, 驟雨も参照)
　露 54, 58, 78
　排水現象水滴 55
水田 252
水力発電 255
スコール 204
スコッギンズ, ジム 206
スコット島 265
スターリング, コロラド州 116-17
スチームスパウト(水蒸気噴出) 122
ステップ 232, 233
砂あらし 71, 82-3, 84
スパウト(竜巻) 121-2
スピッツベルゲン 100, 251
スペクトル(画像, 光学現象を参照)
スポット地球資源衛星 198-9
スマトラ 281
スモッグ 71, 87
スラブ雪崩 97
3D画像 128-9, 189
スンバワ島 280
頭巾雲 33
静止衛星 135, 187, 188, 192-3
西方砂漠 170-1, 241, 243
世界気象監視計画 186
世界気象機関 186
世界発雷分布図 114
世界平均波高図 202
積雲 8, 9, 14-17, 38-9, 48, 207
　積雲状の雲(積み雲)(高積雲等各種類を参照)
　雄大積雲 17, 33
赤外画像 68-9, 188, 191, 222, 226, 243
積乱雲
　かなとこ雲 32-7, 40-1, 42, 116, 144-5
　驟雨 50-3, 55
　スパウト(竜巻) 121
　頭巾雲 33
　台風の目 134
　高さ 9, 33
　地形性持ち上げ 38-9
　乳房雲 40-3
　発生機構 14, 15, 17, 21, 33, 34, 88
　発雷 116
　雷雲 144-5
雪氷圏 88
接弧 156-7
セネガル川 242
セメント 250, 251
セントエリアス山 262-3
セントヘレナ火山 277, 281
潜熱 88
旋風 120, 121, 123
全球観測システム 186
全球気象システムモザイク図 186-8
全球気象通信システム 186-7
全球資料処理システム 186-7
前駆放電(ステップリーダー) 116
相, 水の 88
層雲 8, 9, 24-5, 42, 50
層状雲(乱層雲等各雲を参照)
層積雲 8, 9, 14, 26-7, 30, 38, 42, 44, 164-7
空の色 147, 162-3, 185

た
田 252
タイ 240
タイガ 149, 227, 231

雲 27, 38, 45, 46, 47, 50-1
高気圧帯 221
サハラダスト 274
水上竜巻 121(ハリケーンも参照)
大気水蒸気画像 135, 199-201
低圧部および熱帯低圧部 194, 197, 218, 274
熱塩循環 249
メキシコ湾流 197, 204-5
対日点 148, 160, 184
台風 112-13, 130, 133, 137-8(ハリケーン, 熱帯低気圧も参照)
太平洋
　エルニーニョ現象 187, 189, 210-11, 214, 216, 217
　海水温度 210-13, 217
　海流および循環 50, 70-1, 249
　風 203(台風も参照)
　霧 70-1
　雲 26, 38
　煙プリューム 67
　塵プリューム 86
　低圧部および熱帯低圧部 130, 203, 219
　トロピカルストーム 67, 130-1
　熱帯大気海洋配列 217
　波高 202
太陽
　太陽暈およびハロー現象 148, 154-7
　太陽光冠 146, 148, 150-1, 175
　対日点 148, 160, 184
　太陽柱 168-9, 170(地球温暖化, 光学現象も参照)
　太陽の犬(幻日) 154, 156
「太陽の水の汲み上げ」 164-5, 166
　太陽暈およびハロー現象 148, 154-7
　太陽光冠 146, 148, 150-1, 175
　変形(オメガ型) 173
大陸性気候 221, 231-3
タイロス9(人工衛星) 188
多角形模様 228, 245
高潮 139-42
タスマニア 219, 270
縦溝, 氷河の 103
谷
　シベリアステップ 233
　谷霧(たにぎり) 74
　フィヨルドおよび氷河谷 106-7, 109, 260-1, 267
　マクマードドライバレー 222, 257
　リアス 196, 267
タヒチ 217
タムワース, オーストラリア 160-1
多毛環形動物(アイスワーム) 256
タンザニア 237, 239
タンボラ(火山) 280, 281
ダーウィン, オーストラリア 217
ダイアモンドダスト(細氷) 146, 156
大韓民国 133
大災害, 極端な気象現象による 69, 113, 128, 133, 134, 136, 142, 195
大循環
　海洋(海流と大循環を参照)
　大気(地球大循環を参照)
ダクラオアシス 243
WMO(世界気象機関) 186
ダム 250
地球
　地球暗化 249, 272-3
　衛星からの地球画像 189-93, 199-201, 207
地球温暖化 249
　アイスコア分析 256, 257, 270-1
　影響 258-69
　海洋大循環の影響 89, 249
　火山噴火 276-81(大気汚染も参照)
　極端な気象現象 112
　航空旅行 272
　大気サンプル保管所 270
　二酸化炭素 249, 250, 251, 254
　メタン 252-6
　気温 189-91, 212-17, 224-5, 226, 249
　気候帯 220-1
　雲被覆率 189, 207, 249

全球大気標本研究所 270
地球(大気)大循環 190-1, 208-9, 213, 220-1(低気圧等各現象も参照)
地球大循環 190-1, 208-9, 213, 220-1
地球平均波高 202
地形性雲 38-9, 44-5
地中海性気候 235, 236
チップ(台風) 138
乳房雲 42-3
チベット高原 220, 221, 227
チャーチル山脈 104
着生植物 239
チャド 65, 82
中緯度高圧帯 220, 221
中国 68-9, 72-3, 74, 86, 92, 236, 241
中層雲 9
　高積雲 8, 9, 11, 23, 28-31, 42, 44
　高層雲 9, 18-19, 20
　乱層雲 9, 18-19, 20, 49
潮位,上昇する 249, 264, 265-266
朝鮮(北朝鮮,韓国を参照)
貯水池 255
チリ 38, 48-9, 50, 78, 234, 267
塵 71, 74
　空の色 162-3
　ダストストーム 71, 84, 274
　塵旋風 120
　塵プルームと雲 84-5, 86, 274
チロラーフヨルド 106
塚,シロアリの 253
月
　暈およびハロー現象 146, 154, 156
　月光柱(月柱) 170
　光冠 146, 148-9
月の光冠 146, 148-9
津波 27, 266
ツバル(島) 266
つむじ風 123
露 54, 58, 78
露虹 54, 146
ツンドラ 227, 228
TAO(熱帯大気海洋配列) 217
DMS(硫化ジメチル) 268
ティベスティ山 82
低気圧および熱帯低気圧 22, 23, 130, 194, 197, 203, 218-19, 274
低気圧地帯
　低気圧帯 221
　低気圧帯など個別事象も参照
低層雲 9
　積雲 8, 9, 14-17, 33, 38-9, 48, 207
　層雲 8, 9, 24-5, 42, 50(霧,もやも参照)
　層積雲 8, 9, 14, 26-7, 30, 38, 42, 44, 164-7
定着氷 109
テトンバレー,アイダホ州 57
テネシー 75
デビル(旋風) 120, 121, 123
テーブル型氷山 251, 262, 265
テラ(衛星) 196
テレコネクション(遠隔相関) 216
天気予報
　観測気球 206 (衛星も参照)
　気象機関 186-7
　極端な気象現象 112-13, 204
　雲被覆率 207, 249
　誤予報 216
　短時間予測 204
　地球温暖化 249
　ハリケーン追跡 134-5, 139, 195
　レーダー 204
凍結・解氷サイクル 104, 227, 228, 245
東南アジア熱帯雨林 238-9
トバ(火山および湖) 281
トペックス/ポセイドン(人工衛星) 202
トム(台風) 138
トリニティ半島(山) 108
トルネード 34, 43, 112, 114, 120, 121, 125-8
トロピカルストーム 67, 130-2

洞庭湖,中国 68-9
動物界
　アイスワーム(多毛環形動物) 256
　ゴミムシダマシ科の甲虫 78
　サンゴ 266, 268-9
　化石化した足跡 237
　微生物 50, 253, 254, 257, 268, 271
　ブルーモルフォ蝶 216
　メタンガス放出 253, 254
ドライバレー,マクマード 222, 257
トロピカルサイクロン 112-13, 130, 132, 139, 143(ハリケーン,台風も参照)

な
ナイジェリア 144
ナイルデルタ 84-5
雪崩 96-7
ナミブ砂漠 78, 244
南極
　アイスコアサンプル 256, 257, 270-1
　オゾンホール 208
　火山 28-9, 30
　風 28-9, 30
　雲 28-9, 30
　降水 222, 249
　細菌 257
　砂漠気候 222
　大気水蒸気画像 200-1
　ダイアモンドダストと暈 146, 154-7
　地球温暖化 89, 249
　南極横断山脈 104, 222
　ヌナタク 104, 220-1, 223
　波高 202
　氷冠,氷床,棚氷 88-9, 100-1, 108, 220-3, 262, 264-5, 271
　氷山 185, 223, 251, 262, 265
　マクマードドライバレー 222, 257
　流氷および海氷 108-9, 185, 223
南米 193, 199, 200, 221, 236, 237, 240, 274
　エルニーニョ現象 187, 189, 210-11, 214, 216, 217(ブラジル等各地域も参照)
二酸化炭素 249, 250, 251, 254
西ヨーロッパ 77, 80, 194, 200-1, 221, 234-5(イギリス等各地域も参照)
虹 146-7, 148, 156, 160-1
　霧虹 146, 158-9, 160
　露虹 54, 146
　二重虹 146-7, 148
　冬虹(太陽の犬) 154, 156
虹色 146, 150-3, 156
　真珠雲(真珠母雲) 9, 10-11, 151
　夜光雲 9, 12-13, 14, 151
日本 86, 133, 138, 236
ニュートン,アイザック 148
ニューメキシコ 123
ニューリン,コーンウォール 140-1, 142
ヌナタク 104, 220-1, 223
熱,潜熱 88
熱帯雨林 238-9, 274
熱帯収束帯(ITCZ) 190-1, 236
熱帯擾乱 130
熱帯大気海洋配列(TAO) 217
熱帯低気圧および低気圧 22, 23, 130, 194, 197, 203, 218-19, 274
ネバダ 50
ネブラスカ 124
ノースカロライナ 139, 197
ノバスコシア,カナダ 46-7
ノバヤゼムリア諸島 251

は
灰,火山 276
排水滴(グッテーション) 55
ハイデラバード,インド 92
ハイドレート埋蔵 256
薄明光線(表薄光) 42-3, 164-7
波高測定 202
波状雲(レンズ雲) 8-9, 11, 44-5

発電所 255
発雷 88, 112, 114-19
ハドレー循環 190
羽根,霧氷の 56
ハリケーン 63, 112-13, 128-9, 131, 134-6, 139, 195
　ハリケーンハンター(気象観測機) 134-5, 239(熱帯低気圧,台風も参照)
針,霧氷の 56
ハロー(暈),ハロー(暈)現象 146, 154-7
ハワード,ルーク 8
ハワイ 18-19, 20, 122, 131
半乾燥ステップ 232, 233
反薄明光線(裏御光) 162-3
バイオレット(台風) 133, 138
バタフライ効果 216
バハマ 204-5
バルト海 226
バルナウル,シベリア 233
バングラデシュ 93, 139, 240
バンド,オーロラ 176-80
パデュア,イタリア 74
パラナ内湾 144-5
光公害 74
飛行機雲(航跡雲) 22, 272
飛行機旅行 272
ヒッパリオン(現在の馬の祖先) 237
非点収差 172
ヒト科動物 237
ヒマラヤ山脈 114, 221
ひょう(雹) 34, 50, 92-3, 94
氷核 14, 49
氷河
　前進および後退 89, 258-64
　谷およびフィヨルドの形成過程 106-7, 260-1, 267
　氷河サージ 262-3
　氷河谷およびフィヨルド 106-7, 260-1, 267
　氷河流堆積物扇状地(アウトウォッシュファン) 245
　氷山分離氷山の形成過程 98, 223, 248-9, 251
　氷床における 223, 228
　表面の特徴 98-9, 101
　融解水 102, 105
氷山分離氷山 223, 248-9, 251, 262
氷晶化,雲の 17, 33, 49
微生物 50, 253, 254, 257, 268, 271
ビッグトンプソン峡谷大洪水 113
尾流雲 50, 51
ピードモント氷河 262-3
ピッコロアルターレ山 38-9
ピトン・ドゥ・ラ・フルネーズ火山 62
ピナツボ火山 276, 277, 278-9
ビンゴー 230
ファンフェルナンデス諸島 38
フィオナ(熱帯低気圧) 132
フィヨルドおよび氷河谷 106-7, 109, 260-1, 267
フィリピン 240, 276, 277, 279
フィンランド 102, 149, 176-7
風蝕嶺 100, 241
フェアバンクス,アラスカ 179
フェニックス,アリゾナ 116
フェファ(台風) 137
フーゴ 136
副虹 146-7, 148, 161
仏領ギアナ 118, 206, 240
冬虹(太陽の犬) 154, 156
フランキングライン 34
フランス 52-3, 55, 218
フロイド(ハリケーン) 134-5, 139, 197
フロリダ 114-15, 195, 204-5, 236
フロリダ海流 204-5
噴火,火山の 122, 276-81
粉雪電気 96-7
フンボルト(ペルー)海流 50, 70
ブイ(熱帯大気海洋配列TAO) 217
ブラジル 144-5, 236, 237
ブラックアイス(雨氷) 58, 89, 97
ブラックロック砂漠 50

ブリザード 95
ブリティッシュコロンビア 167, 231
ブルーモルフォ蝶 216
ブロメリア 239
分類法,雲の 8-9
プール(アレイブラーノ) 245, 246-7
プール,融解の 105, 109
プリズム雲 9
プリニアン噴煙柱 277
プリューム
　煙 67, 81, 198-9
　塵 84-6
　灰 276
プリンセスシャーロット湾 269
プレーリー 231, 232
ヘールランド 100
ヘイブ(熱帯低気圧) 132
閉塞前線 186-7, 218-19
壁雲 126-7
変成太陽 173
変種,雲の 9
偏差,気温 214-15, 216
偏西風帯 220
ベーリング海 258-9
ベイパースプート(水蒸気噴出) 122
ベガ島 131
ベツィブカ河 143
ベンゲラ海流 71, 244
ベリトモント氷河 262
ペルー 210
ペルー(フンボルト)海流 50, 70
ペルツ氷河 254
放射霧 74-5
放射能年代測定,アイスコアの 256
放電,発雷 88, 112, 114-19
北貿易風 82
北米 93, 99, 200, 204-5, 221, 274(カナダ等各地域も参照)
北海 76-7
北極
　オゾンホール 209
　雲 38
　大気水蒸気画像 199-201
　ツンドラ(凍土帯) 227
　氷冠,氷床 110, 226, 228-9, 249, 251
　北極海 110, 226
　北極海氷 79
　北極光(オーロラボレアリス) 174, 176-81
　流氷および海氷 88, 89, 110, 223, 226, 228
ホモジニタスアーク 174, 180
ホンジュラス 128-9
貿易風 190, 220
ボハイ湾 72-3, 74
ボリビア 235, 246-7
ボルネオ 81

ま
マウナケア山 18-19, 20
マクマードドライバレー 222, 257
マダガスカル 132, 143
マニトバ,カナダ 178
マラスピーナ氷河 262-3
マンチェスター,サウスダコタ 125
水
　酸素同位体 270, 271
　相 8
湖 64-5, 68-9
　ジュネーブ湖 272
　チニア湖 245
　チャド湖 65
　トバ湖 281
　パウエル湖 250
　ポニー湖 257
　ヴォストーク湖 257, 270
　洞庭湖 68-9
水蒸気 200, 201
水溜まり,凍った 111
水の相 8
ミッチ(ハリケーン) 128-9
南アフリカ 234, 235
南大洋 222, 220, 231, 249, 265
南ユイスト島 46
ミャンマー 236, 240
ミレトスのタレス(天文学者) 48
霧氷 50-1
ムル,入口 50-1

メキシコ湾 204-5, 256
メキシコ湾流 197, 204-5
メソサイクロン 114, 124
メタン 252-6
メタン生成古細菌 254
メテオサット画像 135, 190-3
メディスンハット,アルバータ州,カナダ 232
目・目の壁雲,ハリケーン,台風の 134, 137, 139
メラピ火山 25
メルバブ火山 25
モーリタニア 242
モザイク,世界気象システムの 186-8
もや 70, 76-7, 78
モルガナ蜃気楼 172
モルガン・ル・フェイ 172
モルジブ諸島 269
モレーン(氷堆積) 260-1
モンスーン(季節風) 221, 240

や
矢型先行放電 116
夜光雲 9, 12-13, 14, 151
ヤコブの梯子 164-5, 166
ユーウ,中国 92
融解水 102, 105, 109, 249, 262
有孔虫 271
夕焼け 167
雪 30, 60-1, 62
　サスツルギ 100
　スノーデビル 120
　雪片 90-1
　雪崩 96-7
　ブリザード 95
ユタ州 250
ヨークルフロイプ 105
ヨーロッパ 77, 80, 194, 200-1, 218, 221, 234-5(イギリス等各地域も参照)

ら
雷雨(サンダーストーム) 38, 112-17, 124, 144-5, 199
ラエトリ,タンザニア 237
ラハール(火山泥流) 276
ラパルマ,カナリア諸島 27
ラブラドール海流 70
ラベウフ・フィヨルド 109
ラヤラ・オアシス 64
ラン 239
乱層雲 9, 18-19, 20, 49
ランドスパウト(竜巻) 121
リアス式海岸 196, 267
リッチベール,カリフォルニア 252
リビア 46
リボンリーフ 269
硫化ジメチル 268
流氷 108-10, 172
流氷および海氷 88, 89, 108-10, 223, 226, 228
リユニオン島 62
リンカーンシャー 146-7, 148
リンマス洪水 113
ルーズベルト島 265
レーダー 139, 202, 204, 275
レイドバンド,オーロラの 176-7, 180
レンズ雲(波状雲) 8-9, 11, 44-5
ローヌ渓谷 7
ろうと(漏斗)雲 121, 122, 126-7
ロケット 118, 119, 151
ロサンゼルス 71, 87
ロス棚氷 222, 223, 265
ロス島 28-9, 30
ロッキー山脈 167, 209, 220
ロビンソンクルーソー島 38
ロベリア,ジャイアント 239
ロブノール,新疆 241
ロレンツ,エドワード 216
ロンネ棚氷 79, 223

わ
ワイオミング 60-1, 62, 92
ワシントン州 158-9, 160, 234
ワジ(涸れ谷) 64, 243, 245

CREDITS

1 BRITISH ANTARCTIC SURVEY /SCIENCE PHOTO LIBRARY; 2-3 NASA /SPL; 8-9 ART WOLFE /SPL; 10 DAVID HAY JONES /SPL; 11 DAVID HAY JONES /SPL; 12-13 PEKKA PARVIAINEN /SPL; 14 HANS NAMUTH /SPL; 15 PEKKA PARVIAINEN /SPL; 16 PEKKA PARVIAINEN /SPL; 17 PEKKA PARVIAINEN /SPL; 18-19 DAVID PARKER /SPL; 20 JIM REED /SPL; 21t PEKKA PARVIAINEN /SPL; 21b PEKKA PARVIAINEN /SPL; 22 ROBIN SCAGELL /SPL; 23 PEKKA PARVIAINEN /SPL; 24 VAUGHAN FLEMING /SPL; 25 NASA /SPL; 26 NASA /SPL; 27 NASA /SPL; 28-29 DOUG ALLAN /SPL; 30 PEKKA PARVIAINEN /SPL; 31 PEKKA PARVIAINEN /SPL; 32 GORDON GARRADD /SPL; 33 ROGER APPLETON /SPL; 34t PEKKA PARVIAINEN /SPL; 34b PEKKA PARVIAINEN /SPL; 35 NASA /SPL; 36-37 GEOFF TOMPKINSON /SPL; 38 NASA /SPL; 39t SIMON FRASER /SPL; 39b STEVE PERCIVAL /SPL; 40-41 JON DAVIES /JIM REED PHOTOGRAPHY /SPL; 42 GORDON GARRADD /SPL; 43 JIM REED /SPL; 44 MAGRATH /FOLSOM /SPL; 45 BRITISH ANTARCTIC SURVEY /SPL; 46 NASA /SPL; 47 NASA /SPL; 48-49 MIKE BOYATT /AGSTOCK /SPL; 50 GEORGE POST /SPL; 51 DR JEREMY BURGESS /SPL; 52-53 ASTRID & HANNS-FRIEDER MICHLER /SPL; 54 SIMON FRASER /SPL; 55r ROD PLANCK /SPL; 55l © Richard Fleet 2004; 56t DR JUERG ALEAN /SPL; 56b SIMON FRASER /SPL; 57 MAGRATH PHOTOGRAPHY /SPL; 58 DR JEREMY BURGESS /SPL; 59 PEKKA PARVIAINEN /SPL; 60-61 SIMON FRASER /SPL; 62 CNES, DISTRIBUTION SPOT IMAGE /SPL; 63 HASLER & PIERCE, NASA GSFC /SPL; 64t CNES, 1986 DISTRIBUTION SPOT IMAGE /SPL; 64b NASA /SPL; 65 M-SAT LTD /SPL; 66 CNES, DISTRIBUTION SPOT IMAGE /SPL; 67 2002 ORBITAL IMAGING CORPORATION /SPL; 68 CNES, 1998 DISTRIBUTION SPOT IMAGE /SPL; 69 CNES, 1998 DISTRIBUTION SPOT IMAGE /SPL; 70-71 GEORGE RANALLI /SPL; 72 G. ANTONIO MILANI /SPL; 73 ADAM JONES /SPL; 74-75 ORBIMAGE /SPL; 76 ROBERT BROOK /SPL; 77 NRSC LTD /SPL; 78 PETER CHADWICK /SPL; 79 BRITISH ANTARCTIC SURVEY /SPL; 80 2002 ORBITAL IMAGING CORPORATION /SPL; 81 NASA /SPL; 82 NASA /SPL; 83 NASA /SPL; 84 ADAM HART-DAVIS /SPL; 85 NASA /SPL; 86 2002 ORBITAL IMAGING CORPORATION /SPL; 87 DAVID R. FRAZIER /SPL; 88-89 GEORGE HOLTON /SPL; 90tl TED KINSMAN /SPL; 90tr KENNETH LIBBRECHT /SPL; 90b KENNETH LIBERECHT /SPL; 91cl TED KINSMAN /SPL; 91tr TED KINSMAN /SPL; 91tl KENNETH LIBBRECHT /SPL; 91bl KENNETH LIBBRECHT /SPL; 91cr KENNETH LIBBRECHT /SPL; 92 JIM REED /SPL; 93b ASTRID & HANNS-FRIEDER MICHLER /SPL; 93t NCAR /SPL; 94 ADRIENNE HART-DAVIS /SPL; 95 SIMON FRASER /SPL; 96 A.C. TWOMEY /SPL; 97tr JIM REED /SPL; 97bl LARRY WEST /SPL; 98 BERNHARD EDMAIER /SPL; 99 BERNHARD EDMAIER /SPL; 100t BRITISH ANTARCTIC SURVEY /SPL; 100b SIMON FRASER /SPL; 101 BERNHARD EDMAIER /SPL; 102 BERNHARD EDMAIER /SPL; 103 B&C ALEXANDER /SPL; 104 BRITISH ANTARCTIC SURVEY /SPL; 105 BERNHARD EDMAIER /SPL; 106 SIMON FRASER /SPL; 107 CNES, 1989 DISTRIBUTION SPOT IMAGE /SPL; 108 CNES, 1989 DISTRIBUTION SPOT IMAGE /SPL; 109 SIMON FRASER /SPL; 110 BERNHARD EDMAIER /SPL; 111 SIMON FRASER /SPL; 112-113 JIM REED /SPL; 114 NASA /SPL; 115 FRED K. SMITH /SPL; 116 KEITH KENT /SPL; 117 KEITH KENT /SPL; 118 DAVID PARKER /SPL; 119 PETER MENZEL /SPL; 120 CLEM HAAGNER /SPL; 121 J.G. GOLDEN /SPL; 122 G. BRAD LEWIS /SPL; 123 JIM REED /SPL; 124 JIM REED /SPL; 125 REED TIMMER & JIM BISHOP /JIM REED PHOTOGRAPHY /SPL; 126 AARON JOHNSON & BROOKE TABOR /JIM REED PHOTOGRAPHY /SPL; 127 AARON JOHNSON & BROOKE TABOR /JIM REED PHOTOGRAPHY /SPL; 128 REED TIMMER AND JIM BISHOP /JIM REED PHOTOGRAPHY /SPL; 129 NASA /GODDARD SPACE FLIGHT CENTER/SPL; 130 SPL; 131 NASA /SPL; 132 NASA /SPL; 133 NASA /SPL; 134 CHRIS SATTLBERGER /SPL; 135 CHRIS SATTLBERGER /SPL; 136 NASA /GODDARD SPACE FLIGHT CENTER /SPL; 137 NASA /SPL; 138 NASA /SPL; 139t CHRIS SATTLBERGER /SPL; 139b JIM REED /SPL; 140-141 SIMON FRASER /SPL; 142 NRSC LTD /SPL; 143 NASA /SPL; 144 NASA /SPL; 145 NASA /SPL; 146-147 ROY L. BISHOP / AMERICAN INSTITUTE OF PHYSICS /SPL; 148 MARK A. SCHNEIDER /SPL; 149 PEKKA PARVIAINEN /SPL; 150 GORDON GARRADD /SPL; 151 FRANK ZULLO /SPL; 152-153 PEKKA PARVIAINEN /SPL; 155 PEKKA PARVIAINEN /SPL; 156 MICHAEL GIANNECHINI /SPL; 157 SIMON FRASER /SPL; 158-159 JOHN FOSTER /SPL; 160 DR MORLEY READ /SPL; 161 GORDON GARRADD /SPL; 162-163t GEORGE POST /SPL; 162-163b FRANK ZULLO /SPL; 164-165 PEKKA PARVIAINEN /SPL; 166 CHRIS DAWE /SPL; 167 DAVID NUNUK /SPL; 168-169 FRANK ZULLO /SPL; 170-171t DAMIEN LOVEGROVE /SPL; 170-171b PEKKA PARVIAINEN /SPL; 172 PEKKA PARVIAINEN /SPL; 173 PEKKA PARVIAINEN /SPL; 174 PEKKA PARVIAINEN /SPL; 175 PEKKA PARVIAINEN /SPL; 176 PEKKA PARVIAINEN /SPL; 177 PEKKA PARVIAINEN /SPL; 178 CHRIS MADELEY /SPL; 179 JACK FINCH /SPL; 180 LIONEL F. STEVENSON /SPL; 181 NASA /SPL; 182 NASA /SPL; 183 PEKKA PARVIAINEN /SPL; 184 John Hardwick; 185 SIMON FRASER /SPL; 186-187 NASA /SPL; 188l NOAA /SPL; 188b © 2005 EUMETSAT; 189 R.B.HUSAR /SPL; 190 EUROPEAN SPACE AGENCY /SPL; 191l EUROPEAN SPACE AGENCY /SPL; 191b EUROPEAN SPACE AGENCY /SPL; 192 ESA / PLI /SPL; 193 PHOTO LIBRARY INTERNATIONAL / ESA /SPL; 194 UNIVERSITY OF DUNDEE /SPL; 195 NASA/Jeff Schmaltz, MODIS Land Rapid Response Team; 196 NASA /SPL; 197 NASA /SPL; 198 M-SAT LTD /SPL; 199 NASA /SPL; 200-201 NASA /SPL; 202 NASA /SPL; 203 NASA /SPL; 204 JIM REED /SPL; 205 NOAA /SPL; 206 DAVID PARKER /SPL; 207 PEKKA PARVIAINEN /SPL; 208 NOAA /SPL; 209 NOAA /SPL; 210t NASA /SPL; 210b NASA /SPL; 211t NASA /SPL; 211b NASA /SPL; 212-213t NASA /SPL; 212-213b NASA /SPL; 214-215 NASA GSFC /SPL; 216 LAWRENCE MIGDALE /SPL; 217 NASA /SPL; 218 NRSC LTD /SPL; 219 2002 ORBITAL IMAGING CORPORATION /SPL; 220-221 J.G. PAREN /SPL; 222t US GEOLOGICAL SURVEY /SPL; 222b NASA /SPL; 223 M-SAT LTD /SPL; 224-225 NASA /SPL; 226 BP / NRSC /SPL; 227 SIMON FRASER /SPL; 228 SIMON FRASER /SPL; 229 BERNHARD EDMAIER /SPL; 230 Courtesy of Natural Resources Canada, photo no. A89S0052; 231 ALAN SIRULNIKOFF /SPL; 232 ALAN SIRULNIKOFF /SPL; 233 NASA /SPL; 234 ANDREW BROWN /SPL; 235 CHRIS SATTLBERGER /SPL; 236 GEOFFREY S CHAPMAN /SPL; 237 JOHN READER /SPL; 238 DR MORLEY READ /SPL; 239t JOHN READER /SPL; 239b DR MORLEY READ /SPL; 240 BRIAN BRAKE /SPL; 241 Chen Su © Panorama Stock Photos Co Ltd /Alamy. 242 CNES, 1986 DISTRIBUTION SPOT IMAGE /SPL; 243 EARTH SATELLITE CORPORATION /SPL; 244 BERNHARD EDMAIER /SPL; 245 EARTH SATELLITE CORPORATION /SPL; 246-247 DOUG ALLAN /SPL; 248-249 BERNHARD EDMAIER /SPL; 250 GARY LADD /SPL; 251 PASCAL GOETGHELUCK /SPL; 252 PETER MENZEL /SPL; 253 PETER CHADWICK /SPL; 254t NASA, GODDARD INSTITUTE FOR SPACE STUDIES/SPL; 254b DR KARI LOUNATMAA /SPL; 255 CNES, 1989 DISTRIBUTION SPOT IMAGE /SPL; 256t Photo courtesy of Ian R. MacDonald, Texas A&M Univ. Corpus Christi; 256b CSIRO /SPL; 257 ED ADAMS / MONTANA STATE UNIVERSITY /SPL; 258 NASA /SPL; 259 NASA /SPL; 260-261 JEREMY WALKER /SPL; 262 BERNHARD EDMAIER /SPL; 263 BERNHARD EDMAIER /SPL; 264 DAVID VAUGHAN /SPL; 265 NASA /SPL; 266 ALEXIS ROSENFELD /SPL; 267 M-SAT LTD /SPL; 268t ALEXIS ROSENFELD /SPL; 268b MATTHEW OLDFIELD, SCUBAZOO /SPL; 269 NASA /SPL; 270b MUNOZ-YAGUE /EURELIOS /SPL; 270t CSIRO / SIMON FRASER /SPL; 271 MANFRED KAGE /SPL; 272 NASA /SPL; 273 NASA /SPL; 274 NASA /SPL; 275 NASA /SPL; 276 ROBERT M CAREY, NOAA /SPL; 277 PROF. STEWART LOWTHER /SPL; 278 ROBERT M CAREY, NOAA /SPL; 279 NASA /SPL; 280 NASA /SPL; 281 USGS, PHOTOGRAPH BY THOMAS J. CASADEVALL; 282-283 JIM REED /SPL

First published in Great Britain in 2006 by Cassell Illustrated, a division of Octopus Publishing Group Limited,

Text Copyright Storm Dunlop

Design and Layout © 2006 Octopus Publishing Group Limited

The moral right of Storm Dunlop to be identified as the author of this Work has been asserted in accordance with the Copyright, Designs and Patents Act of 1988 All rights reserved. No part of this publication may be reproduced, stored in a retrieval system, or transmitted in any form or by any means, electronic, mechanical, photocopying, recording, or otherwise, without the prior permission of the publisher.

Distributed in the United States of America by Sterling Publishing Co., Inc.,

A CIP catalogue record for this book is available from the British Library.

Commissioning Editor: Karen Dolan
Project Editor: Joanne Wilson
Editor: Katie Hewett
Design: Austin Taylor
Index: Sue Bosanko

Special thanks to Kevin Davis at the Science Photo Library.

WEATHER
気象大図鑑

発　　　行	2007年3月1日
本体価格	7,800円
発 行 者	平野　陽三
発 行 所	産調出版株式会社
	〒169-0074　東京都新宿区北新宿3-14-8
	TEL.03(3363)9221　FAX.03(3366)3503
	http://www.gaiajapan.co.jp

Copyright SUNCHOH SHUPPAN INC. JAPAN2007
ISBN978-4-88282-605-7 C3044

落丁本・乱丁本はお取り替えいたします。
本書を許可なく複製することは、かたくお断わりします。
Printed and bound in China

著　者：ストーム・ダンロップ（Storm Dunlop）
気象と天文に関する経験豊富な著述家で、天文や気象の多面的な話題について講演してきた。英国王立天文学会と英国王立気象学会のフェローであり、雑誌"Weather"の写真編集も担当している。英国天文協会の会長を務めたこともある。主な著書に『オックスフォード気象辞典』がある。

監修者：山岸米二郎（やまざき　よねじろう）
東北大学理学部地球物理学科卒業。気象庁仙台管区気象台長、気象庁観測部長、気象庁気象研究所長等を経て、現在(財)気象業務支援センターに。理学博士。著書に、『図解気象の大百科』『気象予報のための風の基礎知識』（いずれもオーム社）、監訳書に『オックスフォード気象辞典』（朝倉書店）など。

翻訳者：乙須　敏紀（おとす　としのり）
九州大学文学部哲学科卒業。訳書に『現代建築家による木造建築』『屋根のデザイン』『世界木材図鑑』『ヒプノセラピー（NHシリーズ）』（いずれも産調出版）など。